U0206616

“十二五”国家重点图书出版规划项目
市政工程创新建设系列丛书

# 城市防洪防涝规划与设计

杨庆华 等 ◎ 编著

西南交通大学出版社
·成 都·

**图书在版编目（CIP）数据**

城市防洪防涝规划与设计 / 杨庆华等编著. —成都：西南交通大学出版社，2016.11（2021.8 重印）
（市政工程创新建设系列丛书）
“十二五”国家重点图书出版规划项目
ISBN 978-7-5643-4478-8

Ⅰ. ①城… Ⅱ. ①杨… Ⅲ. ①城市-防洪工程-城市规划②城市-防洪工程-设计 Ⅳ. ①TU998.4

中国版本图书馆 CIP 数据核字（2015）第 318403 号

市政工程创新建设系列丛书
“十二五”国家重点图书出版规划项目

**城市防洪防涝规划与设计**

杨庆华 等 编著

*

责任编辑 柳堰龙
封面设计 何东琳设计工作室
西南交通大学出版社出版发行
四川省成都市金牛区二环路北一段 111 号西南交通大学创新大厦 21 楼
邮政编码：610031 发行部电话：028-87600564
http: //www.xnjdcbs.com
四川煤田地质制图印刷厂印刷

*

成品尺寸：170 mm × 230 mm 印张：18.75
字数：337 千
2016 年 11 月第 1 版 2021 年 8 月第 2 次印刷
**ISBN 978-7-5643-4478-8**
定价：68.00 元

# 前言

近年来，随着全球气候变化和极端气象事件的频繁发生，城市洪涝灾害显现出日趋增多和严重的态势；同时，随着我国城镇化的快速发展，城镇人口的快速增长，城镇基础设施建设密度不断增加，短历时高强度暴雨造成的城市洪涝灾害已经成为城镇化进程中影响人居环境改善的一大因素。北京、上海、重庆、武汉、广州、南京等大城市都曾遭遇过不同程度的暴雨洪涝灾害，这些灾害造成了极为严重的经济损失和人员伤亡。因此，城市洪涝灾害问题正逐渐成为全社会关注的焦点。

2013 年，国家下发《国务院关于加强城市基础设施建设的意见》，要求在全面普查、摸清现状的基础上，编制城市排水防涝设施规划。加快雨污分流管网改造与排水防涝设施建设，解决城市积水内涝问题。积极推行低影响开发建设模式，将建筑、小区雨水收集利用、可渗透面积、蓝线划定与保护等要求作为城市规划许可和项目建设的前置条件，因地制宜配套建设雨水滞渗、收集利用等削峰调蓄设施。加强城市河湖水系保护和管理，强化城市蓝线保护，坚决制止因城市建设非法侵占河湖水系的行为，维护其生态、排水防涝和防洪功能。完善城市防洪设施，健全预报预警、指挥调度、应急抢险等措施，到 2015 年，重要防洪城市达到国家规定的防洪标准。全面提高城市排水防涝、防洪减灾能力，用 10 年左右时间建成较完善的城市排水防涝、防洪工程体系。

“海绵城市”能充分发挥城市绿地、道路、水系等对雨水吸纳、蓄渗和缓释作用，有效缓解城市内涝，削减城市径流污染负荷，节约水资源，保护和改善城市生态环境，促进生态文明建设。目前，为贯彻落实习近平总书记讲话及中央城镇化工作会议精神，大力推进建设自然积存、自然渗透、自然净化的“海绵城市”，全国已有首批 16 个城市试点“海绵城市”建设，为城市防洪防涝探索新途径。

为了系统地了解城市防洪防涝规划理论和工程设计，本书从城市降雨规律和雨洪水径流的理论出发，以国家规范为准则，阐述城市防洪系统的规划设计和管理。内容主要包括设计洪水、堤防工程、河道治理、山洪防治、防洪闸与交叉构筑物、泥石流防治、“海绵城市”低影响开发技术、防洪工程经济评价、防洪工程管理等。

本书是一本集理论基础、规划、设计、施工与管理于一体的综合城市防洪防涝规划设计类图书；注重专业性、实用性、可操作性，可帮助读者直观、系统地了解雨洪水形成机理、地面径流和防洪防涝规划设计与治理等的理论与技术方法。本书可作为市政工程专业本科生、研究生，市政设计院设计人员，防洪工程的管理者和政府部门的决策者的参考书和学习用书。

本书由杨庆华等编著并由杨庆华统稿，其中：第 1 章、第 2 章由杨庆华、翟龙编写；第 3 章、第 4 章由陈春光、罗欢编写；第 5 章、第 6 章由郭瑞、罗欢编写；第 7 章、第 8 章由郭瑞、杨庆华编写；第 9 章、第 10 章由杨庆华、陈春光编写；第 11 章、第 12 章由陈春光、唐雪芹编写。书中还引用了部分国内外同行学者的一些研究成果，在此一并致谢。

本书的组织和撰写，得到了西南交通大学土木工程学院的大力支持和帮助，在此谨表谢意。同时，特别感谢西南交通大学出版社在本书出版过程中的大力支持和无私帮助。

城市防洪防涝工程是一个庞大的系统，涉及面广，内容多，由于编者水平所限，书中难免存在疏漏和不妥之处，敬请广大读者批评指正。

**作　者**

2015 年 9 月

# 目录

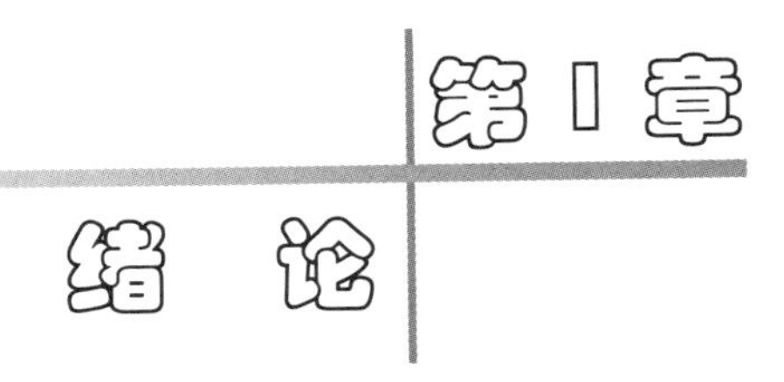

# 第 1 章　绪论

城市洪水是当前国际上自然灾害研究的重大课题之一，当代世界正处在一个城市化的时代，先进工业化国家的经济发展，多以城市建设为中心。自 20 世纪 80 年代以来，我国也开始实行由大城市及其周围若干个县城组成的城市系统政策，由此引起了城市和周围地区水文情势的一系列变化，产生了排水、防洪、环境污染等亟待研究和解决的城市水文问题。

## 1.1　我国城市防洪防涝现状

### 1.1.1　基本现状

1995 年，我国进行首次城市市政公用基础设施普查，摸清了我国城市防洪及排涝设施的基本情况。截至 1995 年年底，据 633 个城市的普查资料，其中设防（洪）城市 509 个，占城市总数的 90.4%。全国城市防洪堤总长 18 885 km，其中：防洪能力 100 年及以上一遇的有 2 403 km，占 12.7%；50 年一遇的有 5 209 km，占 27.6%；20 年一遇的有 7 113 km，占 37.7%；20 年以下一遇的有 4 160 km，占 22%。

全国城市排水管道长度为 110 293 km。其中，按排水性质分：雨水管道 22 364 km，占 20.28%；污水管道 26 226 km，占 23.78%；合流管道 61 703 km，占 55.94%。按管径分：700 mm 以上管道 17 376 km，占 15.75%；500 ~ 700 mm 管道 18 096 km，占 16.40%；300 ~ 500 mm 管道 31 024 km，占 28.13%；150 ~ 300 mm 管道 17 914 km，占 16.24%；150 mm 以下管道 25 883 km，占 23.48%。

“八五”时期是我国城市防洪排涝取得很大进展的时期，防洪堤长度 1995 年比 1990 年增长了 21.8%，年平均增长 4%；排水管道长度增长了 90.9%，年平均增长 13.8%。“八五”期间用于城市防洪的固定资产投资总额 28.39 亿元，比“七五”期间增长 302.12%；排水投资 160.18 亿元，比“七五”期间增长 263.3%。这一期间，上海市投资 8 亿多元，完成了防御千年一遇洪水的外滩黄浦江一、二期防汛墙和苏州河挡潮闸等工程，城市排水能力达到 900 $m^3/s$。成都市“八五”期间开始了新中国成立以来最大的一项防洪工程，计划投资 20 亿元完成市内两条主要排洪河道的综合整治，“八五”期间已经完成了工程的一半。

### 1.1.2 主要问题

1）城市防洪排涝设施严重不足，标准低

据有关资料，国外城市的防洪能力一般在 100 年到 500 年一遇的水平，个别高的达到 1 000 年一遇。如：澳大利亚为 150 年一遇；日本重要河川沿岸城市为 100 年一遇；波兰（大城市）为 1000 年一遇；印度为 100 年一遇；美国密西西比河为 100 ~ 500 年一遇。而我国目前还远远达不到这个标准。

2）城市防洪排涝设施规划、建设的起点不高，综合效益低

长期以来，由于受资金渠道不畅的制约，我国城市防洪排涝设施的规划设计思想受到束缚，主张因陋就简、量力而行的多，坚持尽力而为、高标准规划建设防洪排涝设施的少。加之有些城市防洪排涝设施的规划建设与流域性防洪设施的规划建设脱节，甚至在同一城市中，已建设起来的各种设施之间能力不配套，导致综合效益低。

3）城市遭受洪涝灾害后，建设部门抗洪救灾的能力有限

“八五”期间我国发生了几起大的洪水，有些城市严重受灾。从承担具体防洪责任的各级建设部门来看，没有稳定可靠的抗洪救灾资金，唯一可用的城市维护建设税又因税率低，总额少，使用方向多且纳入财政预算实行计划管理而难以适应抗洪救灾的应急要求。

## 1.2 洪涝灾害

### 1.2.1 洪涝定义

当洪水、涝渍威胁到人类安全，影响到社会经济活动并造成损失时，通常就说发生了洪涝灾害。

洪涝灾害是自然界的一种异常现象，一般包括洪灾和涝渍灾，目前中外文献还没有严格的“洪灾”和“涝渍灾”定义，一般把气象学上所说的年（或一定时段）降雨量超过多年同期平均值的现象称之为涝。

洪灾一般是指河流上游的降雨量或降雨强度过大、急骤融冰化雪或水库垮坝等导致的河流突然水位上涨和径流量增大，超过河道正常行水能力，在短时间内排泄不畅，或暴雨引起山洪暴发、河流暴涨漫溢或堤防溃决，形成洪水泛滥造成的灾害。洪水可以破坏各种基础设施，造成人畜死伤，对农业和工业生产会造成毁灭性破坏，破坏性强。防洪对策措施主要依靠防洪工程措施（包括水库、堤防和蓄滞洪区等）。

涝灾一般是指本地降雨过多，或受沥水、上游洪水的侵袭，河道排水能力降低、排水动力不足或受大江大河洪水、海潮顶托，不能及时向外排泄，造成地表积水而形成的灾害，多表现为地面受淹，农作物歉收。涝灾一般只影响农作物，造成农作物的减产。治涝对策措施主要通过开挖沟渠并动用动力设备排除地面积水。

渍灾主要是指当地地表积水排出后，因地下水位过高，造成土壤含水量过多，土壤长时间空气不畅而形成的灾害，多表现为地下水位过高，土壤水长时间处于饱和状态，导致作物根系活动层水分过多，不利于作物生长，使农作物减收。实际上涝灾和渍灾在大多数地区是相互共存的，如水网圩区、沼泽地带、平原洼地等既易涝又易渍。山区谷地以渍为主，平原坡地则易涝，因此不易把它们截然分清，一般把易涝易渍形成的灾害统称涝渍灾害。

洪涝灾害可分为直接灾害和次生灾害。

在灾害链中，最早发生的灾害称原生灾害，即直接灾害。洪涝直接灾害主要是洪水直接冲击破坏、淹没所造成的危害。如：人口伤亡、土地淹没、房屋冲毁、堤防溃决、水库垮塌；交通、电信、供水、供电、供油（气）中断；工矿企业、商业、学校、卫生、行政、事业单位停课停工停业以及农林牧副渔减产减收等等。

次生灾害是指在某一原发性自然灾害或人为灾害直接作用下，连锁反应所引发的间接灾害。如暴雨、台风引起的建筑物倒塌、山体滑坡，风暴潮等间接造成的灾害都属于次生灾害。次生灾害对灾害本身有放大作用，它使灾害不断扩大延续，如一场大洪灾来临，首先是低洼地区被淹，建筑物浸没、倒塌，然后是交通、通信中断，接着是疾病流行、生态环境的恶化，而灾后生活生产资料的短缺常常造成大量人口的流徙，增加了社会的动荡不安，甚至严重影响国民经济的发展。

### 1.2.2 洪涝灾害分类

（1）按照地貌特征，城市洪涝灾害可分为 5 种类型：

① 傍山型。城市建于山口冲积扇或山麓。在降水量较大或大量融雪时，易形成冲击力极大的山洪和泥石流、滑坡等地质灾害，导致重大人员伤亡和财产损失。

② 沿江型。城市靠近大江大河，一旦决堤会被淹没。特别是上游的危险水库一旦垮坝，城市就非常危险。有些江河泥沙淤积造成堤内河床高于两岸而成为悬河，如黄河下游与永定河中下游。沿江城在外河水位高于内河时排水困难，遇雨容易内涝。北方由南向北的河流下游早春融冰在下游冰塞或形成冰坝容易形成凌汛。

③ 滨湖型。城市位于湖滨，汛期水位高涨时低洼地遭受水灾，下风侧湖面水位壅高不利于城市排水，易加重内涝。

④ 滨海型。城市位于海滨，地势低平。如因城市建筑布局不当或超采地下水造成地面沉降，内涝更加严重。受到台风、温带气旋或强冷空气影响时，海面出现向岸强风，若再遇天文大潮顶托，容易引发严重的风暴潮与洪涝灾害。地震引起的海啸对沿岸的冲击更为强烈，但时间较短，范围较窄。

⑤ 洼地型。城市建于平原低洼或排水困难地区，雨后积水不能及时排泄形成沥。可分为点状涝灾、片状涝灾和线状涝灾 3 种类型。

（2）按照城市洪涝的灾害特点可分为 4 种类型：

① 洪水袭击型。城市因暴雨、风暴潮、山洪、融雪、冰凌等不同类型洪水形成的灾害，共同特点是冲击力大。

② 城区沥水型。降雨产生的积水排泄不畅和不及时，使城市受到浸泡造成的灾害。其中：点状涝灾范围不大，积水不深但治理分散；片状涝灾受淹面积较大，已由点连成片；线状涝灾主要分布在河道沿岸。

③ 洪涝并发型。城市同时受到洪水冲方和地面积水浸泡。

④ 洪涝发生灾害型。即洪涝灾害对城市工程设施、建筑物、桥梁道路、通信设施以及人民生命财产造成损害，特别是造成城市生命线事件、交通事故、斜坡地质灾害、公共卫生事件及环境污染。

### 1.2.3 洪涝判别标准

我国洪水可分为跨流域洪水、流域性洪水、区域性洪水和局部性洪水。

跨流域洪水一般是指相邻流域多个河流水系内，降雨范围广，持续时间长，主要干支流均发生的不同量级的洪水；流域性洪水一般是指本流域内降雨范围广，持续时间长，主要干支流均发生的不同量级的洪水；区域性洪水是指降雨范围较广，持续时间较长，致使部分干支流发生的较大量级的洪水；局部性洪水是指局部地区发生的短历时强降雨过程而形成的洪水。

七大江河的流域性洪水、区域性洪水和局部性洪水的定义和量化指标，是以七大江河水系分区划分及洪水量级划分标准为基础形成的，与几十年来人们对历史洪水的研究习惯基本一致。

七大江河流域的水系分区一般划分为：

松花江流域：嫩江、第二松花江、松花江三个水系分区。

辽河流域：西辽河、辽河干流、浑太河三个水系分区。

海河流域：滦河、北三河（潮白河、北运河、蓟运河）、永定河、大清河、子牙河（包括黑龙港及运东地区）、漳卫河、徒骇马颊河七个水系分区。

黄河流域：黄河上游干流（头道拐水文站以上）、黄河中游干流（头道拐水文站至花园口水文站）、黄河下游干流（花园口水文站以下）三个水系分区。

淮河流域：淮河上游（正阳关水文站以上）、淮河中游（正阳关水文站至洪泽湖）、淮河下游及里下河、沂沭泗河四个水系分区。

长江流域：长江上游（宜昌水文站以上）、长江中游（宜昌水文站至湖口水文站）、长江下游（湖口水文站以下）三个一级水系分区。长江上游分金沙江、岷沱江、嘉陵江、乌江四个二级水系分区；长江中游分汉江、洞庭湖四水、鄱阳湖五河三个二级水系分区；下游不分二级水系分区。

太湖流域：太湖流域一个水系分区。

珠江流域：西江、北江、东江、珠江三角洲四个水系分区。

依据《水文情报预报规范》（SL 250—2000）的规定，七大江河流域洪水量级的判别标准有四个等级，即：洪水重现期≥50 年为特大洪水；20 ~ 50 年为大洪水；5 ~ 20 年为较大洪水；低于 5 年为一般洪水。

跨流域洪水是指相邻流域 2 个或 2 个以上水系分区内，连续发生多场大范围降雨过程，发生洪水的水系分区主要干支流均发生不同量级的洪水。跨流域洪水的判别以七大江河水系分区的洪水判别标准为基础。跨流域洪水不设置区域性洪水和局部性洪水的判别标准。

跨流域特大洪水是指相邻流域 2 个或 2 个以上水系分区，至少有 1 个以上水系分区发生的洪水重现期≥50 年，其他水系分区的洪水重现期为 20 ~ 50 年。跨流域大洪水是指相邻流域 2 个或 2 个以上水系分区，至少有 1 个以上水系分区发生的洪水重现期为 20 ~ 50 年，其他水系分区的洪水重现期为 5 ~ 20 年。

### 1.2.4 洪水类型

洪水是由于暴雨、融雪、融冰等引起河川、湖泊及海洋在较短时间内流量急剧增加、水位明显上升的一种水流自然现象，其形成和特征主要取决于所在流域的气候与下垫面情况等自然地理条件，此外人类活动对洪水的形成过程也有一定的影响。洪水的发生是每条河流的自然现象，它具有两面性：一方面，当洪水超过一定的限度，给人类正常的生活、生产活动带来损失与祸患时，称为洪水灾害；另一方面，洪水也有有益的一面，如补充地下水源、冲刷河道、改良土壤、维持湖沼、为鱼类提供大量繁殖温床等。

我国洪水灾害的地域分布范围很广，除荒无人烟的高寒山区和戈壁沙漠外，全国各地都存在不同程度的洪水灾害。由于受地面条件及气候等多种因素的影响，灾情的性质和特点在地区上有很大差别。一般来说，山地丘陵区洪灾，由于洪水来势凶猛，历时短暂，破坏力很大，常常导致建筑物被毁，人畜伤亡，但受灾范围一般不大；平原地区洪灾，主要是漫溢或堤防溃决所造成，积涝时间长，灾区范围广。此外，东部地区灾害发生的频率大于西部地区，尤其是从辽东半岛、辽河中下游平原，并沿燕山、太行山、伏牛山、巫山至雪峰山等一系列山脉以东地区以及南岭以南西江中下游，这些地区处于我国主要江河中下游，受西风带、热带气旋等气象因素影响，暴风雨频繁且强度大，常发生大面积洪涝灾害。

我国位于欧亚大陆东部，太平洋西岸，西南距印度洋很近，地势西高东低，大部处于中高纬地带，受地理位置、地形因素及气候的影响，导致全国大部分地区存在洪水灾害威胁，一年四季水灾皆可发生。在冬季，北方地区冰凌洪水引发的灾害主要发生在黄河干流宁蒙以下河段以及松花江哈尔滨以下河段。在封冻和解冻期，大量冰凌阻塞，形成冰塞或冰坝，致使水位壅高，漫溢堤防，形成洪灾。在南方有些地区也可能发生洪灾。如 1982 年 11 月下旬，浙江东部沿海地区发生了严重的洪灾，但这种情况较为少见。春季主要是华南前汛期暴雨引发的洪灾，西部地区则会出现融雪洪水造成的洪灾。夏秋季是一年之中发生洪灾最多的季节，并且洪灾范围广，历时长，灾情重，七大江河重大洪涝灾害均发生在这一时期。

按照江河洪水的成因条件，我国洪水通常分为暴雨洪水、山洪泥石流、冰凌洪水、融冰融雪洪水、风暴潮洪水和垮坝（堤）洪水等不同类型，各种类型的洪水都可能造成洪涝灾害，但暴雨洪水发生最为频繁、量级最大、影响范围最广。

1）暴雨洪水型

我国的灾害性洪水主要由暴雨形成。洪水多发生在夏秋季节，发生的时间自南往北逐渐推迟。暴雨洪水为降落到地面上的暴雨，经过产流和汇流在河道中形成的洪水。我国绝大多数河流的洪水都是由暴雨产生的，特别是历年最大洪水，往往是由暴雨形成的。淮河以南的南方河流洪水都是由暴雨形成的；西北干旱半干旱地区河流的最大洪峰主要由暴雨或暴雨与融雪混合形成，但小流域的最大洪水仍为暴雨洪水，即使高寒地区河流有些年份最大洪水可能由融雪形成，但历年最大洪水一般仍由暴雨形成。

2）山洪泥石流型

山洪泥石流是指含有大量泥沙、黏土、砾石、岩石等固体物质与雨水、地表水、地下水混合后，使沟谷地带产生移动或流动，并向沟谷坡下缓慢滑动或位移的洪流。与其他洪灾相比，泥石流暴发时，来势异常凶猛，造成的水土流失历时较短，具有强大的破坏力，对山区工农业生产、水利、交通、通信等设施的危害更为严重，对人口密集的城镇和工矿区造成的危害更大。山洪泥石流的发生除与地形和地质条件有关外，暴雨是诱发的重要因素。凡是山高坡陡，沟壑纵横，植被较差、土层薄，没有高大森林，也没有灌木丛林的山地，当遇有暴雨或大暴雨时，最容易发生泥石流。

3）冰凌洪水型

冰凌洪水指河流中因冰凌阻塞和河道内蓄冰、蓄水量的突然释放而产生的洪水，主要发生在西北、华北、东北地区。它是热力、动力、河道形态等因素综合作用下的结果。热力因素包括太阳辐射、气温、水温等，其中气温是热力因素中影响凌汛变化的集中表现。气温的高低是影响河道结冰、封冻、解冻开河的主要因素。动力因素包括流量、水位、流速等，其中流速大小直接影响结冰条件和冰凌的输移、下潜、卡塞等，水位的升降与开河形势关系比较密切。水位平稳时大部分冰凌就地消融，形成“文开河”形势；水位急剧上涨，能使水鼓冰裂，形成“武开河”形势。而水位与流速的变化取决于流量的变化，它们之间具有一定的关系，一般来说，流量大则流速大、水位高。河道形态包括河道的平面位置、走向及河道边界条件等，高纬度河流的气温低于低纬度的气温，由南向北流向的河流则易产生冰凌洪水，河道的弯曲度、缩窄、分叉、比降突变等对凌情都会有影响。此外，人类活动如在河道上修建水库、分蓄滞洪区、引水渠和控导工程等，都会改变河道流量分配过程及水温，从而影响冰凌洪水。

4）融雪洪水型

融雪洪水指流域内积雪（冰）融化形成的洪水。在高山区雪线以上降雪，形成冰川和永久积雪以及雪线以下季节积雪，当气温回升至 0 °C 以上时积雪融化，若遇大幅度升温，则大面积积雪迅速融化，可形成融雪洪水，若此时有降雨发生，则形成雨雪混合洪水。我国融雪洪水主要分布在东北和西北高纬度山区。

5）垮坝（堤）洪水型

垮（坝）洪水指水坝、堤防等挡水建筑物或挡水物体突然溃决造成的洪水。垮坝洪水包括堵江堰塞湖溃决、水库垮坝和堤防决口所形成的三类洪水。

6）风暴潮型

风暴潮是由气压、大风等气象因素急剧变化造成的沿海海面或河口水位的异常升降现象，由热带气旋或温带气旋及寒潮大风引起，常使潮位大范围增高并伴随强浪，造成人员伤亡及财产的损失，当风暴增水适逢天文大潮时危害更为严重。我国风暴潮主要是热带气旋带来的。热带风暴常引起风暴潮，使潮位陡升，伴随大暴雨，造成水灾。

### 1.2.5 渍涝类型

形成涝渍灾害的自然因素主要有天气条件、土壤条件及地形地貌。天气条件是发生涝渍灾害的主要原因。灾害的严重程度往往与降雨强度、持续时间、一次降雨总量和分布范围有关。我国涝渍灾害主要分布于各大流域的中下游平原。这些区域处于季风暴雨区，由于降雨量年际年内分布不均匀，有些时期雨量大、强度高，造成洪涝灾害；有些时候阴雨连绵、低温高湿，造成土壤过湿和地下水位过高引发渍害。

农田渍害与土壤质地、土层结构和水文地质条件有密切关系。土质粒重的土壤渗透系数小，土壤中的水分难以排出，形成过高的地下水位与浅层滞水，土壤地下水易升不易降则易形成涝渍灾害。

地表径流能否及时宣泄，直接影响涝渍灾害的轻重，地表径流的大小和滞留时间长短与地形地貌关系十分密切。如南方地区，沿江、沿河或滨湖平原、洼地和圩区，地势低洼，受河流洪水顶托，排泄不畅，排降地下水则更为困难，因而易产生涝渍灾害。在东北一些地区，地形复杂，无尾河道众多，为闭流的浅平洼地，形成诸多沼泽，雨后积水排泄不出，则形成涝渍灾害。在黄淮海平原地区，由于黄河经常泛滥，破坏了原有水系，泛溢两岸泥沙堆积成岗，岗地之间则为洼地，排水出路不畅，涝渍灾害容易发生。

涝渍灾害不仅受自然因素影响，人类活动对其也有较大影响。如盲目围垦和过度开发大大增加了涝渍灾害。以东北三江平原为例，1949 年易涝易渍面积为 $3.25\times10^5$ $hm^2$，在围垦时，垦区排水标准过低，1965 年增加到 $5.21\times10^5$ $hm^2$，至 1990 年高达 $2.215\times10^6$ $hm^2$。

在人类活动比较密集地区和城市化地区，由于水资源短缺，常常出现过度开采地下水造成地面沉降状况，涝渍灾害加剧。如江苏苏锡常地区超量开采地下水引起地面沉降，形成了多个沉降中心，累计最大沉降量在 1 m 以上。在 1991 年洪涝灾害中，积水深度、淹没时间都超过邻近地区。

涝渍包含涝和渍两部分：涝是雨后农田积水，超过农作物耐淹能力而形成的；而渍主要由于地下水位过高，导致土壤水分经常处于饱水状态，农作物根系活动层水分过多，不利于农作物生长，而形成渍灾。但涝和渍灾害在多数地区是共存的，有时难以截然分开，故而统称为涝渍灾害。

涝渍灾害的形成与地形、地貌、排水条件有密切的关系，可划分为平原坡地、平原洼地、水网圩区、山区谷地、沼泽地等几种类型。

1）平原坡地型

平原坡地主要分布在大江大河中下游的冲积或洪积平原，地域广阔，地势平坦，虽有排水系统和一定的排水能力，但在较大降雨情况下，往往因坡面漫流或洼地积水而形成灾害。

属于平原坡地类型的易涝易渍地区，主要是淮河流域的淮北平原，东北地区的松嫩平原、三江平原与辽河平原，海滦河流域的中下游平原，长江流域的江汉平原，等；其余零星分布在长江、黄河及太湖流域。

2）平原洼地型

平原洼地主要分布在沿江、河、湖、海周边的低洼地区，其地貌特点近似于平原坡地，但因受河、湖或海洋高水位的顶托，丧失自排能力或排水受阻，或排水动力不足而形成灾害。

沿江洼地如长江流域的江汉平原，受长江高水位顶托，湖北省平原洼地总面积达 $1.272\times10^{6}$ $hm^2$；沿湖洼地如洪泽湖上游滨湖地区，自三河闸建成以后由于湖泊蓄水而形成洼地；沿河洼地如海河流域的清南清北地区，处于两侧洪水河道堤防的包围之中，易涝耕地达 $6.43\times10^{5}$ $hm^2$。

3）水网圩区型

在江河下游三角洲或滨湖冲积、沉积平原，由于人类长期开发而形成水网，水网水位全年或汛期超出耕地地面，因此必须筑圩（垸）防御，并依靠人力或动力排除圩内积水。当排水动力不足或遇超标准降雨时，则形成涝渍灾害，如太湖流域的阳澄、澱泖地区，淮河下游的里下河地区，珠江三角洲，长江流域的洞庭湖、鄱阳湖滨湖地区等，均属这一类型。水网圩区型涝渍灾害主要发生在淮河、长江和珠江流域。

4）山区谷地型

山区谷地型涝渍灾害分布在丘陵山区的冲谷地带。其特点是山区谷地地势相对低下，遇大雨或淫雨，土壤含水量大，受周围山丘下坡地侧向地下水的侵入，水流不畅，加之日照短，气温偏低而致涝致渍。

5）沼泽湿地型

沼泽平原地势平缓，河网稀疏，河槽切割浅，滩地宽阔，排水能力弱，雨季潜水往往到达地表，当年雨水第二年方能排尽。在沼泽平原进行大范围垦殖，往往因工程浩大，排水标准低和建筑物未能及时配套而在新开垦土地上发生频繁的涝渍灾害。我国沼泽平原的易涝易渍耕地主要分布在东北地区的三江平原，黄河、淮河、长江流域亦有零星分布。

# 1.3 洪涝灾害特点及成因

## 1.3.1 洪涝灾害特点

1）城市水灾害损失远超过非城市区

城市的特点决定了城市一旦发生洪灾，可能造成的生命财产等损失将会远远超过非城市地区。历次较大的洪水灾害，城市的水灾害损失都占有相当的比重。例如：1991 年华东等地区发生特大洪灾，经济损失达 685 亿元，虽然城市受灾绝对面积在整个受灾面积中的比重不大，但其中 50% 以上的经济损失为城市受淹的损失。1994 年华南发生特大洪灾，广西柳州被淹，直接经济损失 21 亿多元，梧州 3 次被淹，仅 6 月份受淹即损失 24 亿多元；广东经济损失 231 亿元。

2）城市水灾害损失逐年增加

城市水灾害与城市化进程一致，并且与人类活动和洪水特性有关。由于社会经济的发展、生产力水平的提高，社会财富和人口不断向城市集中。随着城市的发展，城市洪灾更为严重，城市水灾害损失还有继续上升的趋势。例如，安徽省合肥市在新中国成立前夕还是一个只有 5 万人、建成区面积 2 $km^2$ 的小城市，到 1992 年已发展成为人口 82 万、面积 76 $km^2$ 的大城市。新中国成立以来，1954 年、1980 年、1984 年和 1991 年发生 4 次较大洪水，淹没面积分别为 13 $km^2$、11.2 $km^2$、18 $km^2$ 和 5.5 $km^2$，直接经济损失分别为 200 万元、1 300 万元、4 000 万元和 7 000 多万元，洪灾损失逐年增加的趋势极为明显。

3）城市水灾害影响城市的可持续发展

洪水灾害会影响城市的发展进程。我国古都开封，在宋朝时就有 100 多万人口，其繁华兴盛当时不必多说，就是放在今天也是一个举足轻重的城市。但是由于其特殊的地理位置，经常遭受黄河洪水灾害，几度兴废，其发展受到严重制约。城市是国家和地区的政治、文化、经济中心和重要的交通枢纽，在整个国民经济中具有举足轻重的地位，其影响自然较一般地区重要。因此，城市水灾害不仅能对城市造成严重的影响，而且能对社会发展造成较长时期的不良影响，甚至影响社会的稳定。

### 1.3.2　洪涝灾害成因

（1）全球气候变暖因素。

全球气候变暖引起海平面上升，同时还会引起许多处海、河流水位的上升，从而增加许多沿海、江河城市的洪水威胁，降低现有防洪标准。权威人士指出，海平面正开始以 100 年 1 m 的速度上升。按此估计，洪水和海潮对像上海、纽约这样的城市的威胁将继续加剧。

（2）城市环境因素。

① 城市水文环境。

城市的发展改变了原来的水文环境，加重了城市水灾害。

城市绿地不仅对于美化城市具有重要的意义，而且对于增加暴雨入渗、降低洪水径流和洪涝灾害损失具有重要作用。随着城市发展，市区水文下垫面条件随之改变，水泥路面、广场以及房屋面积越来越大。这样，就产生城市化洪水效应，造成雨水滞留能力下降、洪水到达时间提前、洪水波形变得尖陡、洪峰流量增加以及对洪水的调蓄机能降低。

有些城市由于城市规划不佳，在城市建设中只顾局部利益和眼前利益，再加上城市河道管理措施不力，任意改变河流线路、侵占河滩或缩小河道断面，使得同样的暴雨造成更大的洪水，城市防洪标准自然降低。

城市化的结果也造成了“热岛效应”，气温上升，增加了暴雨出现的概率和强度，城市的“雨岛效应”， 城区的年降雨量比农村地区高 5%到 10%，增加了洪涝灾害机会。

② 城市地面沉降。

许多城市由于地下水过量开采，形成严重的地面沉降。例如，浙江省自 20 世纪 60 年代开始，地下水开采量逐步增长，特别是杭嘉湖和宁波、台州、温州滨海平原，由于地下水的严重超采，已造成区域水位下降、资源枯竭和地面沉降等一系列环境地质问题。该省 1993 年地面沉降范围已达 300 $km^2$，其中嘉兴市地面沉降中心已累计沉降 70.9 cm，在采取措施后仍以每年 2 ~ 3 cm 的速度沉降。这些都加重了城市洪水灾害。

③ 城市水土流失。

一些城市因对水土保持工作重视不够，造成山体滑坡、泥石流以及河道堵塞，洪水灾害越来越严重。

（3）城市地理位置因素。

早期的城市一般是随着政治、军事和商业的需要发展起来的。由于供水和航运等方面的要求，大多数城市邻近河流、湖泊、海滨，容易遭受洪水威胁。因此，在城市的形成和发展中如何解决水利和水灾的矛盾，关系到城市的兴盛和衰败。

我国有 10% 的国土和 100 多座大中城市地面高程在江河水位或潮位以下，易于遭受洪水灾害。我国有 1 800 余千米的大陆海岸线和数千个大小岛屿、70% 以上的城市、58% 的国民经济收入和绝大多数经济开发区分布在沿海地带，因此来自海上的台风、巨浪、海啸、海冰、赤潮等成为沿海地带严重的灾害。近 20 年来，海洋灾害年平均经济损失约 5 亿元。随着沿海经济的发展，损失也在成倍增长，1989 年海洋灾害总损失达 50 亿元（按当年价格估算）。海洋灾害经济损失中，以风暴潮在海岸附近造成的损失最多。由于海平面上升和地面沉降，沿海许多地区如渤海周围、东南沿海等地区海水入侵现象日渐严重，其中莱州湾海水入侵的速度达 500 米/年，从而加重了这些地区城市的洪水灾害。另外，我国还有许多城市位于山坡下，易于遭受山洪和泥石流威胁。

（4）城市聚集因素。

城市，是现代文明进程的象征。随着城市的兴起和发展，城市的数量不断增加，城市的规模不断扩大，人口、财富不断向城市聚集。城市，已经成为现代社会的政治、经济、文化、信息、商贸和交通中心以及人口和财富的聚集地。城市的聚集性，使同样洪水造成的损失剧增。

① 城市数量的不断增加。

随着城市化进程的加快，城市数量不断增加，特别在发展中国家尤其明显。目前，我国城市已由新中国成立时期的 150 座发展至 668 座，其中人口在 100 万以上的特大城市有 32 座，人口在 50 万～100 万的大城市有 41 座。同时，我国长江三角洲、珠江三角洲等地区的区域城市化建设也迅速发展。随着我国小城镇政策的调整，小城镇数量会越来越多。

② 城市规模的不断扩大。

城市占用土地面积随着城市的发展不断扩大。如，泰国曼谷 1940 年占地 44 $km^2$，到了 20 世纪 80 年代初扩大到 170 $km^2$。我国 1985 年城市建成区面积 9 368 $km^2$，1995 年增加至 19 264 $km^2$。根据世界卫生组织统计，1950—1995 年间，世界上百万人口以上城市在发达国家中从 49 座增加到 112 座，发展中国家从 34 座增加到 213 座。

③ 城市人口不断增加。

随着社会经济的不断发展，世界上越来越多的人口正在从农村迁移到城市。1975 年全世界只有不到 40% 的人口居住在城市，据世界银行预测到 2025 年居住在城市的人口比例将达到 60%，其中有 90% 的城市人口将集中在发展中国家。1950 年世界上 100 个最大城市中只有 41 个在发展中国家，1995 年已经增加到 64 个，目前这个比例还在上升。据《中国统计年鉴》统计，1987 年我国总人口 9.63 亿，其中市镇人口 1.72 亿；1999 年总人口 12.59 亿，其中市镇人口 3.89 亿；22 年间总人口增长了 2.96 亿，其中市镇人口增长了 2.17 亿。据《中国城市统计年鉴》统计，1989 年我国城市数目为 450 个（其中 50 万人口以下城市 392 个），非农业人口 1.91 亿，工业总产值前 50 名的城市中，50 万人口以下的城市仅有两个；1998 年城市数目就已经增加到 668 个（其中 50 万人口以下的城市为 582 个），非农业人口 2.57 亿，国内生产总值前 50 名城市中，50 万人口以下的城市上升到 7 个。这些数字表明，我国的城市化速度正在不断加快，市镇人口增长占总人口增长的 73% 以上。目前，城市非农业人口以每年 700 万人左右的速度在快速增长。

④ 生产和财富聚集。

城市是物质和文化生产的聚集地。世界上绝大多数的机械、电子、化工、冶金、建筑、食品业都集中在城市，科研、教育、文化单位也都集中在城市。据 1997 年的资料统计，我国国民收入的 50%、工业产值的 70%、工业利税的 80% 集中在城市。而每次洪水灾害，城市损失占 50% ~ 80%。

（5）人类不合理的江河开发。

人类不合理的江河开发也会造成城市防洪问题。例如，苏联普拉汉斯水电站，1968 年因水库回水淹没了上游一个城市。我国在黄河上的第一座尝试性的大型水力枢纽工程——三门峡水利枢纽工程，开始建设于 1957 年，坝高 96 m，共耗费混凝土 $2.10 \times 10^6$ $m^3$。本希望以此解决黄河下游的防洪问题，然而因各种原因，工程运行不久即在大坝上游出现“大鼓肚”“翘尾巴”现象，大坝上游以及渭河等支流淤积严重，汛期水位抬高，对西安市等造成严重的防洪问题。后不得不对工程进行多次改建，在大坝左岸山崖下增加两个长 900 m、直径 11 m 的泄洪隧洞；在大坝左岸坝底部增加 8 个泄洪底孔，以增加泄洪能力，降低汛期库水位。而已经投产的第一台发电机组也不得不迁移到新安江水电站。

（6）虽然有下水道，但是我国的下水道规模太小，远不能满足城市排水要求。城市规划建设重地上，重看得到的，重面子，轻地下，轻基础，轻底子。

（7）城市预防及应对灾害能力不足，机械排水能力不足。

## 1.4 洪涝灾害防治的主要措施

暴雨洪涝灾害给人类带来的损失是巨大的。并且随着气候变暖，旱涝灾害的发生有增强之势。为了防灾减灾，将损失降至最低，我们应该采取有效的手段和对策。

1）要努力提高暴雨预报以及汛期的气候预测准确率

暴雨可以直接成灾，而持续性大暴雨或者是连续的数场暴雨更可以造成洪涝灾害。因此，准确预报暴雨的地点、范围、强度等，以及准确预测洪涝灾害的发生，对于更好地做防汛准备工作，减轻灾害造成的损失是至关重要的。

2）加强对暴雨及暴雨洪涝灾害的研究

要大力推进暴雨天气预报，要充分利用新一代雷达、卫星、闪电定位等监测手段，进一步完善数值天气预报系统，建立和完善以气象信息分析、加工处理为主体的气象灾害预报预警系统，加强上下游联防，全面提高气象灾害预警服务能力和水平。

3）提高气象保障服务能力，完善灾害应急响应系统

对于大暴雨这类灾害性天气，强降水过程多从中尺度天气系统中产生。因此，为了更好地防灾减灾，一方面要大力加强对中小尺度天气系统的科学研究，提高对暴雨、大暴雨等灾害性天气的预报能力和业务监测水平；另一方面，要加快中小尺度监测基地的建设和改造，以便更好地发挥作用。暴雨洪涝灾害一旦发生，可及时发布突发气象灾害预警信号以及突发气象灾害防御指南。气象灾害防御指挥部门要启动气象灾害应急预案，各级气象灾害相关管理部门及时将灾害预报警报信息及防御建议发布到负责气象灾害防御的实施机构，使居民及时了解气象灾害信息及防御措施。在应急机构组织指导下，有效防御、合理避灾防灾，安全撤离人员，将气象灾害损失降到最低。

4）及时进行灾害评估

灾情评估是气象灾害预警系统的重要环节，是拟定减灾、抗灾和紧急救援对策的定量依据。一方面，根据可能发生的气象灾害特征，结合灾区的经济密度、人口密度、减灾实力、预测灾害能力等综合指标，建立科学、有效、完整的评价体系，包括评价目标、评价指标、评价模式、评价结构、评价群体等内容，灾前预先估测气象灾害的损失，做出灾前评估。另一方面，根据对受灾范围、人口伤亡程度、健康状况的破坏、被毁生产和生活条件及其他经济损失和环境损失的客观统计，及时开展灾后评价。要建立和发展灾害影响评估模型和风险管理体系，实现灾害影响的定量化评估，为政府、决策部门和公众提供灾

害监测、预警信息及减缓灾害影响的技术措施。

5）加强暴雨洪涝灾害防御的工程性措施

当前防洪减灾的主要工程性措施有以下三项：首先是修筑堤防、整治河道，以保证河水能顺利向下游输送。利用防堤约束河水泛滥是防洪的基本手段之一，是一项现实而长期的防洪措施。其次是修建水库。最后是在重点保护地区附近修建分洪区（或滞洪、蓄洪区），使超过水库、堤防防御能力的洪水有计划地向分滞洪区内输送，以保护下游地区的安全。

6）植树造林，治理水土流失，维护生态平衡，改善生态环境

森林可涵养水分，保持土壤不遭雨水冲刷。

7）增强暴雨洪涝灾害防御的公众意识

气象防灾减灾工作是一项长期的全民工程，各级人民政府及其有关部门要建立气象防灾减灾宣传教育长效机制，将减灾教育纳入公民义务教育体系之中，采取多种形式向社会进行广泛宣传教育；要大力发动群众参与，增强群众防灾避灾躲灾意识，充分利用各种舆论宣传工具，突出大众化、科普化，达到统一思想，提高气象防灾减灾认识的目的。

# 第2章 城市防洪防涝总体规划

洪涝灾害的防治是城市防灾的重要部分，各城市的总体规划中都有防洪的内容，在市政设施规划中还有雨水排除规划的内容。防洪规划主要是要保证上游的客水不进入城区，城市雨水管道主要解决城市内部低重现期雨水的排除，但是，一旦发生超过雨水管道设计标准的降雨时，城市内就可能产生内涝和积水，如果积水出现在交通干道（如下凹式立交桥区）处，就会造成交通中断或堵塞，如果积水漫过地下设施的出入口，则可能造成地下设施被淹没。因此，有必要对于超过雨水管道设计标准，而又低于城市防洪标准的涝水的处置进行研究，使其不对城市的正常运行产生影响。

近年来，全球气候变化导致的极端天气频发，城市局地暴雨灾害的频度和强度不断增加，影响范围日益扩大。同时，城市规模扩大加剧了热岛效应，城市区域的降雨规律发生了明显改变，城市局地短历时超标准降雨频繁发生。虽然城市内涝和积水造成的危害没有洪水大，但其发生的频率比洪水高，对城市正常运行的影响也是客观存在的，所以，必须针对超过雨水管道设计标准的降雨产生的内涝积水问题加以研究并提出解决措施，即针对城市排涝问题进行系统研究。

## 2.1 城市防洪防涝规划的基础资料

### 2.1.1 城市概况分析

城市概况分析主要是对城市位置与区位情况，城市地形地貌概况，城市地质、水文、气候条件，城市社会、经济情况等基本情况进行整理分析。同时，对总体规划中关于城市性质、职能、规模、布局等内容进行解读，分析其中与城市排水相关的绿地系统规划、城市排水工程规划、城市防洪规划、道路交通设施规划、城市竖向规划等内容。

## 2.1.2 城市排水设施现状及防涝能力评估

1）城市排水设施现状调查

为了更好地、有针对性地编制城市排涝规划，需要对城市排水设施的现状进行分析评估，主要需要调查的数据包括：城市排水分区及每个排水分区的面积和最终排水出路，城市内部水系基本情况（如长度、流量、流域面积等以及城市雨水排放口信息现状），城市内部水体水文情况（如河流的平常水位、不同重现期洪水的流量与水位、不同重现期下的潮位等），城市排水管网现状（如长度、建设年限、建设标准、雨水管道和合流制管网情况），城市排水泵站情况（如位置、设计流量、设计标准、建设时间、运行情况）。同时对可能影响到城市排涝防治的水利水工设施，比如梯级橡胶坝、各类闸门、城市调蓄设施和蓄滞空间分布等也需要进行调研。

2）城市排水设施及其防涝能力现状评估

对于城市排水设施及其排涝能力，笔者认为在现状调查与资料搜集的基础上，宜采用水文学或水力学模型进行评估。其中，对于排水设施能力应根据现状下垫面和管道情况利用模型对管道是否超载及地面积水进行评估；同时，需要通过模型确定地表径流量、地表淹没过程等灾害情况，获得内涝淹没范围、水深、水速、历时等成灾特征，并根据评估结果进行风险评价，从而确定内涝直接或间接风险的范围，进行等级划分，并通过专题图示反映各风险等级所对应的空间范围。

对于模型的应用，在此阶段应建立城市排水设施现状模型，包括排水管道及泵站模型（包含现状下垫面信息）、河道模型（包括蓄滞洪区）、现状二维积水漫流模型等，才能满足现状评估的需求。对于小城市，如果确无能力及数据构建模型，也可采用历史洪水（涝水）灾害评估的方法进行现状能力评估和风险区划分。

城市防洪工程规划具有综合性特点，专业范围广，市政设施涉及面多。因此在工程设计中要搜集整理各种相关资料，一般包括地形地貌、河道（山洪沟）纵横断面图、地质资料、水文气象资料、社会经济资料等。

## 2.1.3 地形和河道基础资料

1）地形图

地形图是防洪规划设计的基础资料，搜集齐全后，还要到现场实地踏勘、核对。各种平面布置图，不同设计阶段、不同工程性质和规划区域大小等，都对地形图的比例有不同的要求（见表 2-1）。

**表 2-1　各种平面布置图对地形图比例要求**

| 设计阶段 | 项　目 | | 比例尺 |
|---|---|---|---|
| 初步设计 | 汇水面积 | ≥200 km$^2$ | （1∶25 000）~（1∶50 000） |
| | | < 200 km$^2$ | （1∶5000）~（1∶25 000） |
| | 工程总平面图、滞洪区平面图 | | （1∶1 000）~（1∶5 000） |
| | 堤防、护岸、山洪沟、排洪渠道、截洪沟平面及走向布置图 | | （1∶1 000）~（1∶5 000） |
| | 工程总平面布置图、滞洪区平面图 | | （1∶1 000）~（1∶5 000） |
| 施工图设计 | 构筑物平面布置图 | 堤防、山洪沟、排洪渠道、截洪沟 | （1∶1 000）~（1∶5 000） |
| | | 谷坊、护岸、丁坝群 | （1∶500）~（1∶1 000） |
| | | 顺坝、防洪闸、涵闸、小桥、排洪泵站 | （1∶200）~（1∶500） |

2）河道（山洪沟）纵横断面图

对拟设防和整治的河道和山洪沟，必须进行纵横断面的测量，并绘制纵横断面图。纵横断面图的比例见表 2-2。横断面施测间距根据地形变化情况和施测工作量综合确定，一般为 100 ~ 200 m。在地形变化较大地段，应适当增加监测断面，纵、横断面监测点应相对应。

**表 2-2　纵横断面图的比例**

| | | |
|---|---|---|
| 纵断面图 | 水　平 | （1∶1 000）~（1∶5 000） |
| | 垂　直 | （1∶100）~（1∶500） |
| 横断面图 | 水　平 | （1∶1 000）~（1∶500） |
| | 垂　直 | （1∶100）~（1∶500） |

## 2.1.4　地质资料

1）水文地质资料

水文地质资料对于堤防、排洪沟渠定线，以及防洪建筑物位置选择等具有重要作用，主要包括：设防地段的覆盖层、透水层厚度以及透水系数；地下水埋藏深度、坡降、流速及流向；地下水的物理化学性质。水文地质资料主要用于防洪建筑物的防渗措施选择、抗渗稳定计算等。

2）工程地质资料

工程地质资料主要包括设防地段的地质构造、地貌条件；滑坡及陷落情况；基岩和土壤的物理力学性质；天然建筑材料（土料和石料）场地、分布、质量、力学性质、储量以及开采和运输条件等。工程地质资料不仅对于保证防洪建筑物安全具有重要意义，而且对于合理选择防洪建筑物类型、就地选择建筑材料种类和料场、节约工程投资具有重要作用。

## 2.1.5　水文气象资料

水文气象资料主要包括：水系图、水文图集和水文计算手册；实测洪水资料和潮水位资料；历史洪水和潮水位调查资料；所在城市历年洪水灾害调查资料；暴雨实测和调查资料；设防河段的水位-流量关系；风速、风向、气温、气压、湿度、蒸发资料；河流泥沙资料；土壤冻结深度、河道变迁和河流凌汛资料；等等。

水文气象资料对于推求设计洪水和潮水位，确定防洪方案、防洪工程规模和防洪建筑物结构尺寸具有重要作用。

## 2.1.6　历史洪水灾害调查资料

搜集历史洪水灾害调查资料（包括历史洪水淹没范围、面积、水深、持续时间、损失等），研究城市洪水灾害特点和成灾机理，对于合理确定保护区和防护对策，拟定和选择防洪方案，具有重要作用。对于较大洪水，还要绘制洪水淹没范围图。

## 2.1.7　社会经济资料

城市总体规划和现状资料图集；城市给水、排水、交通等市政工程规划图集；城市土地利用规划；城市工业规划布局资料；历年工农业发展统计资料；城市居住区人口分布状况；城市国家、集体和家庭财产状况等。

社会经济资料对于确定防洪保护范围、防洪标准，对防洪规划进行经济评价，选定规划方案具有重要作用。

### 2.1.8 其他资料

根据城市具体情况，还要搜集其他资料。如城市防洪工程现状，城市所在流域的防洪规划和环境保护规划，建筑材料价格、运输条件；施工技术水平和施工条件；河道管理的有关法律、法令；城市地面沉降资料、城市防洪工程规划资料、城市植被资料等。这些资料对于搞好城市防洪建设同样具有重要作用。

## 2.2 城市防洪设计标准

城市防洪标准是指城市应具有的防洪能力，也就是城市整个防洪体系的综合抗洪能力。在一般情况下，当发生不大于防洪标准的洪水时，通过防洪体系的正确应用，能够保证城市的防洪安全。具体表现为防洪控制点的最高水位不高于设计洪水位，或者河道流量不大于该河道的安全泄量。防洪标准与城市的重要性、洪水灾害的严重性及其影响直接相关，并与国民经济发展水平适应。

### 2.2.1 城市等别

城市防洪标准的确定是一个非常复杂的综合问题，要综合考虑保护区的安全效益和工程投资，并通过技术经济分析和影响评价确定。城市等别是城市防洪标准确定的一项重要指标。

城市是指国家按行政建制设立的直辖市、市、镇，我国城市防洪规划中将城市进行分类，城市等别综合划分为四等，它主要根据所保护城市的重要程度和人口数量（见表 2-3）进行分类。

**表 2-3 城市等别**

| 城市等别 | 分等指标 | | 城市等别 | 分等指标 | |
|---|---|---|---|---|---|
| | 重要程度 | 城市人口数量/万人 | | 重要程度 | 城市人口数量/万人 |
| 一 | 特别重要城市 | ≥150 | 三 | 中等城市 | 20～50 |
| 二 | 重要城市 | 50～150 | 四 | 小城镇 | ≤20 |

注：城市人口是指市区和近郊区非农业人口。

城市重要程度是指该城市在国家政治、经济中的地位，是否是首都、省会城市等，是否是经济中心，是否是交通枢纽、商业中心等。显然省会城市要比一般城市和建制镇重要得多，许多城市随着经济建设和交通发展，在国民经济中的地位也在不断提高。

### 2.2.2 城市防洪标准

城市防洪标准是指采取防洪工程和非工程措施后所具有防御洪（潮）水的能力。一个国家的防洪标准要与其国民经济发展水平相适应。我国的防洪标准的制定，参照了现有的或规划的防洪标准，并参考国外城市的防洪标准，考虑一定时期的国民经济能力等因素（见表 2-4）。

**表 2-4 城市防洪标准**

| 城市等别 | 防洪标准（重现期/年） | | | 城市等别 | 防洪标准（重现期/年） | | |
|---|---|---|---|---|---|---|---|
| | 河（江）洪、海潮 | 山洪 | 泥石流 | | 河（江）洪、海潮 | 山洪 | 泥石流 |
| 一 | ≥200 | 50～100 | >100 | 三 | 50～100 | 10～20 | 20～50 |
| 二 | 100～200 | 50～20 | 50～100 | 四 | 20～50 | 5～10 | 20 |

防洪工程设计是以洪峰流量和水位为依据的，而洪水的大小通常以某一频率的洪水量来表示。防洪工程的设计是以工程性质、防范范围及其重要性的要求，选定某一频率作为计算洪峰流量的设计标准的。通常洪水的频率用重现期倒数的百分比表示，例如重现期为 50 年的洪水，其频率为 2%，重现期为 100 年的洪水，其频率为 1%。显然，重现期越大，则设计标准就越高。

目前国内防洪标准有一级和二级两个标准分级，即一级标准为设计标准、二级标准作为校核标准。由于城市防洪工程的特点，根据我国城市防洪工程运行的实践，城市防洪工程采用一级标准。

在确定防洪标准时，防洪标准上下限的选用应考虑受灾后造成的影响、经济损失、抢险难易以及投资的可行性等因素，当城市地势平坦排泄洪水有困难时，山洪和泥石流防洪标准可适当降低。

城市防洪标准确定还要结合城市特点，可以对城市进行分区，按不同分区采取不同的防洪标准。地形高差悬殊的山区城市，不能简单依据城市非农业人口总数确定城市防洪标准，事实上，地面较高的部分市区可能不会遭受任何洪水威胁，这部分市区面积内的人口、财产不应统计在内；这时，应分析各种量级洪水的淹没范围，根据淹没范围内的非农业人口和损失大小确定防洪标准。如我国重庆市结合山城高差大的实际情况，主城区按百年一遇的防洪标准，部分沿江建筑物、构筑物按两百年一遇洪水标准，重要建设工程按国家有关标准执行，同时还考虑三峡工程建成后的回水影响。

我国幅员辽阔，水文、气象、地形、地貌地质等条件非常复杂，各个城市的自然条件差异较大，不可能把各类城市防洪标准完全规定下来，因此应根据需要和可能，并结合城市具体情况适当提高或降低，但应报上级主管部门批准。对于情况特殊的城市，经上级主管部门批准，防洪标准可适当提高或降低。

### 2.2.3 其他防护对象的防洪标准

1）工矿企业的防洪标准

受洪水威胁的冶金、石油、化工、林业、建材、机械、轻工、纺织、商业等工矿企业要有相应的防洪能力，其防洪标准根据其规模等级确定（见表 2-5）。工矿企业的规模按货币指标划分为特大型、大型、中型和小型，货币指标一般为年销售收入和资产总额。应该说明的是，由于随着企业的发展，不同时期的年销售收入和资产总额指标应有所不同，表中指标是《水利水电工程等级划分及洪水标准》（SL 252—2000）指标值。

**表 2-5　工矿企业的等级和防洪标准**

| 等　级 | 工矿企业规模 | 货币指标/亿元 | 防洪标准（重现期）/年 |
|---|---|---|---|
| Ⅰ | 特大型 | ≥50 | 100～200 |
| Ⅱ | 大　型 | 5～50 | 50～100 |
| Ⅲ | 中　型 | 0.5～5 | 20～50 |
| Ⅳ | 小　型 | ＜0.5 | 10～20 |

工矿企业的防洪标准，还应根据受洪水淹没损失大小、恢复生产所需时间长短等适当调整。根据防洪经验，稀遇高潮位通常伴有风暴，且海水淹没大，因此滨海中型及以上工矿企业按以上标准计算的设计高潮位低于当地历史最高潮位时，应采用当地历史最高潮位校核。放射性等有害物质大量泄漏和扩散的工矿企业，防洪标准应提高Ⅰ～Ⅱ等进行校核，或采取专门防洪措施。对于核工业或核安全有关的厂区、车间及专门设施，防洪标准高于 200 年一遇，核污染严重的应采用可能最大洪水校核。

2）尾矿坝或库等级和防洪标准

堆放或存储冶金、化工等工矿企业选矿渣的尾矿坝或库，根据其库容或坝高确定其防洪标准（见表 2-6）。当其出现事故后对下游城镇、工矿企业、交通运输等设施造成的影响较大时，防洪标准应提高Ⅰ～Ⅱ等，或采取专门防护措施。

**表 2-6　尾矿坝或库等级和防洪标准**

| 等级 | 工程规模 | | 防洪标准（重现期/年） | |
|---|---|---|---|---|
| | 库容/（$\times 10^8 m^3$） | 坝高/m | 设计 | 校核 |
| Ⅰ | 具备提高等级条件的Ⅰ、Ⅱ等工程 | | | 1 000～2 000 |
| Ⅱ | ≥1 | ≥100 | 100～200 | 500～1 000 |
| Ⅲ | 0.10～1 | 60～100 | 50～100 | 200～500 |
| Ⅳ | 0.01～0.10 | 30～60 | 30～50 | 100～200 |
| Ⅴ | ≤0.01 | ≤30 | 20～30 | 50～100 |

3）铁路防洪标准

国家标准轨距铁路的各类建筑物、构筑物。按其重要程度或运输能力分为三个等级，根据它们的等级确定防洪标准，并结合所在河段、地区的行洪、蓄洪要求确定（见表 2-7）。运输能力为重车方向的运量，每对旅客列车上下行按每年 $7\times 10^5$ t 折算。经过行洪、蓄洪区的铁路，不得影响行洪、蓄洪区的正常运用，工矿企业专用标准轨距铁路的防洪标准根据工矿企业的防洪标准确定。

**表 2-7　铁路防洪标准**

| 等级 | 重要程度 | 运输能力/($\times 10^4$ t/年) | 防洪标准（重现期/年） | | | |
|---|---|---|---|---|---|---|
| | | | 设计 | | | 校核 |
| | | | 路基 | 涵洞 | 桥梁 | 技术复杂、修复困难或重要大桥或特大桥 |
| Ⅰ | 骨干铁路和准高速铁路 | ≥1 500 | 100 | 50 | 100 | 300 |
| Ⅱ | 次要骨干铁路和联络铁路 | 750～1 500 | 100 | 50 | 100 | 300 |
| Ⅲ | 地区（包括地方铁路） | ≤750 | 50 | 50 | 50 | 100 |

4）公路防洪标准

汽车专用公路的交通量、重要性不同，则因洪水中断交通而带来的交通运输损失、影响等也不同。因此，在防洪设计时，按公路的重要性和交通量划分不同的等级，根据公路等级采用不同的防洪标准。

汽车专用公路的各类建筑物、构筑物划分为高速、Ⅰ、Ⅱ三个等级；一般公路的各类建筑物、构筑物划分为Ⅱ、Ⅲ、Ⅳ三个等级，根据等级确定路基和各类建筑物、构筑物的防洪标准（见表 2-8）。

**表 2-8　公路各类建筑物、构筑物的等级和防洪标准**

| 类别 | 等级 | 重要性 | 防洪标准（重现期）/年 | | | | |
|---|---|---|---|---|---|---|---|
| | | | 路基 | 特大桥 | 大中桥 | 小桥 | 涵洞及小型排水构筑物 |
| 汽车专用 | 高速 | 政治、经济意义特别重要的，专供汽车分道高速行驶，并全部控制出入的公路 | 100 | 300 | 100 | 100 | 100 |
| | Ⅰ | 连接重要的政治、经济中心，通往重点工矿区、港口、机场等地，专供汽车分道行驶，并部分控制出入的公路 | 100 | 100 | 100 | 100 | 100 |
| | Ⅱ | 连接重要的政治、经济中心或大工矿区、港口、机场等地，专供汽车分道行驶的公路 | 50 | 100 | 50 | 50 | 50 |
| 一般 | Ⅱ | 连接重要的政治、经济中心或大工矿区、港口、机场等地的公路 | 50 | 100 | 100 | 50 | 50 |
| | Ⅲ | 沟通县城以上等地的公路 | 25 | 100 | 50 | 25 | 25 |
| | Ⅳ | 沟通县、乡（镇）村等地的公路 | | 100 | 50 | 25 | |

5）航运防洪标准

港口主要港区的陆域，根据所在城镇的重要性和受淹损失程度分为三个等级。按其等级确定防洪标准（见表 2-9）。当港区陆域防洪工程是城市防洪工程的组成部分时，其防洪标准应与城市防洪标准相适应。

天然、渠化河流和人工运河上的船闸的防洪标准，根据其等级和所在河流以及船闸枢纽建筑物中的地位确定（见表 2-10）。

表 2-9　港口主要港区陆域的等级和防洪标准

| 类别 | 等级 | 重要性质和受淹损失程度 | 防洪标准（重现期/年） | |
|---|---|---|---|---|
| | | | 河网、半平原河流 | 山区河流 |
| 江河港口 | Ⅰ | 直辖市、省会、首府和重要的城市的主要港区陆域，受淹损失巨大 | 50～100 | 20～50 |
| | Ⅱ | 中等城市的主要港区陆域，受淹损失较大 | 20～50 | 10～20 |
| | Ⅲ | 一般城镇的主要港区陆域，受淹损失较小 | 10～20 | 5～10 |
| 海港 | Ⅰ | 重要的港区陆域，受淹损失巨大 | 100～200 | |
| | Ⅱ | 中等港区陆域，受淹损失较大 | 50～100 | |
| | Ⅲ | 一般港区陆域，受淹损失较小 | 20～50 | |

表 2-10　船闸的等级和防洪标准

| 等　级 | Ⅰ | Ⅱ | Ⅲ、Ⅳ | Ⅴ、Ⅵ、Ⅶ |
|---|---|---|---|---|
| 防洪标准（重现期/年） | 50～100 | 20～50 | 10～20 | 5～10 |

6）管道工程

跨越水域（江河、湖泊）输水、输油、输气管道工程也要考虑防洪问题。对这些管道按工程规模划分为大型、中型、小型三个等级、根据工程等级确定其防洪标准（见表 2-11）。

表 2-11　管道工程防洪标准

| 等　级 | 工程规模 | 防洪标准（重现期/年） |
|---|---|---|
| Ⅰ | 大　型 | 100 |
| Ⅱ | 中　型 | 50 |
| Ⅲ | 小　型 | 20 |

# 2.3 总体规划基本原则

主要防洪对策有以蓄为主和以排为主两种。

## 2.3.1 以蓄为主的防洪措施

（1）水土保持。修筑谷坊、塘、坡，植树造林以及改造坡地为梯田，在流域面积内控制径流和泥沙，不使其流失，并防止其进入河槽。

（2）水库蓄洪和滞洪。在城市防范区上游河道适当位置处利用湖泊、洼地或修建水库拦蓄或滞蓄洪水，削减下游的洪峰流量，以减轻或消除洪水对城市的危害。调节枯水期径流，增加枯水期水流量，保证供水、航运及水产养殖等。

## 2.3.2 以排为主的防洪措施

（1）修筑堤防。筑堤可增加河道两岸高程，提高河槽安全泄洪能力，有时也可起到束水固沙的作用，在平原地区的河流上多采用这种防洪措施。

（2）整治河道。对河道截角取直及加深河床，加大河道的通水能力，使水流通畅，水位降低，从而减少洪水的威胁。

## 2.3.3 防洪防涝对策选择

城市所处的地区不同，其防洪对策也不相同，一般来说，主要有以下几种情况：

（1）在平原地区，当大、中河流贯穿城市，或从市区一侧通过，市区地面高程低于河道洪水位时，一般采用修建防洪堤来防止洪水浸入城市。

（2）在有河流贯穿的城市，当河床较深，洪水的冲刷易造成对河岸的侵蚀并引起塌方，或在沿岸需设置码头时，一般采用挡土墙护岸工程。这种护岸工程常与修建滨江道路结合。

（3）城市位于山前区，地面坡度较大，山洪出山的沟口较多。对于这类城市一般采用排（截）洪沟。而当城市背靠山、面临水时，则可采取防洪堤（或挡土墙护岸）和截洪沟的综合防洪措施。

（4）当城市上游近距离内有大、中型水库，面对水库对城市形成的潜伏威胁、应根据城市范围和重要性质，提高水库的设计标准，增大拦洪蓄洪的能力。

对已建成的水库，应加高加固大坝，有条件时可开辟滞洪区，而对市区河段则可同时修建防洪堤。

（5）城市地处盆地，市区低洼、暴雨时，所处地域的降雨易汇流而造成市区被淹没。一般可在市区外围修建围堰或抗洪堤，而在市内则应采取排涝的措施（修建排水泵站），后者应与城市雨水排除统一考虑。

（6）位于海边的城市，当市区地势较低，易受海潮或台风袭击威胁，除修建海岸堤外，还可修建防浪堤，对于停泊码头，则可采用直立式挡土墙。

## 2.4　规划内容

很多城市靠近江、河、湖泊，遇水位上涨，洪水暴发，对城市生产生活有很大的威胁，因此在新建城市和居民点选址时，就应当把防洪问题做为比较方案的内容之一。现有城市在制订规划方案时，应把防洪规划包括在内。

### 2.4.1　城市防洪规划的内容

搜集城市地区的水文资料，如江、河、湖泊的年平均最高水位，年平均最低水位，历史最高水位，年降水量（包括年最大、月最大、五日最大降雨量），地面径流系数等。

调查城市用地范围内，历史上洪水灾害的情况，绘制洪水淹没地区图和了解经济损失的数字。

靠近平原地区较大的江河的城市应拟订防洪规划，包括确定防洪的标高、警戒水位，修建防洪堤、排洪阀门、排内涝工程的规划。

在山区城市，应结合所在地区河流的流域规划全面考虑，在上游修筑蓄洪水库、水土保持工程，城区附近的疏导河道、修筑防洪堤岸，在城市外围修建排洪沟等。

有的城市位于较大水库的下方，应考虑泄洪沟渠，考虑万一溃坝时，洪水淹没的范围及应采取的工程措施。

### 2.4.2　城市排涝规划的内容

城市排涝规划编制主要应包括以下几个主要方面：城市概况分析、城市排水设施现状及防涝能力评估、规划目标、城市防涝设施工程规划、超标降雨风险分析、非工程措施规划。

城市排涝工程规划主要包括3方面内容：雨水管道及泵站系统规划、城市排水河道规划以及城市雨水控制与调蓄设施规划。

（1）雨水管道及泵站系统规划。

此部分规划内容与传统的城市雨水排除规划内容基本一致，在确定排水体制、排水分区的基础上，进行管道水力计算，并布置排水管道及明渠。

（2）城市排水河道规划。

此部分规划内容与传统的城市河道治理规划内容基本一致，在确定河道规划设计标准及流域范围的基础上，进行水文分析，并安排河道位置及确定河道纵横断面。

（3）城市雨水控制与调蓄设施规划。

在明确不同标准下城市居住小区和其他建设项目降雨径流量要求的基础上，应首先确定建设小区时雨水径流量源头削减与控制措施，并核算其径流削减量。如果通过建设小区时雨水径流量源头削减不能满足需求，则需要结合城市地形地貌、气象水文等条件，在合适的区域结合城市绿地、广场等安排市政蓄涝区对雨水进行蓄滞。

由于城市排涝系统是一个整体，以上三个方面也彼此发生影响，因此有必要构建统一的模型对上述三方面进行统一评价调整。具体过程为：

首先，根据初步编制好的雨水管道及泵站系统规划、城市内部排水河道规划以及城市雨水控制与调蓄设施规划，分别构建雨水管道及泵站模型（含下垫面信息）、河道系统模型、调蓄设施系统模型，并将上述三个模型进行耦合。

其次，根据城市地形情况构建城市二维积水漫流模型，并与一维的城市管道、河道模型进行耦合。

再次，通过模型模拟的方式模拟排涝标准内的积水情况。

最后，针对积水情况拟订改造规划方案并带入模型进行模拟，得到最终规划方案。在制订规划方案时，应在尽量不改变原雨水管道和河道排水能力的前提下，主要采用调整地区的竖向高程、修建调蓄池、雨水花园等工程措施，并对所采取措施的效果进行模拟分析。

## 2.5 城市防洪与总体规划

城市的地理位置和具体情况不同，洪水类型和特征不同，因而防洪标准、防洪措施和布局也不同。但是城市防洪规划必须遵循一定的基本原则，归纳起来就是，城市防洪规划要以流域防洪规划和城市发展总体规划为基础，综合治理，对超标准洪水提出合理对策；城市防洪设施要与城市给水、排水、交通、园林等市政设施相协调，保护生态平衡；防洪建设要因地制宜、就地取材、节约土地、降低工程造价。

### 2.5.1　与流域防洪规划的关系

#### 1. 对流域防洪规划的依赖性

城市防洪规划服从于流域防洪规划，指的是城市防洪规划应在流域防洪规划指导下进行，与流域防洪有关的城市上下游治理方案应与流域或区域防洪规划一致，城市范围内的防洪工程应与流域防洪规划相统一。城市防洪工程是流域防洪工程的一部分，而且又是流域防洪规划的重点，因此城市防洪总体规划应以所在流域的防洪规划为依据，并应服从流域规划。有些城市的洪水灾害防治，还必须依赖于流域性的洪水调度才能确保城市的安全，临大河大江城市的防洪问题尤其如此。

城市防洪总体设计，应考虑充分发挥流域防洪设施的抗洪能力，并在此基础上，进一步考虑完善城市防洪措施，以提高城市防洪标准。

#### 2. 城市防洪规划独立性

相对于流域防洪规划，城市防洪规划有一定独立性。流域防洪规划中一般都已经将流域内城市作为防洪重点予以考虑，但城市防洪规划不是流域防洪规划中涉及城市防洪内容的重复，两者研究的范围和深度不同。流域或区域防洪规划注重于研究整个流域防洪的总体布局，侧重于整个流域上防洪工程及运行方案的研究；城市防洪是流域中的一个点的防洪。流域防洪规划由于涉及面宽，不可能对流域内每个具体城市的防洪问题做深入研究。因此，城市防洪不能照搬流域防洪规划的成果。对城市范围内行洪河道的宽度等具体参数，应根据流域防洪的要求作进一步的必选优化。

### 2.5.2　与城市总体规划的关系

#### 1. 以城市整体规划为依据

城市防洪规划设计必须以城市总体规划为依据，根据洪水特性及其影响，结合城市自然地理条件、社会经济状况和城市发展的需要进行。

城市防洪规划是城市总体规划的组成部分，城市防洪工程是城市建设的基础设施，必须满足城市总体规划的要求。所以，城市防洪规划必须在城市总体规划和流域防洪规划的基础上，根据洪（潮）水特性和城市具体情况，以及城市发展需要，拟订几个可行防洪方案，通过技术经济分析论证，选择最佳方案。

与城市总体规划相协调的另一重要内容是如何根据城市总体规划的要求，使防洪工程的布局与城市发展总体格局相协调，这些需要协调的内容包括：城市规模与防洪标准、排涝标准的关系；城市建设对防洪的要求；防洪对城市建设的要求；城市景观对防洪工程布局及形式的要求；城市的发展与防洪工程的实施程序。在协调过程中，当出现矛盾时，首先应服从防洪的需要，在满足防洪的前提下，充分考虑其他功能的发挥。正确处理好这几方面的关系，才能使得防洪工程既起到防洪的作用，又能有机地与其他功能相结合，发挥综合效能。

#### 2. 对城市总体规划的影响

城市防洪规划也反过来影响城市总体规划。由于自然环境的变化，城市防洪的压力逐年增大，一些原先没有防洪要求或防洪任务不重的城市，在城市发展中对防洪问题重视不够，使得建成区地面处于洪水位以下，只能通过工程措施加以保护；开发利用程度很高的旧城区，实施防洪的难度更大。因此城市发展中，应对新建城区的防洪规划提出要求，包括：防洪、排涝工程的布局，防洪、排涝工程规划建设用地，建筑物地面控制高程等，特别是平原城市和新建城市，有效控制地面标高，是解决城市洪涝的一项重要措施。

#### 3. 防洪工程规划设计要与城市总体规划相协调

防洪工程布置，要以城市总体规划为依据，不仅要满足城市近期要求，还要适当考虑远期发展需要，要使防洪设施与市政建设相协调。

① 滨江河堤防作为交通道路、园林风景时，堤宽与堤顶防护应满足城市道路、园林绿化要求，岸壁形式要讲究美观，以美化城市。

② 堤线布置应考虑城市规划要求，以平顺为宜。堤距要充分考虑行洪要求。

③ 堤防与城市道路桥梁相交时，要尽量正交。堤防与桥头防护构筑物衔接要平顺，以免水流冲刷。通航河道应满足航运要求。

④ 通航河道，城市航运码头布置不得影响河道行洪。码头通行口高程低于设计洪水位时，应设置通行闸门。

⑤ 支流或排水渠道出口与干流防洪设施要妥善处理，以防止洪水倒灌或排水不畅，形成内涝。同时还可以开拓建设用地和改善城市环境。在市区内，当两岸地形开阔，可以沿干流和支流两侧修筑防洪墙，使支流泄洪通畅。当有水塘、洼地可供调蓄时，可以在支流口修建泄洪闸。平时开闸宣泄支流流量，当干流发生洪水时关闸调蓄，必要时还应修建排水泵站相配合。

蓄滞洪区是防洪体系中不可缺少的重要组成部分，滞洪区的建设和规划要从流域整体规划和城市总体规划出发，以城市可持续发展作为基本目标，充分利用现有工程和非工程措施，根据地形和地貌，以及流域特点和地理位置进行规划。

# 第3章 城市防洪设计洪水计算

## 3.1 根据流量资料推求设计洪水

### 3.1.1 洪峰、洪量统计系列选取方法

#### 1. 洪峰流量统计系列选样方法

洪峰流量统计系列选样，有年最大值法、年若干最大值法和超定量法3种。

（1）年最大值法：每一年选取一个最大洪峰流量，进行频率分析。

（2）年若干最大值：一年中取若干个相等数目的洪峰流量，进行频率分析。

（3）超定量法：选择超过某一标准的全部洪峰流量，进行频率分析。

以上3种方法中，年最大值法的成果，符合重现期以年为指标的防洪标准的要求，因此防洪工程设计洪峰流量计算，采用此法比较合适。

#### 2. 洪水总量统计系列选择

洪水总量统计系列选择一般采用定时段洪量法，即以一定时段为标准，统计该时段内的最大洪量。定时段洪量法历时相同，各年之间及各地之间，均有共同基础。定时段洪量法是暴雨时程分布及流域产流汇流条件的综合产物，也能比较严密地反映其对防洪工程的威胁程度，而且应用简便，故一般采用此法。

### 3.1.2 资料审查

对于实测洪水流量资料，特别是较大的洪水资料或者历史洪水调查资料，从资料的可靠性、一致性和代表性3个方面对洪水资料进行审查。

（1）资料可靠性：审查的重点是新中国成立以前和特殊历史时期的水文测

验资料，特别是对特大的历史洪水的调查资料，要审查水文站的观测（包括测验方法及采用的系数）是否合理以及整编是否正确。

（2）资料的一致性：审查各年洪水的流域和河道的产流和汇合条件是否基本相同。若这些条件发生了较大的改变，以致影响到洪水资料的一致性时，需要将资料换算到同一基础上，然后进行频率分析。

（3）资料的代表性：一般洪水系列中，要包括丰水、中水和枯水年的洪水样本，特别是要注意搜集历史大洪水，以便能用短期样本的系列的分布，概括总体的分布规律，使频率计算成果抽样误差小。洪水系列较长，代表性较好。调查历史洪水和插补延长系列，能增进系列的代表性。

### 3.1.3　洪水资料的插补延长

在实际工作中，往往由于工程点实测系列过短，或因某些原因出现缺测年份，这就需要间接方法插补延长系列。但插补延长的年数不宜超过实测年数。插补方法有以下几种。

**1. 流域面积法**

（1）当上下游临近水文站的流域面积与测站的流域面积相差不超过 10% 时，且中间又无天然或人工分洪、滞洪设施时，可将上、下游临近水文站的洪水资料直接移用于测站。

（2）当临近水文站的流域面积与测站的流域面积相差较大，但不超过 20%，且流域内自然地理条件比较一致，降雨又均匀，区间河道又无特殊的调蓄作用时，可按式（3-1）计算移用。

$$Q_1 = \left(\frac{F_1}{F_2}\right)^n Q_2 \tag{3-1}$$

式中　$Q_1$——测站洪峰流量（$m^3/s$）；

$Q_2$——上、下游临近水文站洪峰流量（$m^3/s$）；

$F_1$——测站流域面积（$km^2$）；

$F_2$——上、下游临近水文站流域面积（$km^2$）；

$n$——指数，一般大、中河流 $n = 0.5 \sim 0.7$，较小河流 $n \geqslant 0.7$。

（3）若在观测站上、下游不远处均有观测资料，则可按流域面积直接内插得式（3-2），即

$$Q_1 = Q_2 + (Q_3 - Q_2)\frac{F_1 - F_2}{F_3 - F_2} \tag{3-2}$$

式中　$Q_1$，$F_1$——意义同式（3-1）；

$Q_1$，$Q_3$——上、下游不远处的观测洪峰流量（$m^3/s$）；

$F_2$、$F_3$——上、下游不远处的流域面积（$km^2$）。

### 2. 水位流量关系曲线法

当上、下游两水文站相同观测年份的最大洪峰流量大致成比例关系时，如甲站缺某几年最大流量或最高水位资料，而乙测站有实测资料时，则可绘出两站的 $Q = f(Q)$ 及 $Q = f(H)$ 等关系曲线进行插补延长，或直接用两站的 $Q = f(Q')$ 曲线求得（为甲、乙两站水位、流量）。

### 3. 过程线叠加法

当两支流有较长的实测数据，而合流以后的实测数据短缺时，则可用两支流过程线叠加起来（如果两站汇流历时相差较长，应进行错时段相加），求得合流后测站的洪峰量，洪水传播时间（$t$）可用式（3-3）求得：

$$t = \frac{L}{v_{\mathrm{p}}} \tag{3-3}$$

式中　$L$——洪水传播距离（m）；

$v_{\mathrm{p}}$——洪水传播速度（m/s），可根据实测资料选出次数最多者。

### 4. 直线相关法

在运用简答的直线相关法时，应从气象、自然地理特征等条件进行合理分析，防止不问成因机械地使用。插补所得的资料，不宜再用到第三站去，避免辗转相关积累误差增大。在条件相似的情况下，以图解法较简便，若图解时点距散乱不成形，则可采用《给排水计算手册》第七册第四章回归方程式的相关计算法进行计算。

## 3.1.4　设计洪峰、洪量计算

当河流实测流量短缺，以此来推算稀遇洪水，必然会有较大抽样误差。因此除了间接搜集延长序列外，还应重视历史洪水的调查，以增加资料系列的代表性，使统计参数的精度得以提高。《水利水电工程设计洪水计算规范》提出：凡工程所在地上、下游临近地点具有 30 年以上实测和插补延长洪水流量资料，并有调查历史洪水时，应采用频率分析法计算设计洪水。

1）洪水频率曲线统计参数的估计和确定

（1）矩法求解：对 $n$ 年连续系列可用式（3-4）~（3-8）计算各统计参数。

① 平均洪峰流量：

$$\overline{Q}=\frac{Q_1+Q_2+\cdots+Q_n}{n}=\frac{1}{n}\sum_{i-1}^{n}Q_i \tag{3-4}$$

式中　$Q_1$，$Q_2$，…，$Q_n$——实测每年最大洪峰流量；

$n$——实测资料年数；

$i$——1，2，3，…，$n$。

② 均方差：

$$\sigma=\sqrt{\frac{\sum_{i=1}^{n}\left(Q_i-\overline{Q}\right)^2}{n-1}} \tag{3-5}$$

③ 变率：

$$K_i=\frac{Q_i}{\overline{Q}} \tag{3-6}$$

④ 变差系数：

$$C_{\mathrm{v}}=\frac{\sigma}{\overline{Q}}=\sqrt{\frac{\sum_{i=1}^{n}(K_i-1)^2}{n-1}} \tag{3-7}$$

⑤ 偏态系数：

$$C_{\mathrm{s}}=\frac{n\sum_{i=1}^{n}(K_i-1)^3}{(n-1)(n-2)C_{\mathrm{v}}^3} \tag{3-8}$$

对于 $N$ 年不连续系列：如果在 $N$ 年中已查明为首的 $a$ 项的特大洪水（其中有 $l$ 个发生在 $n$ 年实测与插补系列当中）。假定（$n-l$）年系列的均值和均方差与除去特大洪水后的（$N-a$）年系列的相等，可推导出统计参数的计算式（3-9）、式（3-10）为

$$\bar{Q}=\frac{1}{N}\left[\sum_{j=1}^{a}Q_j+\frac{(N-a)}{(n-l)}\sum_{i=l+1}^{n}Q_i\right] \tag{3-9}$$

$$C_v=\frac{1}{\bar{Q}}\sqrt{\frac{1}{N-1}\left[\sum_{j=1}^{a}(Q_i-\bar{Q})^2+\frac{(N-a)}{(n-l)}\sum_{i=l+1}^{n}(Q_i-\bar{Q})^2\right]} \tag{3-10}$$

式中　$Q_j$——特大洪水洪峰流量（$j=1, 2, \cdots, a$）；

$Q_i$——一般洪水洪峰流量（$i=l+1, l+2, \cdots, n$）；

$a$——特大洪水总个数，其中包括发生在实测系列内的 $l$ 个。

偏态系数用公式计算，抽样误差较大，故一般不直接计算，而是参考相似流域分析成果初步选定一个 $C_s/C_v$ 值，与计算出的 $\bar{Q}$, $C_v$ 参数目估适线，并调整参数使曲线与经验点距配合最佳。

（2）理论计算适线法求解参数：适线法的特点是在一定的适线准则下，求解与经验点拟合最优的频率曲线的统计参数，一般可根据洪水系列的误差规律，选定适线准则。当系列中各项洪水的误差方差比较均匀时，可以考虑采用离（残）差平方和准则；当绝对误差比较均匀时，可以考虑采用离（残）差绝对值和准则；当各项洪水（尤其是历史洪水）误差差别比较大时，可以采用相对离差平方和为准则，或采用经验适线法。

除上述矩法、适线法外，还有概率权重法和双权函数法可用于洪水频率曲线统计参数的估计和确定。方法详见《给排水设计手册》第七册第四章。

2）频率曲线

在实际工作中，设计标准决定工程规模与抗洪能力；而抗衡多大洪水的能力，则以洪水的频率（重现期）来体现，亦即运用数理统计原理，按经验与理论的方法绘制频率曲线，并通过该曲线查取所需频率的水文特征值。

经验频率曲线：即利用实测资料点绘的频率曲线。当实测资料足够多时，经验频率曲线的精度较高，可近似作为总体频率分布曲线，从中可用内插或外延推求相应频率的水文特征值。

① 连续系列经验频率计算：根据选取的各年最大洪峰流量值（包括插补延长中立系列），按其大、小顺序排列，这种连续系列在数理统计中称之为样本。如序列共 $n$ 项，按由大到小的次序排列为：$x_1$, $x_2$, $x_3$, $\cdots$, $x_m$, $\cdots$, $x_n$。则 $n$ 个随机变量的经验频率公式计算式（3-11）为

$$P=\frac{m}{n}\times100\% \tag{3-11}$$

式中　$P$——等于和大于 $x_m$ 的经验频率；

$m$ ——等于和大于 $x_m$ 的出现次数；

$n$ ——样本系列总项数；

式（3-11）只有在掌握的 $n$ 项资料等于总体的情况下，计算结果才属合理。而实测水文资料都是有限的年数，以此计算频率，显然就不合理，因此需要对该公式进行修正，修正后的公式为

$$P = \frac{m}{n+1} \times 100\% \tag{3-12}$$

式（3-12）称之为数学期望公式，如有 100 年的资料，其约为百年一遇，在工程设计中偏于安全，该式已经被广泛使用。

② 不连续系列经验频率计算：不连续系列即特大洪水与一般洪水之间有空缺项。这种情况下可将实测系列和特大值看作是各自总体中独立抽取的几个随机连续系列，分别在各自系列中进行排位，其中实测系列的各项经验频率仍按式（3-12）计算。而调查期 $N$ 年中的为 $a$ 的项特大洪水，序位为 $M$ 的经验频率 $P_M$ 计算公式为

$$P_M = \frac{M}{N+1} \times 100\% \tag{3-13}$$

式中　$M$ ——历史特大洪水按递减次序排位的序位；

$N$ ——调查考证期。

③ 特大值重现期 $N$ 的计算：调查到的历史洪水，如果从发生年份至今为最大洪水，可将发生年份到设计年份的年数作为重现期。即

$$N = \text{设计年份} - \text{发生年份} + 1$$

当历史洪水发生年份距现在较近，采用上法确定的重现期往往较小。此时应尽量通过调查与历史文献考证以及与临近地区、流域对比，向前追溯。重现期 $N$ 和频率 $P$ 的关系，对于洪水来说可用式（3-14）表示为

$$N = \frac{1}{P} \tag{3-14}$$

经验频率曲线的绘制：

① 将实测洪峰流量（即样本），按从大到小顺序排列（包括历史洪水调查资料），并编上序号。

② 按经验频率计算公式估算各项流量相应的经验频率。

③ 以流量为纵坐标，以经验频率为横坐标，点绘出各经验频率点距。

④ 根据经验频率点距的分布趋势，目估绘出一条平滑曲线，这条曲线就是经验频率曲线。

3）设计洪峰流量的计算

① 求出 $\bar{Q}$, $C_v$, $C_s$ 三个参数后，按式（3-15）计算其频率的洪峰流量为

$$Q_P = \bar{Q}[\phi_P(C_v + 1)] \tag{3-15}$$

$$Q_P = K_P \bar{Q}$$

式中　$Q_P$——频率为 $P$ 的洪峰流量（$m^3/s$）;

$\phi_P$——$\phi$ 值表中查得皮尔逊Ⅲ型曲线离均系数，见《给排水计算手册》第七册附表 4，可根据频率 $P$ 及 $C_s$ 由 $\psi$ 值表中查得。

② 在概率格纸上取纵坐标为最大洪峰流量，横坐标为频率，然后将已算出的各频率的洪峰流量值点在概率格纸上，并将各点距连成一条光滑曲线。这条曲线就是理论频率曲线，如图 3-1 所示。

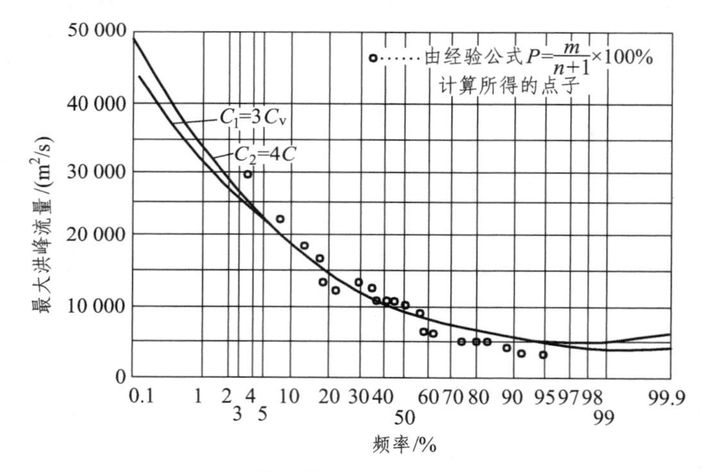


**图 3-1　某站最大洪峰流量频率曲线**

③ 用适线法修正理论频率曲线：将实测最大洪峰流量资料按递减次序排列，并计算出各项的频率，点绘在概率格纸上，即为频率曲线的经验点距。将计算出的统计参数 $\bar{Q}$, $C_v$ 作为初始值，选定一个 $C_s / C_v$ 值，绘出频率曲线，若经验频率点与该曲线配合很好（即曲线通过点群中心，曲线上、下点距分配均匀，总离差约略相等），这时理论频率曲线可不修正；若与上述情况相反，则需要修正。修正的方法主要是调整统计参数，考虑对曲线的影响，一般调整 $\bar{Q}$ 及 $C_v$ 值，直到满足要求为止。用计算机进行频率计算的适线，可以求得理论频率曲线与经验点的最佳配合。它是以离差平方和或离差绝对值和为最小的准

则，即满足式（3-16）要求：

$$\left.\begin{aligned}\sum_{i=1}^{n}(Q_i - Q_{iP}) = \text{最小}\\ \sum_{i=1}^{n}|Q_i - Q_{iP}| = \text{最小}\end{aligned}\right\} \tag{3-16}$$

式中　$Q_i$——经验频率为 $P_i$ 时的变量；

$Q_{iP}$——理论曲线上查出的与 $P_i$ 相应的变量。

与经验点距配合最佳的曲线，即为所求的理论频率曲线。在选定的流量频率曲线上，可查得各种频率的洪峰流量。

④ 设计洪峰流量的计算：根据以上计算方法所算得的初始值，计算相应的 $x$-$P$ 数据，在概率格纸上绘出理论频率曲线，并与经验频率曲线进行比较，通过适线调整，最后选定理想的频率曲线及相应的统计参数；然后即可查出 $\Phi_P$ 和 $K_P$ 值，用式（3-15）计算所需设计洪峰流量。

4）设计洪水估值的抽样误差

当总体分布为皮尔逊Ⅲ型分布，根据 $n$ 年连续系列，用矩法估计参数时，设计洪水值 $Q_P$ 的均方误（一阶）近似式（3-17）为

$$\sigma_{x_P} = \frac{\bar{Q}C_v}{\sqrt{n}}B\ (\text{绝对误差}) \tag{3-17}$$

式中　$B$——为 $C_s$ 经验频率为 $P$ 的 $H$ 函数。

## 3.1.5　设计洪量的推求

根据水文站或工程点处的洪水过程的总历时，可对 1 d，3 d，5 d，7 d，… 的历年最大洪量进行统计（时段的划分及采用主要根据本流域洪水特性及工程要求而定）。如果在系列中没有历史洪水和特大实测洪水加入计算，可采用与无特大值加入的洪峰流量频率计算相同的方法（连续系列），分别推求不同时段的设计洪量 $W_{1\,d}$，$W_{3\,d}$，$W_{5\,d}$，…。如果在洪量系列中具有历史洪水或实测特大洪水，而且其重现期为已知时，可采用特大洪水加入的设计洪峰流量计算方法（不含连续系列）推求不同时段的洪峰流量。

此外，当洪峰流量与某一时段最大洪水总量具有一定的相关关系时，也可采用这种峰、量关系，由设计洪峰流量推求某一时段的设计洪量。其方法同洪量流量的频率计算。

### 3.1.6 设计洪水过程线

#### 1. 选择典型洪水过程线的原则

设计洪水过程线的推求方法是从实测资料中选取大洪水年的洪水过程线，作为典型，然后再通过典型放大，即可获得所要求的设计洪水过程线。选择典型过程线是推求设计洪水过程线的关键，因此选择典型时，应考虑以下原则：

（1）峰高量大，水量集中的丰水年。

（2）为双峰型且大峰在后。

（3）具有一定代表性的大洪水。

（4）根据资料的实际情况或流域的具体特点慎重选定。

#### 2. 放大方法

对典型洪水过程线的放大，有同频率放大法和同倍比放大法两种。

（1）同频率放大法：设计洪水过程线以洪峰及不同时段洪量同频率控制，按典型放大的方法绘制。首先要计算出设计频率的洪峰以及各时段（如 1 d，3 d，5 d，15 d 等）的洪水总量，将选择的典型洪水过程线，以上述各时段的设计值为控制值，逐步放大典型洪水过程线，即为设计洪水过程线。具体步骤如下：

① 首先根据流域大小及江（河）洪水特性选择最长控制时段，并要照顾峰型的完整。

② 根据设计洪水过程对水工建筑物安全起作用的时间来确定最长控制时段。

③ 最长控制时段选定后，即可在控制时段内依次按 1 d，3 d，5 d，…将流量进行放大（各时段按同一频率控制放大），从而得出相应设计频率的洪水总量 $W_{1\,\mathrm{d}}$，$W_{3\,\mathrm{d}}$，$W_{5\,\mathrm{d}}$，…

④ 放大计算公式：

洪峰流量的放大倍数按式（3-18）计算：

$$\left.\begin{aligned}
K_Q &= \frac{Q_P}{Q_{\mathrm{d}}} \\
K_{W1} &= \frac{W_{1P}}{W_{1\,\mathrm{d}}} \\
K_{W3\text{-}1} &= \frac{W_{3P}-W_{1P}}{W_{3\,\mathrm{d}}-W_{1\,\mathrm{d}}} \\
K_{W5\text{-}3} &= \frac{W_{5P}-W_{3P}}{W_{5\,\mathrm{d}}-W_{3\,\mathrm{d}}} \\
&\vdots
\end{aligned}\right\} \tag{3-18}$$

式中　$Q_d$，$W_d$——典型过程线的洪峰和洪量。

以下依次类推，即得放大后的设计洪水过程线，如图 3-2 所示。由于各时段交接处放大倍比不同，因此放大后的过程线在交接处产生不连续的突变现象。这时，可以徒手修匀。修匀的原则是使各时段洪峰流量与设计洪峰流量相等，即水量平衡的原则。此方法的优点是求出来的过程线峰、量均符合设计标准，缺点是过程线的形状与典型的过程线差别较大。

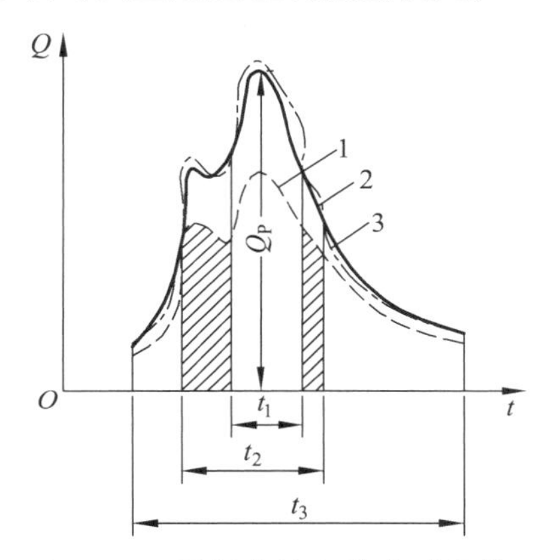


图 3-2　同频率放大洪水过程线

1—典型洪水过程线；2—放大后的洪水过程线；3—修匀后的设计洪水过程线；
$Q_P$—设计洪峰流量（$m^3/s$）；$t_1$，$t_3$，$t_5$—洪量计算历时：1 d，3 d，5 d

（2）同倍比放大法：即按照设计洪峰对典型洪峰或某一时段设计洪量对典型洪量之间的比值作为放大倍比，即 $K_Q = Q_P / Q_d$ 或将设计时段内典型洪水过程线，按同一比例放大 $K$ 倍，即得设计频率的洪水过程线。

## 3.2　根据暴雨资料推求设计洪水

降水是水循环过程的最基本环节，又是水量平衡方程中的基本参数。从闭合流域多年平均水量方程可知，降水是地表径流的本源，亦是地下水的主要补给来源。降水在空间分布上的不均匀与时间变化上的不稳定性又是引起洪、涝、旱灾的直接原因。因此，降水的分析与计算在洪水研究与实际工作中十分重要。

我国绝大部分地区的洪水是由暴雨形成的，而且雨量观测资料比流量资料时间长，观测站点多，因此可以利用暴雨径流关系，推求出所需要的设计洪水。

由暴雨资料推求设计洪水的主要内容有：

（1）点、面雨量资料的插补、延长。

（2）推求设计暴雨。

（3）通过产流计算，推求设计净雨。

（4）通过汇流计算，推求设计洪水过程线。

## 3.2.1 样本系列

### 1. 统计选样方法

一般暴雨资料的统计，可采用定时段（1 d、3 d、7 d 等）年最大值选择的方法。

时程划分一般以 8 h 为日分界，由日雨量记录进行统计选样。短历时分段一般取 24 h、12 h、6 h、3 h、1 h 等；只有当地具有自记雨量记录，才能保证统计选样的精度；若用人工观读的分段雨量资料统计，往往会带来偏小的成果。据统计，我国年最大 24 h 雨量计算公式为

$$H_{24}=1.12H_{\mathrm{d}} \tag{3-19}$$

式中 $H_{\mathrm{d}}$——年最大 1 d 雨量；

$H_{24}$——年最大 24 h 雨量。

### 2. 雨量资料的插补延长

（1）在站网较密的平原区，临站与本站距离较近，且暴雨形成条件基本一致时可以直接利用临近站的雨量记录，或取周围几个站的平均值。

（2）在站网较稀的平原区，或在暴雨特性变化较大的山区，可绘制同一次暴雨量等值线图，也可作同一年各种时段年最大雨量等值线图，由各站地理位置进行插补。

（3）当暴雨和洪水的相关关系较好时，可利用洪水资料来插补延长暴雨资料。在实际工作中若设计站处雨量资料不多，可采用以下方法插补延长，或直接推求设计站雨面雨量的均质。

① 比值法：设 $A$ 为设计站，具有 $n$ 年雨量资料，$B$ 为参证站，具有 $N$ 年雨量资料（$N>n$）。其基本关系为

$$\overline{P}_{AN}=a\overline{P}_{BN} \tag{3-20}$$

$$a=\overline{P}_{An}/\overline{P}_{Bn}$$

式中　$\bar{P}_{AN}$——设计站 $N$ 年暴雨均值；

$\bar{P}_{An}$——设计站实测雨量系列求得的暴雨均值；

$\bar{P}_{BN}$——参证站实测雨量系列求得的暴雨均值；

$\bar{P}_{Bn}$——参证站在设计站实测资料年份内所求得之均值。

② 站年法：此法认为某一地区各站雨量出自同一暴雨整体，各实测雨量资料均为这一总体随机抽样的一个小样本。于是可以将这些小样本合并，成为一个容量较大的样本，进行频率计算，推求设计暴雨，减少成果的计算误差和抽样误差。其雨量 $P \geqslant P_1$ 的频率 $P(P \geqslant P_1) = M / N$，其中 $N$ 为总年数，$M$ 为 $P \geqslant P_1$ 的概率。

这种以空间资料代替时间资料的方法，必须要求各站暴雨的成因条件相同，即要求各站暴雨具有一致性。合并资料进行频率计算，还要求各站同一年的暴雨时相互独立的，即要求各暴雨站具有独立性。

### 3. 雨面量的计算方法

（1）当流域内雨站分布较均匀时，可采用算数平均法计算雨面量。

（2）当流域内雨站分布不均匀时，可采泰森多边形法确定各站的控制面积，再用加权平均法计算雨面量。

（3）地形变化较大的流域，可先绘出雨量等值线图，再用加权平均法计算雨面量。

（4）通过点面系数将总雨量转换成面雨量。这在较大流域（如超过 50 $km^2$）是常用的方法，并已由水利部门统计整理成图表。

### 4. 特大暴雨值的处理

（1）如何判断暴雨资料是否为“特大值”，一般可以与本站系列及本地区各站实测历史最大记录相比较，还可以从经验点距偏离频率曲线的程度、模比系数的大小、暴雨量级在地区上是否很突出以及论证暴雨的重现期等，判断是否为最大值。

（2）暴雨特大值的重现期，可从所形成的洪水重现期间接做出估算。当流域面积较小时，一般可近似假定流域内各雨量站的中值或平均值的重现期与相应洪水的重现期相等，暴雨中心雨量的重现期应比相应洪水的重现期更长。

（3）本流域无实测特大暴雨资料，而临近地区已出现特大暴雨时，经气象成因分析也可移用该暴雨资料。移用时，若两地气候、地形条件略有差别，可按两地暴雨特征参数 $\bar{H}$，$C_v$ 或 $\sigma$ 值的差别对特大值进行订正。

#### 5. 暴雨统计参数

暴雨频率分析与流量频率分析相似，即根据图解适线法确定其分布函数及统计参数，线型一般多采用 $P$-Ⅲ 型曲线。

由于点暴雨量的统计参数在地区上有一定的分布规律，在适线确定统计参数及成果合理性分析时，应结合这一规律进行考虑。我国各省均绘有点暴雨统计参数的等值线，汇编在某个站的统计参数值，可在各省的水文手册或水文统计中查得。

### 3.2.2 设计暴雨的推求

设计暴雨是指与设计洪水统一标准的暴雨，这个雨型包括设计雨量的大小及其在时间上的分配过程。目前常用的方法是通过频率计算，推求出流域面积上设计时段内的设计暴雨总量；然后根据流域内或邻近地区的暴雨雨型，采用平均雨型或选择某种典型雨型，再以所求的设计暴雨总量为控制，求得降雨在时间上的分配。

#### 1. 设计暴雨总量的推求

首先应根据设计流域的实测暴雨与洪水资料，分析每年形成最大洪水过程的暴雨历时，由此确定推求设计暴雨的统计时段。

#### 2. 设计暴雨量在时间上的分配

设计暴雨量在时间上的分配，如同洪水流量过程线推求方法一样，首先确定典型，而后用总量控制进行放大即得。暴雨典型的选择，一般是根据过去的暴雨记录，统计其分配过程的一些特性，然后在实测记录中，选择一个，或人为地设计一个能反映上述分配特性的降雨过程，作为设计暴雨的典型。拟定暴雨分配过程线，一般包括 3 个内容：

（1）暴雨历时：暴雨历时，应根据工程大小、重要性和降雨规律、汇流历时长短等多种因素确定，一般有 24 h，3 d，5 d，7 d，…，30 d，这里所说的 24 h，3 d，7 d 等暴雨，是指它在时间上的连续不断，而不是指降雨连续不断。

（2）设计暴雨日程与时程分配：在由暴雨统计参数计算出各种历时的设计暴雨量之后，需要用同频率分时段控制放大的方法，推求设计暴雨的降水过程，即为日程与时程分配计算。这方面的工作，我国各省的水利部门在 20 世纪 80 年代均做了大量分析。设计者在设计时，可直接从这些部门搜集。

（3）选择典型雨型：选择最大暴雨在时段后面的雨型作为典型。典型暴雨型选好以后，设计时段内的设计暴雨总量，可用各时段同频率控制放大进行分配，即得设计暴雨的日程分配。具体方法与设计洪水过程线的放大相同。

### 3.2.3　设计净雨量的推求

暴雨降落地面后，由于土壤入渗、洼地填蓄、植物截留及蒸发等因素，损失了一部分雨量，损失的部分即为净雨量。由设计暴雨推求设计净雨量的过程，通常称为产流计算。

#### 1. 径流系数法

一次性暴雨径流系数公式（3-21）为

$$\alpha = \frac{y}{\overline{x}} \tag{3-21}$$

式中　$\overline{x}$——某次雨洪径流求得流域平均降雨深（mm）；

$y$——相邻地区的径流深。

根据实测资料，得出许多次雨洪径流的 $\alpha$ 值，而后加以平均得 $\overline{\alpha}$，将设计暴雨量乘以 $\overline{\alpha}$，规划得出相应的设计净雨量。此法简单，概括性强，但由于采用了平均值 $\overline{\alpha}$，因而与实际情况出入较大。

#### 2. 相关法

考虑影响降雨径流关系的前期影响雨量，绘出相关图，如图 3-3、图 3-4 所示，由设计暴雨推求设计净雨量。

（1）前期影响雨量 $P_a$ 的计算：按式（4-22）计算为

$$P_a = \sum_{i=1}^{i=t} x_i K^i \tag{3-22}$$

式中　$x_i$——本次降雨 1 ~ 20 d 的逐日降雨量；

$K$——递减指数，一般为 0.8 ~ 0.9，平原地区应略大一些；

$t$——前期降雨距本次降雨第一天的间隔日数（d）。

前期降雨中形成径流的那一部分雨量，实际对后期土壤吸收能力已不会发生影响，故按式（3-23）计算较为合理。

$$P_a = \sum_{i=1}^{i=t} (x_i - y_i) K^i \tag{3-23}$$

式中　$y_i$——某日降雨所产生的径流深。

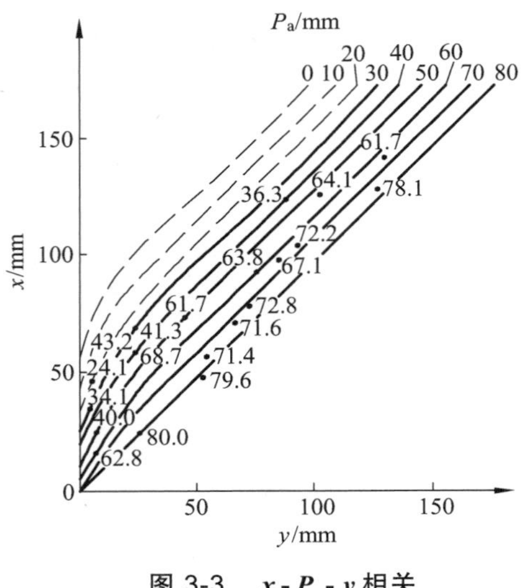


图 3-3　$x$ - $P_a$ - $y$ 相关

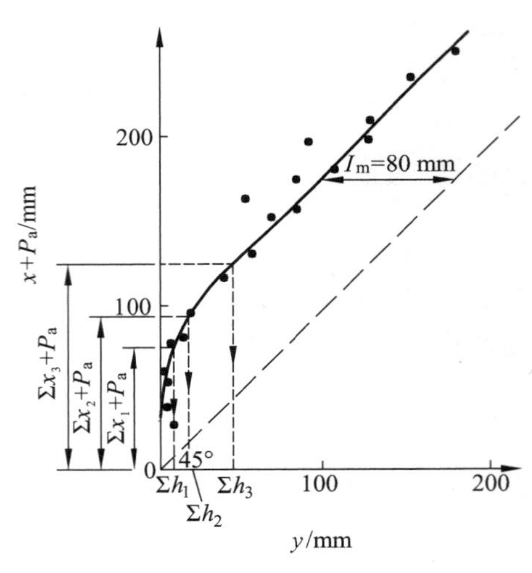


图 3-4　$(x+P_a)$ - $y$ 相关

（2）设计前期影响雨量计算步骤。

① 查出暴雨前 7 d（10 d，15 d，20 d）的日雨量，以 $P_a=\sum_{i=1}^{i=t} x_i y^i$ 求出各站影响前期影响雨量 $P_a$。

② 用多边形法或等雨量法，求出流域平均前期影响雨量。

③ 统计 $(x+P_a)$ 值，进行频率计算，求出设计频率的 $(x+P_a)$ 值。

④ 由设计频率的 $(x+P_a)$ 值减去设计暴雨量 $x_P$ 即得设计影响雨量。

（3）求净雨量：由设计频率的暴雨及设计频率的前期影响雨量，查 $(x+P_a)$ - $y$ 或 $x$ - $P_a$ - $y$ 即得净雨量。

### 3. 水量平衡法

根据暴雨径流的形成过程，从成因来推求净雨，水量平衡式（3-24）为

$$y=x-v-D-I_0-E-E_0 \tag{3-24}$$

式中　$y$——径流深（mm）;

$x$——降雨深（mm）;

$v$——植物枝叶残留量（mm）;

$D$——洼地填蓄量（mm）;

$I_0$——土壤初期入渗量（mm）;

$E$——蒸发量（mm）;

$E_0$——径流产生后的入渗重量（mm），$E_0=\bar{f}t$：$\bar{f}$ 为产生径流期间的

平均入渗率（mm/h），$t$ 为净雨历时（h）。

对一次暴雨而言，$E$ 值一般很小，可忽略不计，$I_0$、$D$ 及 $v$ 皆须在该次降雨产生径流以前完全满足，故总称为初损值 $I$，可按式（3-25）计算。

$$y = x - I - \bar{f}t \tag{3-25}$$

由于 $I$ 值与流域吸收的能力有关，而 $P_a$ 是反映吸收能力的指标，故可建立 $P_a$ - $I$ 的相关图以供查算。

平均入渗率 $\bar{f}$ 的一般计算式（3-26）为

$$\bar{f} = \frac{x - y - I}{T - t_1} \tag{3-26}$$

式中　$T$——全部降雨历时（h）。

$t_1$——初损时间（h）。如果流域内各雨站的降雨量差别很大，则应分站计算，加以平均。

## 3.2.4　设计洪水过程线的推求

### 1. 单位线法

1）单位线法的线性假定

单位线法是某流域在单位时段内（如 1 h，2 h，6 h，…）均匀降落的单位净雨深（常取 10 mm），在流域出口断面上形成的地面径流过程线。随着这个定义有以下几个假定：

（1）同一流域面积如果净雨历时是一定的，不论所产生的断面径流总量是多少，其径流历时相等。

（2）同一流域面积历时相同的两次均匀降雨，若径流总量不等，则两条地面径流过程线的每一时段的流量比，等于其径流深之比。

（3）如果净水历时不是一个时段，则各时段净雨深所形成的流量过程线之间互不干扰，各对应点相错历时为 $\Delta t$，出口断面流量过程线等于几个流量过程线之和。

2）单位线的推求

（1）选取历时较短、强度较大、分布均匀的孤立暴雨所产生的实测洪水过程，作为分析对象。

（2）按净雨时段摘录流量过程，割去基流，求出地面径流过程。

（3）用地面径流过程，按式（3-27）、式（3-28）计算地面径流深。

$$R = \frac{10W}{F} \quad \text{(mm)} \tag{3-27}$$

$$W = 0.36\Delta t(Q_1 + Q_2 + Q_3 + \cdots + Q_n) \quad (10^4\ \text{mm}^3) \tag{3-28}$$

式中 $R$——地面径流深（mm）；

$W$——洪水总量（$10^4$ mm$^3$）；

$F$——流域面积（km$^2$）；

$\Delta t$——洪水时段（h）；

$Q_1$，$Q_2$——地面径流（m$^3$/s）。

（4）求时段净雨：净雨深与径流深若不相等，可能是扣损方法本身的误差，也可能是基流分割不准确，此时应调整，使净雨深与径流深相等。

（5）根据 $(q_i / Q_i = 10 / R)$，将地面径流过程线纵坐标乘以 $Q_i$，则得纵坐标 $q_i$，再计算单位线的净雨深，应等于 10 mm。若不相等，必须对单位线进行修正。修正时应使单位线过程均匀，并使其等于 10 mm。

当净雨过程时段数较少（1 个或 2 个）时，用分析法较为简便；若在 3 个及以上，则用试算法较为合适。

3）单位线的应用

有了某站控制断面的单位线后，则可根据控制断面上流域范围内各时段的设计净雨量，推求通过控制断面的设计洪水位过程线和设计洪峰流量。其方法如下：

（1）将各时段净雨深化成单位净雨深的倍数（如净雨 36 mm 化成 36/10 = 3.6 单位深）。

（2）以单位深倍数乘各时段单位线纵高，即得此时段暴雨所产生的各时段的地面径流量。第二时段的净雨，也照同样的方法计算各时段的地面径流量，并要与第一时段所产生的地面径流错开一个时段，以此相加，即得整个设计暴雨所形成的地面径流过程线。

（3）设计暴雨的地面径流过程线加上基流，即得设计洪水过程线。

### 2. 等流时线法

（1）假定条件：

① 绘制等流时线（见图 3-5）时，只考虑河槽汇流速度。

② 河槽汇流速度在整个洪水时期，取一个平均值。

③ 河槽汇流速度在干、支流各点等相等。

（2）汇流速度：用式（3-29）计算。

$$v = mJ^{\frac{1}{3}}Q^{\frac{1}{4}} \quad (\mathrm{m/s}) \tag{3-29}$$

式中　$m$——集流参数；

$J$——河槽坡降，以小数计；

$Q$——设计洪峰流量（$\mathrm{m^3/s}$）。

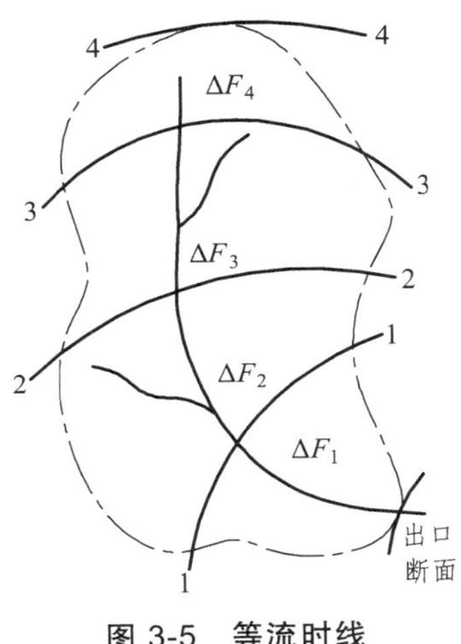


**图 3-5　等流时线**

（3）汇流历时：用式（3-30）计算。

$$\left.\begin{aligned} &\tau = 0.278\frac{L}{v} \quad (\mathrm{h}) \\ &n_2 = \tau / \Delta t \end{aligned}\right\} \tag{3-30}$$

（4）流域漫流过程：假定净雨单位时段长为 $\Delta t$ 后，将汇流历时分在 $n_2 = \tau / \Delta t$ 部分，得到一组固定不变的等流时线，各部分沿干流的长度都相等，即设净雨历时为 $t$，则可分别为 $n_1 = t / \Delta t$ 各时段，各时段的净雨则分别为 $R_1$，$R_2$，$R_3$，…。根据径流汇流的 3 种情况，即可计算每个时段末的径流，从而求得漫流过程。

当 $t < \tau$ 时，部分面积和全部径流形成最大流量。

设 $t = 2\Delta t$，$\tau = 3\Delta t$，降雨历时按 $\Delta t$ 划分为 $n_1 = 2$；汇流历时按 $\Delta t$ 划分为 $n_1 = 3$；即有 2 个时段净雨 $R_1$，$R_2$；按 $\Delta t$ 划将流域面积分成三块共时径流面积 $\Delta F_1$，$\Delta F_2$，$\Delta F_3$。则

$$Q_1 = R_1 \Delta F_1 / \Delta t$$

$$Q_2 = (R_2\Delta F_1 + R_1\Delta F_2)/\Delta t$$
$$Q_3 = (R_2\Delta F_2 + R_1\Delta F_3)/\Delta t$$
$$Q_4 = R_2\Delta F_3/\Delta t$$

当$t=\tau$时，全部面积全部径流形成最大流量。

设$t=3\Delta t$，$\tau=3\Delta t$，$n_1=3$，$n_2=3$；有 3 个时段净雨深$R_1$，$R_2$，$R_3$；共时径流面积$\Delta F_1$，$\Delta F_2$，$\Delta F_3$。则

$$Q_1 = R_1\Delta F_1/\Delta t$$
$$Q_2 = (R_1\Delta F_2 + R_2\Delta F_1)/\Delta t$$
$$Q_3 = (R_1\Delta F_3 + R_2\Delta F_2 + R_3\Delta F_1)/\Delta t$$
$$Q_4 = (R_2\Delta F_3 + R_3\Delta F_2)/\Delta t$$
$$Q_5 = (R_3\Delta F_3)/\Delta t$$

当$t>\tau$时，全部面积和部分径流形成最大流量。

设$t=4\Delta t$，$\tau=3\Delta t$，$n_1=4$，$n_2=3$；有 4 个时段净雨深$R_1$，$R_2$，$R_3$，$R_4$；共时径流面积$\Delta F_1$，$\Delta F_2$，$\Delta F_3$。则

$$Q_1 = R_1\Delta F_1/\Delta t$$
$$Q_2 = (R_1\Delta F_2 + R_2\Delta F_1)/\Delta t$$
$$Q_3 = (R_1\Delta F_3 + R_2\Delta F_2 + R_3\Delta F_1)/\Delta t$$
$$Q_4 = (R_2\Delta F_3 + R_3\Delta F_2 + R_1\Delta F_2)/\Delta t$$
$$Q_5 = (R_3\Delta F_3 + R_4\Delta F_2)/\Delta t$$
$$Q_6 = R_4\Delta F_3/\Delta t$$

除上述方法外，还可用瞬时单位线法、综合单位线法及综合瞬时单位线法推求计算洪水过程线。

## 3.3 根据推理公式和地区经验公式推求设计洪水

### 3.3.1 小流域设计暴雨

我国小流域很多，一般无实测径流资料，且雨量资料也较短缺，因此小流域的设计洪水一般采用推理公式或地区经验公式。这些公式又都是以暴雨公式推求设计暴雨，并以洪水形成原理为基础，在一定条件下建立起来的。

1）雨量、历时、频率曲线关系

单站雨量-历时-频率关系曲线制作如下：

（1）根据各站的自记雨量资料，独立选取不同时段最大暴雨量。统计时段一般取 10 min，30 min，60 min，120 min，240 min，360 min，480 min，720 min，1 440 min。

（2）对各时段的年最大暴雨量系列，分别作频率计算。

（3）绘出各种历时的暴雨频率曲线于几率格纸上，以便比较，如图 3-6 所示。这些曲线在使用范围内不能相交，如相交应予调整。

（4）根据图 3-6 点绘出暴雨量-历时-频率曲线（见图 3-7）或者平均暴雨强度-历时-频率关系曲线（见图 3-8）。

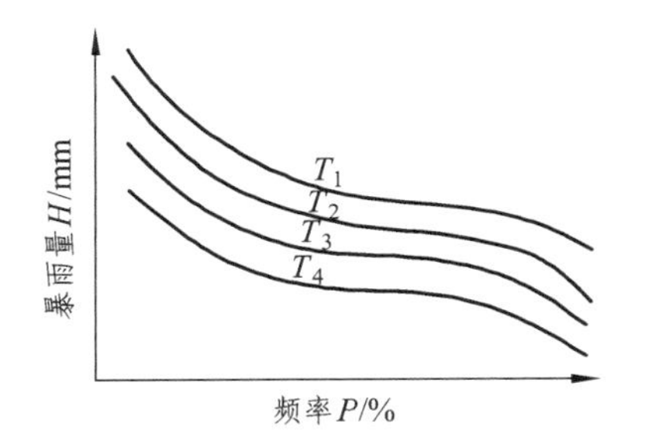


图 3-6　不同时段最大暴雨量频率曲线

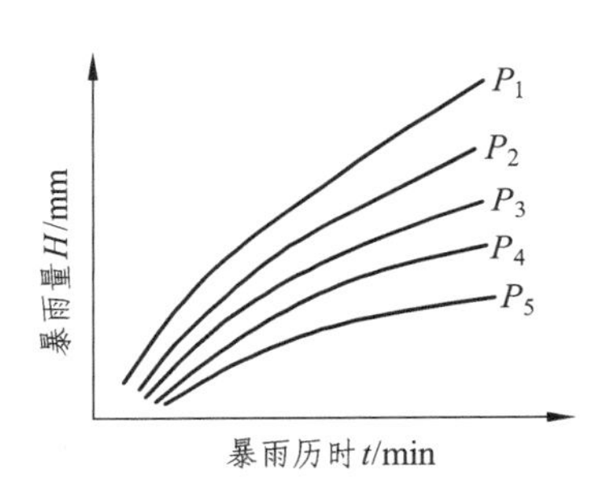


图 3-7　$H$-$t$-$P$ 曲线

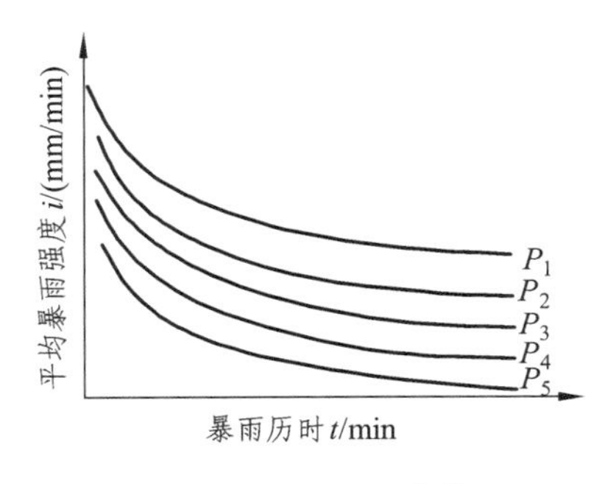


图 3-8　$i$-$t$-$P$ 曲线

$H$-$t$-$P$ 曲线及 $i$-$t$-$P$ 曲线，是一个地区气候条件的综合反映，称为暴雨特性曲线。按不同的气候区，将暴雨特性曲线加以综合，即可指定出相应的经验公式和公式参数的地理分布图，从而解决无资料地区推求设计暴雨的问题。

2）短历时暴雨公式

目前，我国常采用两种指数型暴雨公式（3-31）~式（3-34）。

$$i=\frac{S_{\mathrm{p}}}{t^{n}} \tag{3-31}$$

$$H_{\mathrm{t}}=S_{\mathrm{p}}t^{1-n} \tag{3-32}$$

$$i=\frac{S_{\mathrm{p}}}{(t+b)^{n_{\mathrm{d}}}} \tag{3-33}$$

$$H_{\mathrm{t}}=S_{\mathrm{p}}\frac{t}{(t+b)^{n_{\mathrm{d}}}} \tag{3-34}$$

式中　$i$——暴雨强度（mm/h）；

$H_{\mathrm{t}}$——历时为 $t$ 的暴雨量（mm）；

$S_{\mathrm{p}}$——暴雨系数，即 $t=1$ h 的暴雨强度（mm/h）；

$n$，$n_{\mathrm{d}}$——暴雨衰减指数；

$b$——时间参数。

式（3-31）形式简单，雨量和强度换算方便。唯当降雨历时 $t\to 0$ 时，强度 $\to\infty$，是不合理的。在 $t$ 很小时，$n$ 和 $t$ 的微小变化，都会使 $i$ 有较大的变动。

式（3-33）增加了参数 $b$，与资料点距配合较好，但雨量和强度的换算比较麻烦，同时增加了分析参数 $b$ 的工作。

参数值可用图解分析法，亦可查各省水文图集等值线图。

### 3.3.2　推理公式

推理公式是缺乏资料的小流域计算设计洪水时常用的方法。在城市防洪工程中，对于山洪防治特别适用。山洪发生地带一般都无观测站观测资料；有些流域虽有短期暴雨资料，但由于影响因素多，短期资料难以延伸，推理公式具有一定的理论基础，方法简便，各地水文手册等资料中均介绍有这种方法，并附有简化计算的数据和图表，故被广泛利用。不过被应用的流域自然条件各异，有关参数的确定也存在任意性，因此必须对计算成果进行必要的合理性分析与可靠性分析，并与其他方法综合分析比较，从中取舍。

现将国内现行推理公式介绍如下：

1）水利科学研究院（现水利水电科学研究院）水文研究所公式

（1）适用范围。

① 流域面积小于 500 $\mathrm{km}^2$。

② 全面汇流和部分汇流都可使用。

③ 式中参数具有鲜明的地区性，使用时应根据本地区的实测暴雨洪水资料验证。

④ 但不适用于溶洞、泥石流及各种人为措施影响严重的地区。

（2）主要假定条件。

① 流域降雨过程与损失过程的差值当作产流过程，并把汇流时间内所产生的径流概化为强度不变的过程。

② 汇流面积曲线概化为矩形。

（3）设计洪峰流量计算公式。

洪峰流量计算，根据产流历时 $t_B$ 大于、等于或小于流域汇流历时 $\tau$，可分为全面汇流与局部汇流两种情况，其公式形式见表 3-1。

**表 3-1　推理公式法的计算公式**

| 条　件 | $t_c \geqslant \tau$ | $t_c < \tau$ |
|---|---|---|
| 计算公式 | $Q_p = 0.278\psi \frac{S_p}{\tau^n} P$<br>$t_c > \tau$ 时，$\psi = 1 - \frac{u}{S_p}\tau^n$<br>$t_c = \tau$ 时，$\psi = n$<br>$\tau = \frac{0.278L}{mQ_p^{1/4} J^{1/3}}$ | $Q_p = 0.278\psi \frac{S_p}{\tau_n^m} F_0$<br>$\psi = n\left(\frac{t_c}{\tau}\right)^{1-n}$<br>$\tau = \frac{0.278L}{mQ_p^{1/4} J^{1/3}}$<br>$L_{t_c} = \frac{t_c}{\tau} L$ |
| 式中　$Q_p$——设计洪峰流量（$m^3/s$）；<br>$t_c$——产流历时（h）；<br>$\psi$——洪峰流量径流系数；<br>$S_p$——设计频率暴雨雨力（mm/h）；<br>$\tau$——流域汇流时间（h）；<br>$n$——暴雨递减指数；<br>$F$——流域面积（$km^2$） | | |

（4）计算步骤。

① 根据流域资料确定以下参数：

a. 流域参数：流域面积 $F$（$km^2$）；主河槽长度 $L$（m）；主河槽坡降 $J$。

b. 暴雨参数：水力 $S$；暴雨递减指数 $n$。

c. 经验参数：损失参数 $\mu$；汇流参数 $m$。

② 计算 $\frac{mJ^{1/3}}{L}$ 和 $S_pF$ 值，然后由 $SF$、$\tau_0$ 计算图中查出 $\tau_0$，见《给排水设计手册》第七册附录 11。

③ 计算$\dfrac{\mu\tau_0^n}{S_p}$值，查$\psi$、$\tau$计算图确定$\psi$和$\dfrac{\tau}{\tau_0}$，见《给排水设计手册》第七册附录12。

④ 将已知$\psi$和$\tau$代入公式$0.278\dfrac{\psi S}{\tau^n}F$中，即可算得设计洪峰流量$Q_p$值。

（5）参数计算。

参数计算内容主要包括流域特征参数、暴雨参数、经验参数、洪峰流量系数四种，具体计算方法详见《给排水设计手册》第七册第四章。

2）水利科学研究院水文研究所简化式

$$Q = AF = 0.278\left(\frac{s}{\tau^n} - \mu\right)F \tag{3-35}$$

式中　$Q$——洪峰流量（$m^3/s$）。

$$A = 0.278\left(\frac{s}{\tau^n} - \mu\right)$$

其中　$s$——雨力（mm/h）。

$\tau$——汇流时间（h）。

$$\tau = 0.278\frac{L}{mJ^{1/3}Q^{1/4}} \tag{3-36}$$

其中　$m$——汇流参数；

$J$——主河槽平均比降；

$L$——主河道长度（km）；

$F$——汇流面积（$km^2$）。

3）铁道第四勘察设计院（现名中铁第四勘察设计院集团有限公司）公式

据华东、华中地区资料分析制定公式（3-37）为

$$Q_p = 0.278A_5B_5\frac{R_p}{\tau_0}F \tag{3-37}$$

式中　$R_p$——设计净雨深（mm）；

$A_5$——洪峰消减系数，随$E$，$D$而变，可从《给排水设计手册》第七册图4-44、图4-45查；

$B_5$——雨型系数，见《给排水设计手册》第七册表4-51；

$t_0$——净雨历时，取6 h或24 h。

若采用径流系数法，则

$$R_p = C_3 H_p$$

式中　$H_p$——6 h 或 12 h 设计暴雨量；

$C_3$——洪峰径流量（mm），见《给排水设计手册》第七册表 4-50。

除上述公式外，还有铁道第一勘察设计院（现名中铁第一勘察设计院集团有限公司）、铁道第二勘察设计院（现名中铁二院集团有限责任公司）等机构的推理公式，详见《给排水设计手册》第七册第四章。

### 3.3.3 经验公式

经验公式是在缺乏和调查洪水资料时常用的一种简易方法。在一定的地域内，水文、气象和地理条件具有一定的共性，影响洪峰流量的因素和水文参数也往往存在一定的变化规律。我国水利部门按其地区特点划分若干个分区，分别编辑地区的洪水经验公式。

经验公式按其选用的资料不同大致可分为 3 类：

（1）根据当地各种不同大小的流域面积和较长时期的实测流量资料，当有一定数量的调查洪水资料时，可对洪峰流量进行频率分析；然后再用某频率的洪峰流量 $Q_p$ 与流域特征做相关分析，制定经验公式，其公式为

$$Q_p = C_p F^n \tag{3-38}$$

式中　$F$——流域面积（$km^2$）；

$C_p$——经验系数随（频率而变）；

$n$——经验指数。

本法的精度取决于单站的洪峰流量频率分析成果，要求各站洪峰流量系列具有一定的代表性，以减少频率分析的误差；在地区综合时，则要求各流域具有代表性。它适用于暴雨特性与流域特征比较一致的地区，综合的地区范围不能太大。在湖北、江西、安徽省皖南山区等地采用；北方地区的山西省临汾、晋东南、运城地区等，也采用这种经验公式。

（2）对于实测流量系列较短，暴雨资料相对较长的地区，可以建立洪峰流量 $Q_m$ 与暴雨特征和流域特征的关系，见公式（3-39）：

$$\left.\begin{aligned} Q_m &= CH_{24}^2 F^\alpha \\ Q_m &= Ch_t^\beta F^n J^m \end{aligned}\right\} \tag{3-39}$$

式中　$H$——最大 24 h 雨量（mm）;

$h_t$——时段净雨量（mm）;

$\alpha$, $\beta$——暴雨特征系数;

$n$, $m$——流域特征系数;

$C$——综合系数;

$F$——流域面积（$km^2$）;

$J$——河道平均比降（‰）。

本法考虑了暴雨特征对洪峰流量的影响，因此地区综合的范围可适当放宽。应用时可根据某一频率最大 24 h 设计暴雨或设计时净雨量带入公式，这样就引进了暴雨与洪水同频率的假定。辽宁、山东、山西省都以上述公式为经验公式计算基础。

（3）有些地区建立洪峰流量均值，$\bar{Q}_m$ 与暴雨特征和流域特征的关系见式（3-40）、式（3-41）。

$$\left.\begin{aligned}\bar{Q}_m &= CF^n \\ \bar{Q}_m &= C\bar{H}_{24}F^nJ^m\end{aligned}\right\} \tag{3-40}$$

式中　$\bar{H}_{24}$——最大 24 h 暴雨均值（mm）;

本法只能求出洪峰量均值，尚需要用其他方法统计出洪峰流量参数 $C_v$、$C_s$，才能计算设计洪峰流量 $Q_p$ 值。

地区经验公式形式繁多，本书不能一一搜集列入。设计者可结合工作查阅各水利、铁路、公路、城建部门有关资料使用。但在使用中应特别注意使用地区与公式制定条件的异同，避免盲目使用，造成较大的误差。

（4）此外，水利水电、公路相关也根据各自的研究成果制定如下类似的公式：

① 水利水电科学研究院经验公式：

汇水面积在 100 $km^2$ 内，用式（3-42）计算：

$$Q_p = KS_pF^{\frac{2}{3}} \quad (m^3/s) \tag{3-41}$$

式中　$S_p$——暴雨雨力（mm/h）:

$$S_p = (24)^{n-1}H_{24p}$$

$F$——汇水面积（$km^2$）;

$K$——洪峰流量参数，查表可得。

② 交通运输部公路科学研究院经验公式：

$$Q_p = KF^n \quad (m^3/s) \tag{3-42}$$

式中　$K$——径流模数，查表可得；

$n$——面积参数，当 $F < 1\ km^2$ 时，$n = 1$；当 $1\ km^2 < F < 10\ km^2$ 时，可查表采用。

### 3.3.4　地区综合法

该法主要应用在无资料地区。它是利用设计流域与各参证站流域的自然地理、气象要素基本一致或相似条件，运用相关原理建立洪峰（洪量）与汇水面积的关系，在双对数格纸上点绘关系线。这样，只要知道工程点以上汇水面积，即可查得设计值。同样亦可建立各时段的变差系数与汇水面积的关系线，通过各地区的统计经验值确定偏态系数；有了以上参数值（$\bar{Q}$, $\bar{W}$, $C_v$），即可通过雷布京表求得设计所需的各种频率设计值。上述关系详见图 3-9～图 3-11。

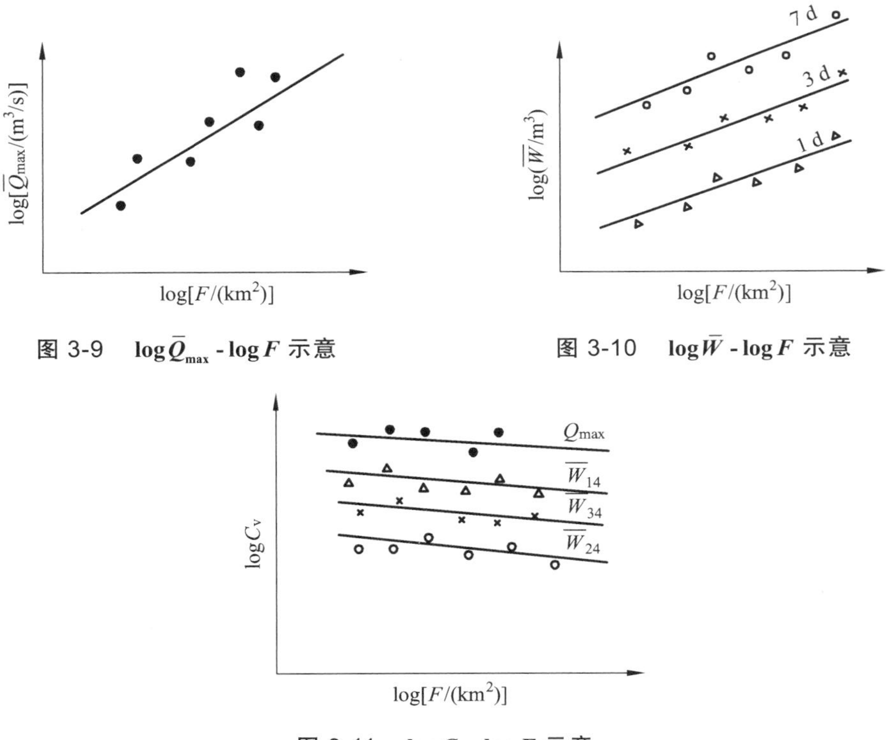


图 3-9　$\log\bar{Q}_{max}$ - $\log F$ 示意

图 3-10　$\log\bar{W}$ - $\log F$ 示意

图 3-11　$\log C_v$ - $\log F$ 示意

### 3.3.5 合并流量计算

两条或数条相邻山洪沟，在地形条件许可下，为了减少穿越市区泄洪渠数量，根据经济技术比较结果，往往将多条山洪沟合并为一条泄洪渠。其合并后的流量计算办法有以下几种：

（1）简易法。

$$Q_{\mathrm{p}} = Q_0 + 0.75(Q_1 + Q_2 + \cdots) \tag{3-43}$$

式中 $Q_{\mathrm{p}}$——合并后的设计流量（$m^3/s$）；

$Q_0$——主沟的设计流量（$m^3/s$）；

$Q_1$，$Q_2$，…——被合并沟的设计流量（$m^3/s$）。

（2）中国铁路科学研究院法。

$$Q_{\mathrm{p}} = Q_0\left(\sum_{1}^{n} K_i + n - 1\right) \tag{3-44}$$

式中 $K_i$——合并流量计算系数，根据 $\dfrac{Q_i}{Q_0}$ 及 $L_i$ 查表确定；

$n$——被合并沟的个数（不包括主沟）。

### 3.3.6 设计洪水总量及设计洪水过程线

1）设计洪水总量

一次洪水总量可由式（3-45）计算：

$$W = 1\,000 h_{\mathrm{R}} F \tag{3-45}$$

式中 $W$——一次洪水总量（$m^3$）；

$h_{\mathrm{R}}$——一次净雨量（mm）；

$F$——域面积（$km^2$）。

2）设计洪水过程线

小流域的设计洪水过程线，一般是根据概化过程线放大而得。常见的概化过程线有：曲线形及高峰三角形、三角形，如图 3-12 所示。已知设计洪峰流量和设计洪水总量，即可转换成设计洪水过程线。

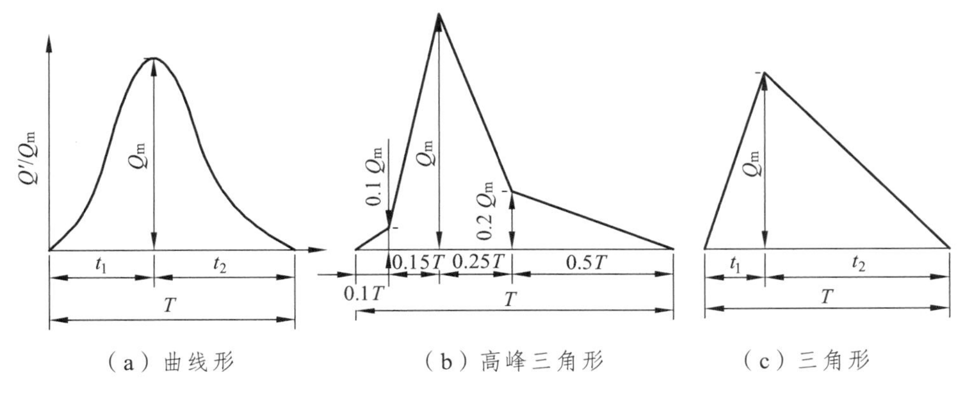


（a）曲线形　　（b）高峰三角形　　（c）三角形

**图 3-12　概化过程线**

洪水总历时及涨洪历时的计算方法，随概化过程线的形状不同而异，对于三角形化过程线的计算公式为

$$T = \frac{2W_p}{Q_p} \tag{3-46}$$

$$t_1 = \frac{T}{1+\gamma} \tag{3-47}$$

$$t_2 = T - t_1 \tag{3-48}$$

$$\gamma = \frac{t_2}{t_1} \tag{3-49}$$

$\gamma$ 值与洪峰出现时间有关，一般山区河流的洪水值大一些；丘陵区河流洪水的值小一些，具体数值需由实测资料分析确定。小流域汇流历时接近上涨历时，也可采用 $t_1 = \tau$ 。

$$T = C\frac{W_p}{Q_p} \tag{3-50}$$

式中　$C$——反映过程线特性的参数；

$W_p$——设计频率的洪水总量；

$Q_p$——设计频率的洪峰流量。

具体计算中，需给出分区相对模型的形式，并给出参数 $C$。然后将模型纵坐标乘以 $Q_p$ ，横坐标乘以 $T$，即得到洪水过程线。

概化多峰型过程线，是根据一定的设计暴雨时程分配，换算成多峰三角形洪水过程。一般认为一段均匀的降雨，产生一个单元三角形洪水过程线。这个三角形的面积，等于该段降雨所产生的洪量。三角形的底长，相当于过程线的总历时，等于该段降雨的产流历时与汇流历时之和。最大流量则相当于三角形的顶点。将每一时段净雨所形成的单元洪水过程线，与主雨峰形成的洪水过程线依次叠加，即得概化高峰三角形洪水过程线。

## 3.4 历史洪水调查和计算

历史洪水调查是目前计算设计洪峰流量的重要手段之一。在有长期实测水文资料的河段，用频率计算方法可以求得比较可靠的设计洪峰流量。但我国河流一般实测水文资料年限较短，用来推算稀遇洪水，其结果可靠性差，特别是在山区小河流，没有实测水文资料，用经验公式或推理进行设计时，往往误差较大。因此在洪水计算中，对于历史洪水调查应给予足够重视。

历史洪水调查是一项十分复杂的工作。在调查资料少、河床变化较大的情况下，计算成果往往会产生较大误差。因此对洪水调查的计算结果，应根据影响成果精度的各种因素进行分析，来确定成果的可靠程度。

### 3.4.1 洪水调查内容

1）历史上洪水发生的情况

从地方志、碑记、老人及有关单位了解过去发生洪水的情况，洪水一般发生的月份、时间，洪水涨落时间及其组成情况。

2）各次大洪水的详细情况

洪水发生的年、月、日及洪水痕迹，当时的河道过水断面、河槽及河床情况，洪水涨落过程（开始、最高、落尽），洪水组成及遭遇情况，上游有无决口、卡口和分流现象，洪水时期含砂量及固体径流情况。

3）自然地理特征

流域面积、地形、土壤、植物及被覆等，有了这些资料即可对其他相似流域洪水进行比较，借以判断洪水的可靠性。

4）洪水的调查和辨认

（1）河段的选择。

① 选择河段最好靠近工程地点，并在上、下游若干千米内，另选一两个对比河段进行调查，以资校核。

② 河段两岸最好有树木和房屋，以便查询历史洪水痕迹。

③ 河段尽可能选择在平面位置及河槽断面多年来没有较大冲淤、改道现象的地段。

④ 河段最好比较顺直，没有大的支流加入，河槽内没有构筑物和其他堵塞式回水、分流现象等。

⑤ 河段各断面的形状及其大小比较一致。在不能满足此条件时，应选择向下游收缩的河段。

⑥ 河段各处河床覆盖情况基本一致。

⑦ 当利用控制断面及人工建筑物推算洪峰流量时，要求该河段的水位不受下游瀑布、滩涂、窄口或峡谷控制。

（2）洪痕的调查。

① 砖墙、土坯墙经洪水泡过，有洪水痕迹，由于水浪冲击，在砖墙、土坯墙现出凹痕或表层剥落，但要与长期遭受雨水吹打所造成的现象区别开来，根据风向与雨向来综合确定。

② 从滞留在树干上的漂流物，可判断洪水位。取证漂流物时，应注意由于被急流冲弯的影响，而不能真实地反映当时洪水位，并要注意不要将其与落水时遗留的漂浮物混淆。

③ 在岩石裂缝中填充的泥沙，也可作为辨认洪痕的依据。但要特别注意与散入裂缝的沙区分开来。

④ 在山区溪沟中被洪水冲至河床两侧的巨大石块，它的顶部可作为洪水位，但要确定该石块是洪水冲下来的，而不是因岸塌滚下来的。

5）测量工作

测出河道简易地形图、平面图、横断面图、纵断面图；施测一般测至洪水位以上 2 ~ 3 m，标出洪痕及有关地物；其施测长度，平原区河段上游测 200 m，下游测 100 m；山丘区河段上游测 100 m，下游测 50 m；在构筑物下游不远处，即注入大河处测至汇合口为宜；当构筑物处于壅水范围内时，则其纵坡应测至壅水终点。

### 3.4.2 洪峰流量计算

根据历史洪水调查推算洪峰流量时，可按洪痕点分布及河段的水力特性等选用适当的方法。例如当地若有现成的水位流量关系曲线就可以利用，还要注意河道的变迁冲淤情况并加以修正。当调查河段无实测水文资料，一般可采用比降法。用该法时，需要注意有效过水断面、水面线及河道糙率等基本数据的准确性。如断面河段不适于用比降法时，则可采用水面线法。当调查河段具有良好的控制断面，则可用水力学公式计算，这样可以较少依赖糙率，成果精度较高。由洪痕推算洪峰流量，各种方法会得出不同结果，因此应进行综合分析比较后合理选定。

1）由水位流量关系曲线确定洪峰流量

调查到的洪痕，如在水文站的附近，则可利用水文站的水位流量关系曲线的延长，来求得历史洪水的洪峰流量。

2）比降法计算洪峰流量

（1）不考虑流速水头变化：在均直河段、若干个过水断面变化不大，可以忽略断面流速水头的变化，而用水面比降代入流量公式进行计算。流量 $Q$（$m^3/s$）计算公式为

$$Q = \omega C\sqrt{Ri} \tag{3-51}$$

式中 $\omega$——过水断面积（$m^2$）。

$C$——流速系数：

$$C = \frac{1}{n}R^{1/6} \tag{3-52}$$

其中 $n$——糙率；

$R$——水力半径；

$i$——水面比降（‰）。

用水面比降代入式（3-52），得

$$Q = \frac{\omega}{n}R^{\frac{2}{3}}J^{\frac{1}{2}} \tag{3-53}$$

单式河道洪峰流量计算：

令式（3-53）中

$$K = \frac{\omega}{n}R^{\frac{2}{3}}, \quad I = \frac{h_f}{l}$$

式中 $K$——输水率；

$h_f$——两断面间位能差，当恒定均匀流时，$h_f = \Delta H$（水面高差）（m）；

$l$——两断面间水平距（m）。

如根据上、下游的断面和洪痕计算输水率时，$K$ 值应取上、下游断面之均

值，即 $\overline{K}=\frac{K_1+K_2}{2}$ 或 $\overline{K}=\sqrt{K_1K_2}$ 。以上是 $K_1$ 与 $K_2$ 相近时 $K$ 值计算方法，如果两者相差较大，则应改为恒定非均匀流计算。

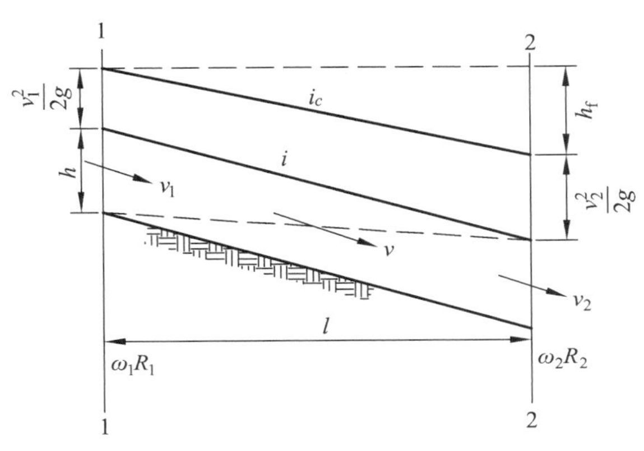


**图 3-13　水面坡降**

（2）考虑流速水头的变化：若河段各个过水断面变化较大，则需要考虑流速水头的变化，此时流量公式中的 $i$ 值，应以 $i_c$ 值代入，即以能坡线比降来代替，如图 3-13 所示。代入后得式（3-54）及式（3-55）。

$$i_c=\frac{h_f}{l}=\frac{h+\frac{v_1^2}{2g}-\frac{v_2^2}{2g}}{l}\tag{3-54}$$

$$Q=\overline{K}\sqrt{\frac{h+\frac{v_1^2}{2g}-\frac{v_2^2}{2g}}{l}}\tag{3-55}$$

式中　$i_c$——两断面间能坡线比降；

$h$——两断面间水位差（m）；

$h_f$——两断面间位差（m）；

$v_1$——1—1 断面流速（m/s）；

$v_1$——2—2 断面流速（m/s）；

$g$——重力加速度（ $g=9.81\ \mathrm{m/s^2}$ ）；

$K$——两断面间平均输水因素；

$K_1$——1—1 断面的输水因素：

$$K_1=\frac{\omega_1}{n}R_1^{\frac{2}{3}}$$

$K_2$——2—2 断面的输水因素：

$$K_2=\frac{\omega_2}{n}R_2^{\frac{2}{3}}$$

$\omega_1$——1—1 断面面积（$m^2$）；

$\omega_2$——2—2 断面面积（$m^2$）；

$R_1$——1—1 断面水力半径（m）；

$R_2$——2—2 断面水力半径（m）。

（3）考虑扩散损失：若河道的断面面积系向下游增大，则须考虑由于水流扩散所发生的损失 $h_e$，其值可按式（3-56）计算，而流量公式改为式（3-57）。

$$h_e=a\left(\frac{v_1^2}{2g}-\frac{v_2^2}{2g}\right) \tag{3-56}$$

$$Q=\bar{K}\sqrt{\frac{\left(h+(1-a)\frac{v_1^2}{2g}-\frac{v_2^2}{2g}\right)}{l}} \tag{3-57}$$

式中　$a$——系数，$a=0\sim1$，一般采用 0.5；

$h_e$——水流扩散损失（m）；

（4）复式断面计算：若河床为复式断面，具有较宽滩地，如图 3-14、图 3-15 所示，则应将河槽与滩地分开进行计算。其总流量等于河槽与河滩流量之和，各部分流量分别根据其平均面积、平均水力半径及各自的糙率计算。

$$Q=Q_{左}+Q_{槽}+Q_{右}$$

（5）各小段流量的平均：

在洪水调查的河段，可按所测横断面分成若干小段，如图 3-15 所示。各小段分别计算流量，分别为 $Q_1$，$Q_2$，$Q_3$ 等。其流量公式为

$$Q=\frac{Q_1+Q_2+Q_3+\cdots+Q_n}{n} \tag{3-58}$$

若各小段精度不同，可参照各段精度斟酌采用。

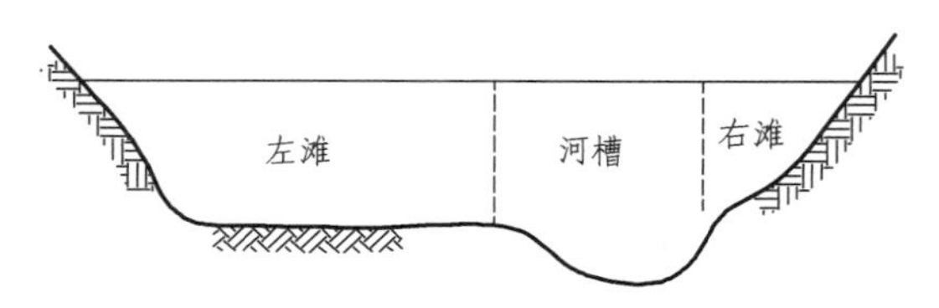


**图 3-14　复式河床断面**

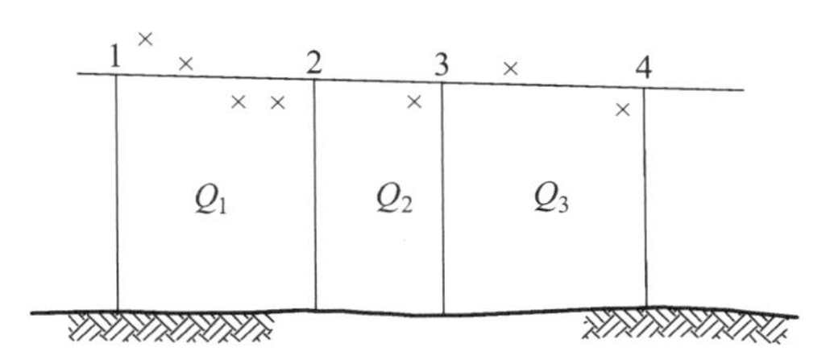


图 3-15　河道河段分别计算流量

### 3.4.3　由历史洪峰流量推求设计洪水

（1）有 3 个以上历史洪水流量和相应的水位：在调查到 3 个历史最大洪水位后，算其相对应流量，可按下列步骤进行设计洪峰流量的计算。

① 首先确定调查到的流量频率：选定 $C_v$，$C_s$ 值，由雷布京表中查得 $\phi_p$ 值，所选定的 $C_v$，$C_s$ 值应符合式（3-59）。

$$\frac{Q_1}{\phi_{p_1}C_v+1}=\frac{Q_2}{\phi_{p_2}C_v+1}=\frac{Q_2}{\phi_{p_3}C_v+1}=\bar{Q} \tag{3-59}$$

式中　$Q_1$，$Q_2$，$Q_3$——相应于不同频率的历史调查洪峰流量（$m^3/s$）；

$\bar{Q}$——试算出的多年平均洪峰流量（$m^3/s$）；

$C_v$——偏差系数；

$C_s$——变差系数。

② 按式（3-60）求设计洪峰流量。

$$Q=\bar{Q}(\phi_p C_v+1) \tag{3-60}$$

（2）通过调查能确定河流的多年平均洪峰流量 $\bar{Q}$ 值和某历史洪水流量及其频率时，可按式（3-61）计算：

$$Q=\bar{Q}K_p \tag{3-61}$$

式中　$Q_p$——设计频率洪峰流量（$m^3/s$）；

$\bar{Q}$——多年平均洪峰流量（$m^3/s$）；

$K_p$——设计频率模量系数；

（3）由洪水调查成果用适线法推求设计洪峰流量：此方法基本要求是在同一断面处有 3 个以上不同重现期的洪调成果。根据洪调成果首先假定均值及变差系数 $C_v$，$C_s/C_v$ 值，按各省已定的经验关系值，把调查到的洪调成果点绘在频率线上，经过几次假定均值与 $C_v$ 值，采用目估定线的方法，最后试算到频率曲线与洪调点结合得最佳为止。其所假定的均值与 $C_v$ 值即为设计参数。这种方法比较简便而且容易做到，故被广泛采用。

## 3.5 城市排涝工程设计流量计算

城市排涝是城市雨水的根本出路，我国至今尚缺乏比较全面的城市排涝计算方法，2012 年我国发布了城市防洪工程设计规范，其给出统一的设计涝水的计算方法。

城市治涝工程设计涝水应根据设计要求计算设计涝水过流量、涝水总量和涝水过程线。城市治涝工程设计应按涝区下垫面条件和排水系统的组成情况进行分区，并应分别计算各分区的设计涝水。分区设计涝水应根据当地或自然条件相似的临近地区的实测涝水资料分析确定。

### 3.5.1 地势平坦地区涝水过程线推求

地势平坦、以农田为主分区的设计涝水，在缺少实测资料时，可根据排涝区的自然经济条件和生产发展水平等，分别选用下列公式或其他经过验证的公式计算排涝模数。需要时，可采用概化法推算设计涝水过程线。

（1）经验公式法，可按式（3-62）计算：

$$q = KR^m A^n \tag{3-62}$$

式中 $q$——设计排涝模数［$m^3/(s \cdot km^2)$］。

$R$——设计暴雨产生的径流深（mm）。

$A$——设计排涝区面积（$km^2$）。

$K$——综合系数，反映降雨历时，涝区汇水集团现状、排涝沟网密度及沟底比降等因素；应根据具体情况，经实地测验确定。

$m$——峰量指数，反映洪峰与洪量关系；应根据具体情况，经实地测验确定。

$K$——递减指数，反映排涝模数与面积关系；应根据具体情况，经实地测验确定。

（2）平均排除法，可按下列公式计算：

① 旱地设计排涝模数按式（3-63）计算。

$$q_d = \frac{R}{86.4T} \tag{3-63}$$

式中　$q_d$——旱地设计排涝模数［$m^3/(s \cdot km^2)$］;

$R$——旱地设计涝水深（mm）;

$T$——排涝历时（d）。

② 水田设计排涝模数按式（3-64）计算。

$$q_w = \frac{P - h_1 - ET' - F}{86.4T} \tag{3-64}$$

式中　$q_w$——水田设计排涝模数（$m^3/s \cdot km^2$）;

$P$——历时为 $T$ 的设计暴雨量（mm）;

$h_1$——水田蓄滞水深（mm）;

$ET'$——历时为 $T$ 的水田蒸发量;

$F$——历时为 $T$ 的水田渗漏量（mm）。

③ 旱地和水田综合设计涝数按式（3-65）计算：

$$q_p = \frac{q_d A_d + q_w A_w}{A_d + A_w} \tag{3-65}$$

式中　$q_p$——旱地、水田兼有的综合设计排涝模数（$m^3/s \cdot km^2$）;

$A_d$——旱地面积（$km^2$）;

$A_w$——水田面积（$km^2$）。

### 3.5.2　城市排水管网设计涝水计算

城市排水管网控制区分区的设计涝水，在缺少实测资料时，可采用下列方法或其他经过验证的方法计算。

（1）选取暴雨典型，计算设计面暴雨时程分配，并根据排水分区建筑密集程度，按表 3-2 选取径流系数。

**表 3-2　综合径流系数**

| 区域情况 | 综合径流系数 |
| --- | --- |
| 城镇建筑密集区 | 0.60 ~ 0.70 |
| 城镇建筑较密集区 | 0.45 ~ 0.60 |
| 城镇建筑稀疏区 | 0.20 ~ 0.45 |

（2）汇流可采用等流线的方法计算，以分区雨水管设计流量为控制推算涝水过程线。当资料条件具备时，也可采用流域模型法进行计算。

（3）对于城市的低洼区，按上述平均排除法进行涝水计算，排水过程应计入泵站的排水能力。

### 3.5.3 市政雨水管网设计流量计算

（1）根据推理公式（3-66）计算：

$$Q = q \cdot \psi \cdot F \tag{3-66}$$

式中 $Q$——雨水流量 （$m^3/s$）;

$q$——设计暴雨强度[$L/(s \cdot hm^2)$];

$\psi$——径流系数；

$F$——汇水面积（$km^2$）。

（2）暴雨强度公式应采用经分析的城市暴雨强度公式计算。当城市缺少该资料时，可采用地理环境及气候相似的临近城市的暴雨强度公式。雨水计算的重现期可选用 1 ~ 3 年，重要干道、重要地区或短期积水即能引起较严重后果的地区，可选用 3 ~ 5 年，并应与道路设计协调，特别重要地区可采用 10 年以上。

（3）综合径流系数可按表 3-2 计算。

## 3.6 城市雨洪模拟技术研究进展

### 3.6.1 城市雨洪产流计算方法

城市雨洪的产流计算是建立城市雨洪模型的基础，城市地区的产流特性有别于天然流域。国内外学者根据长期的观察和研究，把城市雨洪的产汇流计算归纳为城市雨洪产流计算、城市雨洪地面汇流计算以及城市雨洪地下管流计算等 3 方面内容。

#### 1. 城市雨洪产流计算方法

城市是受人类活动影响最大的区域，城市地表覆盖物种类多且分布复杂，产流很不均匀，这给城市雨洪产流计算带来很大麻烦。城市地表复杂的下垫面可分为不透水及透水两部分。Elliot 和 Trowsdale 通过总结现今使用的 10 个城市雨洪模型对产流部分处理，发现对不透水部分均采用相同处理方法，即产流量为降雨量扣除填洼、截留、蒸发等损失量；而对透水部分则出现了许多种计算方法，如径流系数法、SCS 法以及 Green-Ampt 法等。

虽然这些方法广泛运用于建模实践，如 STORM 模型中的径流系数法、MOUSE 模型中的概念性降雨径流法以及 SWMM 模型中的 CS 法等，但由于缺乏对城市地区复杂下垫面产流规律的系统认识，城市雨洪模型子流域总产量的计算仅停留在不透水地面产流量和透水地面产流量简单叠加的阶段。如何准确而系统地描述城市雨洪产流过程及提高城市雨洪产流计算的精度成为近年来国内外学者努力的方向。岑国平（1997）采用室内模拟降雨方法对各种城市地面及其组合的产流特性做了系统试验，分析了降雨前强度与历时、土壤湿度与密实度、地面覆盖、不透水面积比例与位置等因素对产流的影响，并分析了径流系数随雨强、土壤前期含水率、不透水面积比例的变化规律，为城市雨洪产流计算提供可靠的依据。Shuster（2008）针对土壤前期含水率、不透水面积比例与位置等因素进行了更为细致详尽的室内试验，得出类似结论，并且发现，不透水面积比例在 25% 时，土壤前期含水率为影响产流的主要因素；在不透水面积比例为 50%，并且产流经透水部分流到出口时，透水部分会出现回归流。

上述对城市复杂下垫面产流规律进行的探索对认清城市产流规律具有重要意义，然而室内试验条件与天然情况毕竟存有差异，在进一步研究城市地区产流规律时有必要结合室外降雨径流观测资料共同研究。

### 2. 城市雨洪地面汇流计算方法

雨水降落到地表产流以后流入雨水管道的集水口，这一过程称为雨水地面汇流过程。城市地表覆盖的复杂性给城市排水区域内集水口流域的边界划定及地面汇流计算带来很大的困难。针对城市地面汇流特点，学术界出现了两类解决方法，即水文学方法和水动力学方法。

水文学方法采用系统分析的途径，把汇水区域当作黑箱或灰箱系统，建立输入和输出之间的关系以模拟坡面汇流，常用的方法有推理公式法，等流时线法、瞬时单位线法及非线性水库法等。

水动力学方法基于微观物理定律，直接求解圣维南方程组，从而得出较水文学方法详尽的雨水地面径流过程。复杂的下垫面情况以及缺乏稳定可靠的有效解法使得该方法目前应用不多，然而由于其他能够提供更为详尽的城市雨洪地表非恒定流过程的良好前景，学者们进行了许多有益的探索。Schmitt（2008）等利用基于三角网有限体积法离散求解潜水方程组，并与地下管网系统相耦合，成功模拟出地表径流二维非恒定流过程。国内一些学者基于不同的离散方法对城市地表二维非恒定流过程进行模拟，但在精度上与国外存有一定差距。

城市雨洪地面汇流两种模拟方法的局限性导致了既能反映小区实际地表水流过程，又提高了模型精度的水文水动力学方法的发展。周玉问和赵洪宾曾介绍过水文学和水动力学方法结合的途径。水文水动力学方法作为水动力学方法精度不高的一种替代品，具有强大的生命力。

#### 3. 城市雨洪地下管流计算方法

城市雨洪地下管流计算方法总体上分为水文学法和水动力学法。最初，水文学法应用较多，主要有瞬时单位线法和马斯京根法；随着城市对防洪决策资料要求的提高以及计算机技术的发展，城市雨水管网的水动力学方法越来越受到重视。计算技术的发使得求解完整的圣维南方程组成为了可能，动力波方法在 SWMM 模型中的成功应用预示着城市雨水管网计算技术的成熟，而目前的主要困难在于寻求求解动力波方程组所需要的庞大而完善的边界数据条件。

### 3.6.2 城市雨洪模型建模方法

#### 1. 经验模型

经验模型所使用的数学方程是基于对输入输出系列的经验分析，而不是基于对水文物理过程的分析。常用于城市雨洪模拟的经验模型法主要有推理公式法、等流时线法及单位线法。经验模型法没有基于对研究区域水文物理过程的分析，只能提供输出端的资料，远不能满足城市防洪决策的要求。然而，作为城市雨洪模拟的一种方法，经验模型可以弥补概念模型及物理模型的不足，为城市资料缺乏的地区雨洪模拟提供一定依据。

#### 2. 概念性模型

概念性模型往往具有分布式特征，即分布式概念性模型。它把城市研究区域按集水口划分为各个排水小区，每个排水小区作为一个计算单元，应用集中式概括出口。自 20 世纪 70 年代起，分布式概念模型思想就广泛应用于建模实践，先后出现了 SWMM、Wallford Model 等通用性模型，有一定物理意义的模型结构以及在空间上采取分布式处理使得这些模型广泛应用于城市排水、防洪等工程实例。然而，为了提高模型模拟精度，在进行城市雨洪模拟之前需根据单元出口流量对各计算单元的参数进行率定。随着城市排水、防洪等方面决策要求的提高，研究区域进一步细分，模型参数率定工作将会成倍增加。

### 3. 物理性模型

物理性模型是指具有一定物理基础的一类模型，往往以水动力学为基础，即有分布式特征，即分布式物理模型。它把城市研究区域分割成空间网格，根据水流动的偏微分方程、边界条件和初始条件应用数值分析来建立相邻网格单元之间的时空关系，能直接考虑各水文要素的相互作用及其时空变异规律，使得分布式物理模型在城市雨洪模拟中具有良好的应用前景。21 世纪初期，由于城市排水、防洪等方面对决策资料要求越来越细，而城市雨洪模拟的分布式概念模型有其固有缺陷，不能很好地满足城市局部地区对水位、流速等要求，学者们开始了对城市雨洪模拟分布式物理模型的探索。早期，学者们在城市区域内建立二维大网格，在有集水口及濒临河道的网格通过源与汇的方式和管网及河道系统进行水量交换，构建起城市地区大范围的分布式物理模型（仇劲卫，2000）。随着研究的深入，研究者对街道、交叉路口及它们的组合等细部进行了城市雨洪非恒定流过程的模拟（Mignot 等，2006）。以上探索对认清城市雨洪非恒定流过程具有重要意义，然而由于这些研究大多针对特定研究区域且缺乏足够的实测数据进行验证，模型的稳定性、精确性及通用性尚有待进一步提高。

## 3.6.3 代表性城市雨洪模型评述

欧美发达国家从 20 世纪 60 年代开始研制满足城市排水、防洪、环境治理等方面要求的城市雨洪模型，其应用比较广泛的是 60 年代开发的城市雨洪管理模型 SWMM（Storm Water Management Model）和 Walling Model。

SWMM 模型早期于 1969 年由美国环境保护署主持开发，该模型为动态的降雨径流模拟模型，能对径流水量水质进行单一事件或者连续模拟，主要用于规划和设计阶段。该模型把每个子流域概化成透水路面、有滞蓄库容的不透水地面和无滞蓄库容的不透水地面三部分，利用下渗和损法及 SCS 法进行产流计算，坡面汇流采用非线性水库法，管网汇流部分提供了恒定流演算、运动波演算和动力波演算等三种方法。近年来，SWMM 模型多次应用于解决城市排水及环境整治等方面工程问题并不断得到完善。随后的米克 MIKE-SWMM 的出现使得 SWMM 模型应用于城市雨洪的运行管理成为现实。MIKE-SWMM 模型可以与 DHI 所开发的全部模型兼容，结合后的模型能够模拟任何时空尺度下的城市雨洪水量和水质问题，能很好地解决城市雨洪规划、设计及运行管理问题，具有良好的发展前景。

Walling Model 于 1978 年由英国 Wallingford 水力学研究所开发，主要包含降雨径流模块（WASSP）、简单管道演算模块（WALLRUS）、动力波管道演算模块（SPIDA）以及水质模拟模块（MOSQITO）。模型既可用于暴雨系统、污水系统或雨污合流系统的规划设计，又可以进行实时运行管理模拟，时间可达15 min。该模型将每个子流域概化成铺砌表面、屋顶及透水区三部分，采用修正的推理公式法进行产流计算。该方法的实质是一个包含传输系数的推理公式法，传输系数与不透水面积比例、土壤类型、蒸发总量以及土壤湿度密切相关。管网汇流部分由马斯京根法及隐式差分求解完整的浅水方程组。近年来，Wallingford广泛运用于城市管网水量及水质的模拟，模拟结果表明其具有良好的适用性。

国内对城市雨洪模型研究晚于西方国家，但也出现了很多有益成果。岑国平（MOSQITO）提出了国内首个自主研发的城市雨水径流计算模型（SSCM），该模型把城市地面分为透水地面和不透水地面分别进行产流计算，坡面汇流计算采用变动面积-时间曲线法，管网汇流计算采用了时间漂移法和简化的扩散波法。

周玉文和赵洪宾（1997）根据城市雨水径流特点，把径流分为地表径流和管内汇流两个阶段，建立了可用于设计、模拟和排水管网工况分析的城市雨水径流模型（CSYJM）。该模型采用损扣法进行产流处理，瞬时单位线法进行雨水口入流过程线生成，非线性运动波方法进行管网汇流演算，得到了比较满意的结果。中国水利水电科学研究院与天津气象局等单位合作开发了城市雨洪模拟系统（Urban Flood Dynamic Model，UFDSM），该模型采用无结构不规则网格以二维非恒定水力模型为基础来模拟城市雨洪过程，对天津市暴雨沥涝的模拟结果较为可靠（仇劲卫等，2000）；随后邱邵伟（2008）针对特定的研究区域对该模型进行了改进，验证结果表明对南京、南昌及上海等城市也具有良好的适用性。山东大学先后于2009年和2010年以MIKE软件为基础，建立了一、二维耦合的济南市城市洪水淹没模型，并应用所构建的模型对济南市近期发生的多场暴雨洪水进行了数值模拟，取得了较好的成果（刘邵青，2009；侯贵兵，2010）。

### 3.6.4 城市雨洪模拟基础数据搜集与管理

要想提高城市雨洪模拟精度，除了建立合理的模型结构以外，还必须有可靠的实测数据用于模型检验与验证。过去几十年里，研究者们已研制出许多结构合理、计算稳定、通用性强的城市雨洪模型，然而由于城市暴雨径流实测资料，特别是极端暴雨情况下的暴雨径流资料严重匮乏，使得城市雨洪模拟精度及深度一直受限。建立城市雨洪模拟分布式时空数据库是提高城市雨洪模拟精度，增加模拟深度及改进城市雨洪模拟加，特别是改进能反映详细的城市雨洪非恒定流过程的分布式物理模型的重中之重。

分布式时空数据建立包括两方面内容，即基础数据搜集与基础数据管理。用于城市雨洪模拟的基础资料主要包括下垫面资料、降雨资料及受灾情况。测量技术的发展是市政部分、测绘部门能比较方便而精确地获取地形、土地利用类型、街道、道路、地下管网布置等下垫面资料的保证。然而，反映受灾情况的基础资料，如淹没范围、淹没水深等难以精确收集，使得所建立的城市雨洪模型缺乏准确可靠的检验资料。Yu 和 Lane（2006）曾利用 RS 技术测定英国 Ouse 河岸城市在一次大暴雨后淹没范围的动态变化过程，Hunter 等（2005）曾利用自记水位计测量水位的方法来减少校正资料的不确定性。以上方法对城市雨洪受灾情况资料搜集具有指导性意义。然而，每种方法均有不足，如城市复杂的下垫面使 RS 技术在城区的精度不高，自记水位计受限于一定的范围，洪水痕迹不能提供完整的洪水过程线等。Neal 等（2009）综合上述几种方法建立校正数据序列并对所建立的二维城市地面淹没模型进行检验，得出考虑建筑物与不考虑建筑物的情况下,模拟数据与实测数据最大水位的均方误差分别为 0.28 m 及 0.32 m，这为城市雨洪受灾资料的搜集与处理提供了很好的指导作用。

城市雨洪模型要高效地利用空间数据需要有一个强大的工具对空间数据进行管理。GIS 可以高效地获取、创建、分析和显示各种类型的地理和空间信息数据,它能将图形和数据有机地结合在一起,充分表达数据的地理图形信息。在进行数值计算时，需要整理大量数据、生成计算网格及分析计算结果等，工作量很大，因而需要建立网格生成程序和简易的前后处理程序，在实时计算和模拟预报时能够进行直观的可视化操作。实践证明 GIS 技术与城市雨洪控制模型结合能有效地提高城市雨洪模型的前后处理和数据分析及管理能力，因而在城市雨洪模拟方面得到了大量的应用。国外利用 RS 和 GIS 可较为方便地确定模型参数，根据城市空间分布数据库研制城市汇流单位线，模拟城市水文过程（Lhome 等，2004）。国内也加快了对水文模拟新技术方面的探索，利用 GIS 系统的功能动态地演示地面积水的涨消过程，为制订城市防汛减灾对策和措施提供水情及涝情信息，取得了一些具有使用价值的研究成果（王林等，2004；钟力云，2006；张红旗，2009；黄国如等，2011；黄晶，2011；张杰，2012）。

# 第4章 城市防洪堤防工程设计

我国是世界上洪涝灾害最为严重的国家之一，洪涝灾害历来是中华民族的心腹之患。据统计，从公元前206年到公元1949年的2155年中，我国共发生较大水灾1092次。堤防工程是举世公认的防御洪水最普遍、最有效的一种措施，其建设历史可溯源到远古时代，相传共工氏、崇伯鲧曾筑堤御洪，大禹曾筑堤治水。

中华人民共和国成立以来，党和政府十分重视江河堤防工程建设，一方面修建了大量的新堤防；另一方面，对原有破烂不堪、标准极低的堤防进行了大规模的整修与加高加固。我国七大江、下游两岸，现已形成完整的堤防网络。全国各类堤防的长度已达到27万千米。

## 4.1 堤防的种类及作用

### 4.1.1 按所在位置分类

堤防按其所在位置不同，可以分为堤防、湖堤、海堤、围堤和水库堤防五种。因各自工作条件不同，故其规划设计要求略有差别。

河堤位于河道两岸，用于保护两岸田园和城镇不受洪水侵犯。因河水涨落相对较快，高水位持续历时一般不长，堤内浸润线往往难以发展到最高洪水位的位置，故其断面尺寸相对较小。

湖堤位于湖泊四周，由于湖水水位涨落缓慢，高水位持续时间长，且水域辽阔，风浪较大，故其断面尺寸应较河堤为大。此外，湖堤还要求临水面有较好的防浪护面，背水面有一定的排渗措施。

海堤又称海塘，位于河口附近或海岸沿岸，用以保护沿海地区坦荡平衍的田野和城镇乡村免遭潮水海浪袭击。海堤主要是在起潮或风暴激起海浪袭击时着水，高位水作用时间虽然不长，但浪潮的破坏力较大，特别是强调河口或台风经常登陆区，因受海流、风浪和增水的影响，故其断面应远较河堤为大。海堤临水面一般应设有较好的防浪、消浪设施，或采取生物与工程相结合的保护滩护堤措施。

围堤修建在蓄洪区周边，在蓄洪运用时起临时挡水之用，其实际工作机会虽未远不及河堤、护堤，但其修建标准一般与河流干堤相同。此外，当地群众为了争取耕地而沿河洲滩上自发修筑的堤埝也属围堤，这类围堤修筑简陋，标准较低，易于溃决。

水库堤防位于水库末端及库区局部地段，用于限制库区的淹没范围和减少淹没损失。库尾堤防常需根据水库淤积引起翘尾巴的范围和防洪要求适当向上延伸。水库堤防的断面尺寸应略大于一般河堤。

本章主要介绍河道堤防。河堤按其所在位置和重要性，又有干堤、支堤和民堤之分。干堤修建在大江、大河的河岸，标准较高，保护重要城镇、大型企业和大范围地区，由国家或地方专设管理机构。支堤沿支流两岸修建，防洪标准一般低于同流域的干堤。但有的堤段因保护对象重要，设计标准接近或高于一般干堤，如汉江遥堤、黄河支流渭河等河堤的堤防。重要支流堤防多由流域部门负责修建、管理。民堤又称民埝，民修民守，保护范围小，抗洪能力低，如黄河滩的生产堤，长江中下游洲滩民垸的围堤等。

### 4.1.2　按城乡区划分类

在按所在位置分类中所述的各类堤防，紧靠城市市区或从城市穿过的，为城市堤防，其他为乡村堤防。我国大部分堤防为乡村堤防，不加说明的一般是指乡村堤防。

城市堤防因在市区，土地紧张，寸土寸金，城市河流往往被各种建筑物挤得比较窄；河道窄且常有一部分被侵占；城市区域内地面大部分被硬化，降雨时雨水集流快，对于中小河流而言，洪水涨势猛；城市堤防承担防洪责任大，城市堤防一旦决口，造成的经济损失要比在农村决口的损失大若干倍。因此，城市堤防的标准要远高于乡村堤防的标准。

乡村堤防基本上修成土堤。土堤可就地取材，造价低廉，广为采用。

### 4.1.3　按保护对象分类

#### 1. 保护对象为城市

根据城市的经济社会地位的重要性或非农业人口的数量，确定城市的等级和防洪标准，见表 4-1。

表 4-1　城市等级和防洪标准

| 等级 | 重要性 | 非农业人口/万人 | 防洪标准（重现期/年） |
| --- | --- | --- | --- |
| Ⅰ | 特别重要的城市 | ≥150 | ≥200 |
| Ⅱ | 重要的城市 | 50～150 | 100～200 |
| Ⅲ | 中等城市 | 20～50 | 50～100 |
| Ⅳ | 一般城市 | ≤20 | 20～50 |

### 2. 保护对象为乡村

以保护乡村为主的防护区，根据人和耕地面积，确定乡村防护区的等级或防洪标准，见表 4-2。

表 4-2　乡村防护区的等级和防洪标准

| 等级 | 防护区人口/万人 | 防护区耕地面积/万亩 | 防洪标准（重现期/年） |
| --- | --- | --- | --- |
| Ⅰ | ≥150 | ≥150 | 50～100 |
| Ⅱ | 50～150 | 50～150 | 30～50 |
| Ⅲ | 20～50 | 20～50 | 20～30 |
| Ⅳ | ≤20 | ≤20 | 10～20 |

注：1 亩 = 1/15 公顷。

### 3. 堤防级别

堤防工程的级别根据堤防工程的防洪标准确定。堤防工程的防洪标准主要由防洪对象的防洪要求而定，见表 4-3。

表 4-3　堤防工程级别

| 防洪标准（重现期/年） | ≥100 | <100，且≥50 | <50，且≥30 | <30，且≥20 | <20，且≥10 |
| --- | --- | --- | --- | --- | --- |
| 堤防工程的级别 | 1 | 2 | 3 | 4 | 5 |

# 4.2　堤防工程规划设计

## 4.2.1　堤防规划与堤线布置

### 1. 堤线规划

无论是新建堤防还是改建堤防，规划时都必须遵守如下原则：

（1）城市堤防规划设计应考虑城市总体规划与布局，尽可能地与交通、环境、城市景观和亲水休闲相结合起来。

（2）河道上下游、左右岸、各地区、各部门要统筹兼顾。根据河流、河段及其防护对象不同，选定不同的防洪标准、等级和不同的堤型、堤身断面，并可视条件和时机分期、分段实施。

（3）当地方遭遇超标准特大洪水袭击时应有对策措施，以保证主要堤防重要堤段不发生改道性决口。

### 2. 堤线布置

防洪堤堤线的布置优劣，直接关系到整个工程的合理性和建成后所发挥的功用，尤其对工程投资大小影响重大。堤线布置时应根据防洪规划，地形、地质条件，河流或海岸线变迁，结合现有及拟建建筑物的位置、施工条件、已有工程状况以及征地拆迁、文物保护、行政区划等因素，经过技术经济比较后综合分析确定。

堤线布置应符合下列原则：

（1）堤线布置应与河势相适应，并宜与大洪水的主流线大致平行。

（2）堤线布置应力求平顺，相邻堤段间应平缓连接，不应采用折线或急弯。

（3）堤线应布置在占压耕地、拆迁房屋少的地带，并宜避开文物遗址，同时应有利于防汛抢险和工程管理。

（4）城市防洪堤的堤线布置应与市政设施相协调。

（5）堤防工程宜利用现有堤防和有利地形，修筑在土质较好、比较稳定的滩岸上，应留有适当宽度的滩地，宜避开软弱地基、深水地带、古河道、强透水地基。

## 4.2.2　堤线与堤顶高程的确定

根据选定的堤防保护区的防洪标准及相应的设计洪水流量，可以进行堤防间距和堤顶高程的设计。

堤距和堤顶高程是紧密相关的。同一设计洪水流量下，若两岸堤距窄，则放弃的土堤面积小，但洪水位高，堤身高，工程量大，投资多，汛期防守难度大；若两岸堤距宽，则洪水位底，堤身矮，工程量小，投资少，汛期防守任务轻，但放弃的土地面积大。因此，堤距与堤顶高程应根据被保护区的经济、环境等具体情况，并经不同方案的技术经济比较来决定。

堤距与洪水的关系可由水力学中推算非均匀流水面线的方法确定。在堤身规划或初步设计阶段，可以先近似按均匀流公式采取试算法，得出断面堤距与洪水位的关系，再根据当地实际情况，最终确定堤距并推算水面线，得到沿程设计洪水位 $Y$。

各代表断面的堤顶高程 $Z$，由设计洪水位 $Y$ 加上堤顶超高 $\varDelta$ 而得，如图 4-1 所示。其计算公式为

$$Z = Y + \varDelta \tag{4-1}$$

$$\varDelta = a + \delta \tag{4-2}$$

$$a = R + e \tag{4-3}$$

式中 $R$——波浪爬高（m）；
$e$——风壅增水高度（m）；
$\delta$——安全加高（m）。

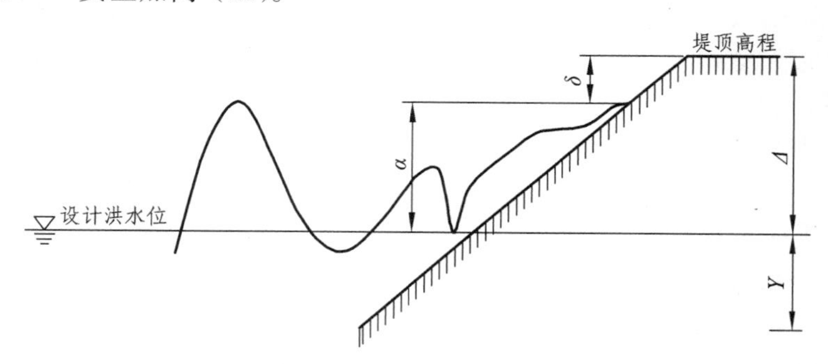


图 4-1 堤顶高程确定示意图

堤顶超高 $\varDelta$ 的数值，原则上应按相关公式计算得出。但我国《堤防工程设计规范》要求：1、2 级堤防超高一般不小于 2.0 m。

## 4.2.3 堤型选择与堤身断面设计

### 1. 堤型选择

堤防工程的形式应按照因地制宜、就地取材的原则，根据堤段所在的具体位

置、重要程度、运用与管理要求、堤基地质、筑堤材料、水流及风浪特性、施工条件、环境景观、工程造价等诸多因素，在技术经济比较的基础上综合确定。

根据筑堤材料，可选择土堤、石堤、混凝土或钢筋混凝土防洪墙，或以不同材料填筑的非均质堤等；根据堤身断面形式，可选择斜坡式堤、直墙式或直斜复合式堤等；根据防渗体设计，可选择均质土堤，斜墙式或心墙式土堤等。

同一堤线的各段堤，也可以根据具体条件采用不同的堤型。但在堤型变换处应做好链接处理，必要时应设过渡段。

一般在我国大城市中心市区段，由于地方狭窄，土堤昂贵，当无条件修堤时，同时结合城市环境的需要，宜采用混凝土或钢筋混凝土堤防。上海市外滩堤防，为解决由于堤防加高，把城区围起来而产生的窒息感，采用了空箱式钢筋混凝土堤防，空箱变成了停车场、商业用地，堤防顶部建成游览观光平台，既满足了防洪要求，由美化了城市环境，还为人们游览观光提供了场所，有很好的经济效益和环境效益。

### 2. 堤身断面设计

对于均质土堤，堤身断面一般为梯形。堤身较高时应加设戗台，断面呈复式梯形。河道堤防戗台有内、外戗之分，内戗又叫后戗，紧靠背水坡；外戗又叫前戗，位于邻水坡外侧。其中尤以单戗（背水坡）形式为多见。

断面设计主要是确定堤身顶宽和内、外边坡。堤顶宽度的确定应考虑洪水渗径、交通运输及防汛物料堆放的方便。汛期水位较高，若堤面较窄，渗径短，渗透流速大，渗透水流易从背水坡逸出，造成险情。《堤防工程设计规范》要求：一级堤防的堤顶宽度不宜小于 8 m；二级堤防的堤顶宽度不小于 6 m；三级堤防的堤顶宽度不小于 3 m。

边坡设计重点考虑的是边坡的稳定性。影响边坡稳定性的因素主要有筑堤土质、洪水涨落频度及其持续时间、流速和风浪等。土质堤防的坡度，一般为 1∶3.0～1∶2.5，且临水坡叫背水坡为陡。《堤防工程设计规范》要求。1、2 级土堤的堤坡不宜陡于 1∶3.0。堤高超过 6 m 的堤防，为增加其稳定性和利于排渗，背水坡应加设戗台（压浸台），其宽度一般不小于 1.5 m；或将背水坡设计成变坡形式。

## 4.3 堤防工程加固、改建与扩建

已建的堤防、穿堤建筑物或护岸等工程的防洪标准不满足要求或存在安全隐患或需要调整堤线时，经论证应进行加固、扩建或改建。堤防加固、扩建或改建前应先对其进行安全评价，堤防安全评价包括现状分析、现场检测和复核计算工作。具体工作应符合下列规定：

（1）搜集堤防建设、运行及出现险情等历史资料。

（2）对安全监测资料进行分析，开展监测和隐患探测工作，必要时还应进行补充勘测、试验工作。

（3）复核堤顶高度、堤坡的抗滑稳定性、堤身堤基渗透稳定、堤岸的稳定及穿堤建筑物安全等。

（4）在前三点工作的基础上对已建堤防进行安全评价。

## 4.3.1 堤防加固

### 1. 土堤加固

（1）标准偏低的旧堤，根据具体情况采用以下方法提高标准：

① 在背水坡加高培厚，如图 4-2（a）所示。

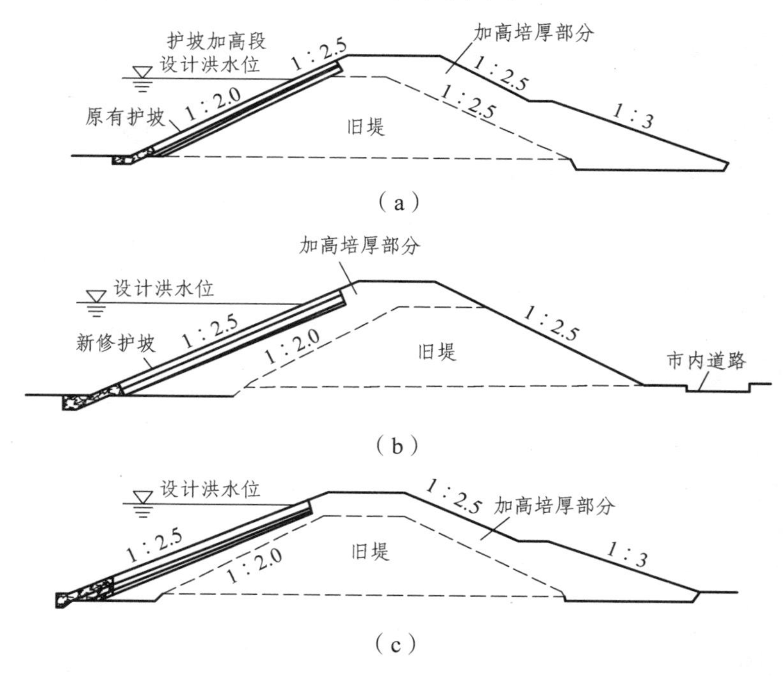


图 4-2　土堤堤身加固

② 在迎水坡加高培厚，如图 4-2（b）所示。

③ 在迎水坡和背水坡同时加高培厚，如图 4-2（c）所示。

④ 如果因地形或构筑物加固受到限制，可以采取图 4-3 所示方法。

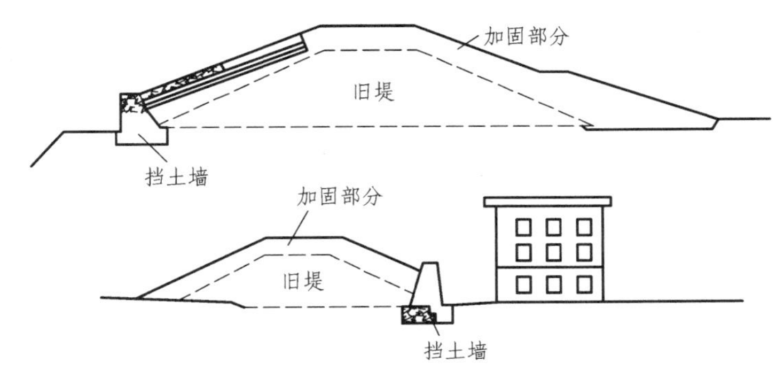


**图 4-3　土堤堤身加固**

（2）堤面发生裂缝后，应通过表面观测和开挖探坑、探槽，查明裂缝的部位、形状、宽度、长度、错距、走向及发展状况。对于不同性质裂缝，采取以下不同措施：

① 回填开挖。

对于缝长不超过 5 m 的裂缝，可采取开挖回填处理。开挖时采用梯形断面，使回填土与原堤身结合好。开挖深度应比裂缝尽头深 0.3 ~ 0.5 m，开挖长度应比缝端扩展约 2.0 m，槽底宽约 1 m。回填土料宜与原上料相同，填筑含水量可控制在略大于塑性限度，回填土要分层夯实，严格控制质量，并用洒水、刨毛等措施，保证新老填土结合良好。

② 灌浆。

对于较深裂缝，上部回填开挖，下部灌浆法处理。灌浆浆液可用纯黏土；灌浆压力要适当控制，以防止堤身发生过大变形或被顶起来，一般由现场试验确定。

③ 滑坡。

对于迎水坡滑坡，可填筑戗堤或放缓堤坡；对于背水坡滑坡亦可采用填筑戗堤加固。

④ 塌坑。

沉降塌坑，一般可回填处理，如面积和深度较大，所处部位又较重要，可根据具体情况采取其他加固措施。管涌塌坑的危害很大，应把渗透通道全线挖开，然后回填与周围相同的土料，分层夯实，保证质量；同时还应根据堤体或堤基发生渗透破坏的原因，决定是否需要采取其他措施。

⑤ 堤面渗水。

对于迎水堤面渗水，主要应检查渗水逸出高度和集中程度，逸出点太高直接影响堤坡的稳定，而堤面集中渗漏往往是堤身发生渗透破坏的先兆。其加固方法有以下几种：a. 迎水坡填筑黏性土防渗层；b. 帷幕灌浆或混凝土防渗墙；c. 背水坡导渗沟和贴坡反滤排水；d. 背水坡加筑透水戗堤。

### 2. 浆砌石堤和钢筋混凝土堤加固

1）标准偏低的堤

对于浆砌石堤，一般在其背水面加高加厚，如图 4-4 所示；对于钢筋混凝土堤，可在迎水面或者背水面浇筑一层混凝土或钢筋混凝土，如图 4-5 所示。

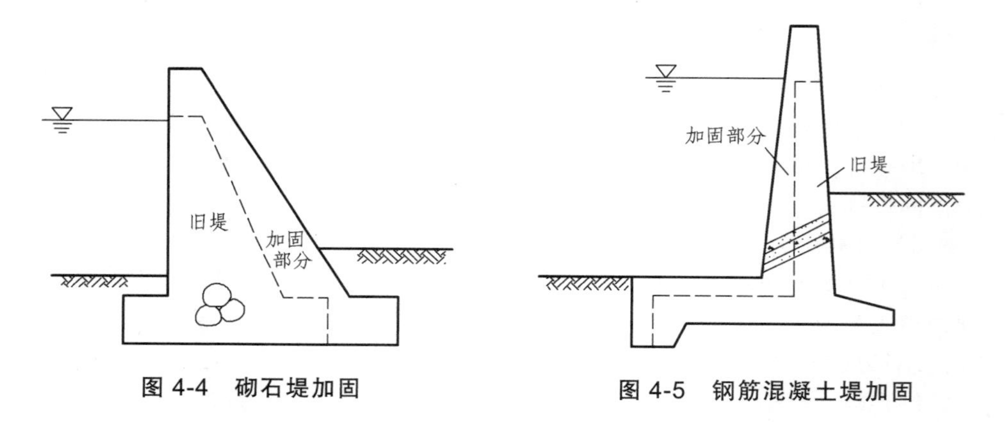


图 4-4　砌石堤加固　　　图 4-5　钢筋混凝土堤加固

2）堤身渗漏

对于浆砌石堤，可在迎水面浇筑混凝土或钢筋混凝土的防渗面板；对于钢筋混凝土堤，若存在局部裂缝，可以采用化学灌浆，若因蜂窝麻面产生渗漏，可采用环氧树脂砂浆抹面，若蜂窝麻面面积较大，可在迎水面采用高压喷水泥砂浆或碎石混凝土防渗层，也可浇钢筋混凝土防渗面板。

### 3. 堤基加固

当堤基无防渗措施时可采用以下方法加固：

（1）对于堤基基础透水层较薄，施工条件又允许的地段，应优先考虑在迎水面修筑黏土节水墙，如图 4-6 所示。

（2）堤基透水层较厚时，有条件的堤段，可在迎水面距堤脚一定距离，用钻机打孔浇筑混凝土防渗墙，或打板桩，然后用黏土或混凝土将其顶部封闭，并与堤脚衔接好，如图 4-7 所示。

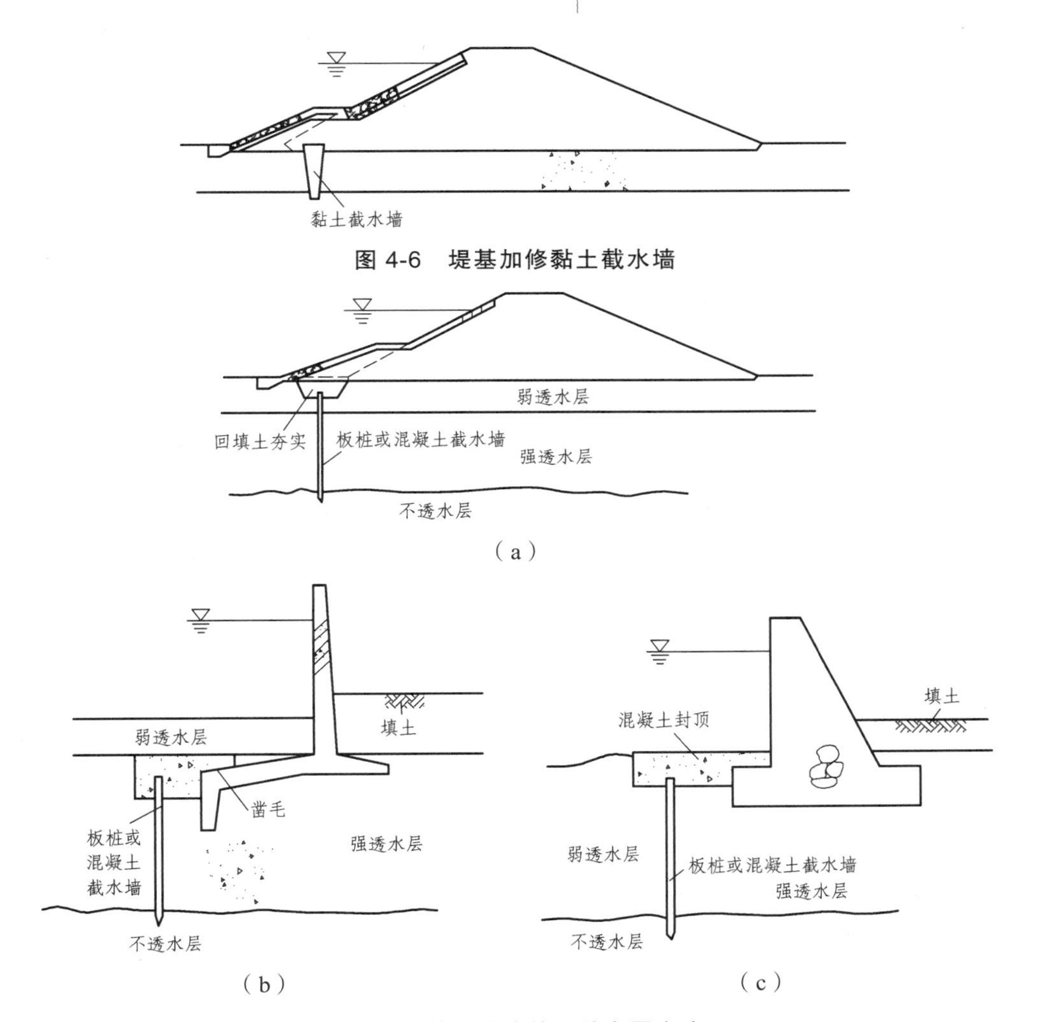


图 4-6　堤基加修黏土截水墙

（a）

（b）　（c）

图 4-7　基础防渗的几种布置方式

（3）堤基透水层较厚，又无条件打板桩时，可在堤顶上钻孔用压力灌浆固结透水堤基。

（4）若堤基透水层较厚，且条件允许时，亦可采用水平铺盖来控制基础渗流，如图 4-8 所示。

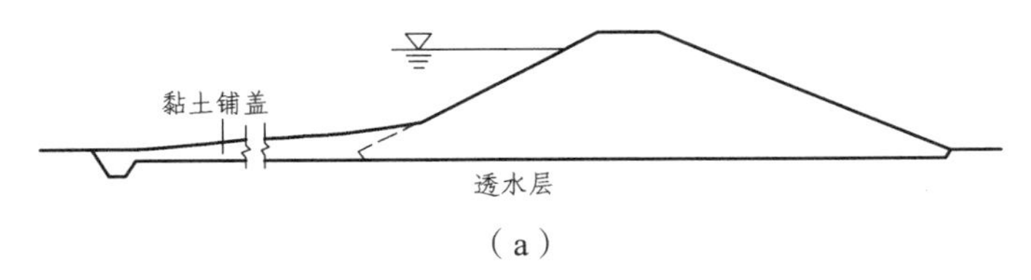


（a）

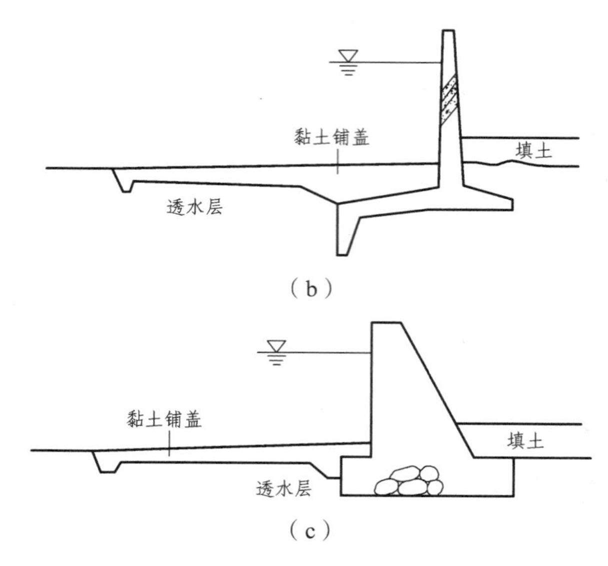


图 4-8　铺盖防渗的几种布置方式

（5）对于堤防基础渗漏严重、地表覆盖层薄、坑洼地临近堤脚、堤基承载力低的旧堤，易引起深层滑动，对此，可在堤防两侧均填筑土平台，如图 4-9 所示。

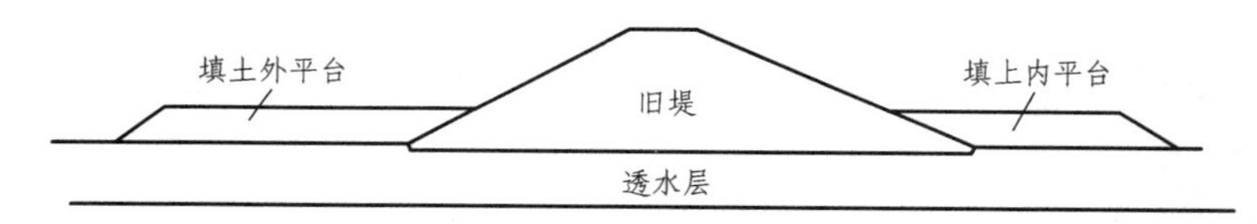


图 4-9　旧堤加平台

## 4.3.2　堤防扩建、改建

堤防扩建应按不同堤段存在问题的特点分段进行，通过经济技术比较提出不同堤段的扩建方案。堤防扩建时对新老堤防的结合部位及穿堤建筑物与堤身连接的部位，应进行专门设计，经核算不能满足要求时，应采取加固措施。土堤扩建所用的土料应与原堤身土料的特性相近，当土料特性差别较大时，应增设过渡层。扩建所用的填筑标准不应低于原堤身的填筑标准。

当现有堤防存在下列情况时，经分析论证，可进行改建：

（1）堤距过窄或局部形成卡口，影响洪水的正常宣泄。

（2）主流逼岸，堤身坍塌，难以固守。

（3）海涂冲淤变化较大，需调整堤线位置。

（4）原堤线走向不合理。

（5）原堤身存在严重问题，难以加固。

（6）其他有必要改建时。

改建堤段应按新建堤防进行设计。改建堤段应与原有堤段平顺连接，改建堤段的断面结构与原堤段不相同时，结合部位应设置渐变段。

# 4.4　河道水面曲线的计算

## 4.4.1　河道分段和河床粗糙率选用

（1）河道分段：河道水面曲线是逐段推算的，因此分段是否恰当，断面位置选择是否适宜，直接影响水面曲线计算成果，所以要认真研究分析。分段原则如下：

① 在一个计算河段内，要求各种水力要素不能有较大变化，应尽可能使河床平均坡降，水面坡降、流量、粗糙率以及断面形状基本一致。

② 河道比较顺直，过水断面基本一致，水流比较平稳的平原河流，河段划分可以长一些，一般可取 2 ~ 4 km，特殊情况下可达 8 km，每段的水面落差不超过 0.50 ~ 0.75 m；河道变化剧烈的山区河段，河段划分可以短一些，一般可取 100 ~ 1 000 m，每段的水面落差可取 1 ~ 3 m。

③ 在河流有分支或汇入处，因流量有变化，应在分支或汇入点前后增加计算断面。

④ 计算断面应避开回流区，不可避免时，过水断面面积应扣除回流段所占面积。

⑤ 在河道上设有构筑物如桥梁、拦河闸等处，应选取计算断面。

⑥ 河段长度应沿相应流量和水位的水流深取。

（2）河床糙率的选用应尽量接近河道实际情况。有条件时可进行实测取得糙率值，无实际条件时可参照《给排水设计手册》第七册表 6-1 选取。

## 4.4.2　水面曲线基本方程及有关参数

1）水面曲线基本方程

$$Z_2+\frac{\alpha_2 v_2^2}{2g}=Z_1+h_{\mathrm{f}}+h_{\mathrm{j}}+\frac{\alpha_1 v_1^2}{2g} \tag{4-4}$$

式中　$Z_1$——下游断面的水位高程（m）;
$Z_2$——上游断面的水位高程（m）;
$h_f$——两断面之间的沿程水头损失；
$h_j$——断面之间的局部水头损失；
$\alpha_1$——下游动能修正系数；
$\alpha_2$——上游动能修正系数；
$v_1$——下游断面平均流速（m/s）;
$v_2$——上游断面平均流速（m/s）。

2）沿程水头损失

$$h_f = \bar{J}L \quad (m) \tag{4-5}$$

式中　$\bar{J}$——河道的平均水力坡降；
$L$——计算河段长度（m）。

3）局部水头损失

（1）河槽扩大或缩小的局部水头损失：

$$h_j = \xi\left(\frac{v_2^2}{2g} - \frac{v_1^2}{2g}\right) \tag{4-6}$$

式中　$\xi$——局部水头损失系数，见《给排水设计手册》第七册表 6-2;
$v_1$——河槽扩大的平均流速（m/s）;
$v_2$——河槽扩大前的平均流速（m/s）。

（2）桥墩阻力的局部水头损失：

$$h_j = \xi\frac{v_2^2}{2g} \tag{4-7}$$

式中　$\xi$——阻力系数，方头墩 $\xi = 0.35$，圆头墩 $\xi = 0.18$;
$v_2$——紧接桥墩后的断面平均流速（m/s）。

（3）汇流时的局部水头损失：

$$h_j = 0.1\left(\frac{v_1^2}{2g} - \frac{v_2^2}{2g}\right) \tag{4-8}$$

式中　$v_1$——汇合后主流上的断面平均流速（m/s）;
$v_2$——紧接桥墩后的断面平均流速（m/s）。

（4）弯道的局部水头损失：

$$h_{\mathrm{j}}=0.05\left(\frac{v_1^2}{2g}+\frac{v_2^2}{2g}\right) \tag{4-9}$$

式中　$v_1$——弯道进口端断面的平均流速（m/s）；

$v_2$——弯道出口端断面的平均流速（m/s）。

4）动能修正系数

平原河流 $\alpha=1.15\sim1.5$，山区河流 $\alpha=1.5\sim2.0$。

### 4.4.3　天然水面曲线的计算

推算河道水面曲线的方法很多，常用的有试算法和图解法两种。

1）试算法

试算法是推算水面曲线的基本方法，精确可靠，适用性广，在工程中被普遍采用。

（1）单式断面。

$$E_2=E_1+h_{\mathrm{f}}+h_{\mathrm{j}} \tag{4-10}$$

式中　$E_1$，$E_2$——下游断面和上游断面的总水头（$E_1=Z_1+\frac{\alpha_1 v_1^2}{2g}$；$E_2=Z_2+\frac{\alpha_2 v_2^2}{2g}$）；在单式断面中，可令其中的 $\alpha_1\approx\alpha_2\approx1.0$。

计算步骤如下：

① 根据已知下游断面水位 $Z_1$，即可求得 $R_1$，$v_1$，$E_1$。

② 假设上游断面水位 $Z_2'$，即可求得 $R_1$，$v_2$，$E_2$。

③ 根据 $R_1$，$R_2$，$v_1$，$v_2$ 计算两断面之间平均水力坡降 $\overline{J}$。

④ 根据 $\overline{J}$，$L$ 计算沿程损失 $h_{\mathrm{f}}$。

⑤ 若 $E_1+h_{\mathrm{f}}+h_{\mathrm{j}}=E_2$，则所假设的 $Z_2'$ 即为所求的 $Z_2$ 值；若 $E_2>E_1+h_{\mathrm{f}}+h_{\mathrm{j}}$，则所假设的 $Z_2'$ 值偏大；若 $E_2<E_1+h_{\mathrm{f}}+h_{\mathrm{j}}$，则所假设的 $Z_2'$ 值偏小。后两种情况都要重新修正 $Z_2'$ 值，重复上述计算，直至相等为止。

⑥ 在第二次试算时可利用第一次试算水位修正值 $\Delta Z$ 来修正 $Z_2'$ 值，使用新假定的 $Z_2'=Z_1'+\Delta Z$。一般修正一次即可。

水位修正值 $\Delta Z$ 按《给排水设计手册》第七册式（6-10）计算。

（2）复式断面。

复式断面河道水面曲线试算法与单式断面计算情况基本相同，式（4-10）亦为试算基本方程。同单式断面水面线计算一样，第二次试算的水位值，也是经过第一次试算求得水位修正值 $\Delta Z$ 后求得的。

2）图解法

图解法的种类很多，大致分为两类：

（1）不考虑流速水头和局部水头损失的图解法，用式（4-11）求解：

$$Z_1 - Z_2 = \frac{Q^2 L}{\overline{K}^2} \tag{4-11}$$

（2）考虑流速水头和局部水头损失的图解法，用式（4-12）求解：

$$Z_1 + \frac{\alpha_1 v_1^2}{2g} = Z_2 + \frac{\alpha_2 v_2^2}{2g} + \frac{Q^2 L}{\overline{K}^2} + \zeta\left(\frac{v_2^2}{2g} - \frac{v_2^2}{2g}\right) \tag{4-12}$$

① 海河设计院图解法：特点是将（4-11）中的 $\bar{K}$ 用几何平均值来代替，即 $\bar{K} = \sqrt{K_1 K_2}$，并令 $Z_1 - Z_2 = \Delta Z$。

式（4-11）可写成

$$\Delta Z = \frac{Q^2 L}{\bar{K}^2} \tag{4-13}$$

因流量模数 $K$ 是水位 $Z$ 的函数，即 $K = f(Z)$，图解时，先以 $Z$ 为横坐标，$\frac{1}{K}$ 为纵坐标，绘出断面 1 和 2 的 $Z$-$\frac{1}{K}$ 曲线，如图 4-10 所示。

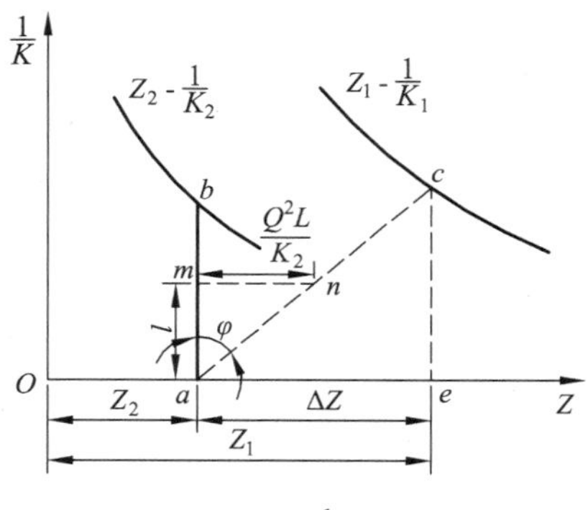


图 4-10　$Z$-$\frac{1}{K}$ 关系曲线

断面 2 为控制断面，所以该断面的水位 $Z_2$ 为已知，在图 4-10 的 $Z$ 轴上截

取 $oa = Z_2$，由 $a$ 点作 $Z$ 轴垂直线，与断面 2 的 $Z_2 - \frac{1}{K_2}$ 曲线相交于 $b$ 点，$ab$ 值就是 $\frac{1}{K_2}$ 值，再由 $a$ 点按 1：$\frac{Q^2L}{K_2}$ 的斜率作直线与 $Z_1 - \frac{1}{K_1}$ 曲线相交于 $c$ 点，由 $c$ 点作 $Z$ 轴的垂线，与 $Z$ 轴相交于 $e$ 点，$oe$ 即为所求断面 1 的水位 $Z_1$，而 $ae$ 为 $\Delta Z$ 值，即 $\Delta Z = Z_1 - Z_2$。

将第一流段的上游断面作为第二断流的下游断面，用同样的步骤可以求出第二流段上游断面的水位，如此逐段推求，即可求出河道各断面的水位，从而绘出水面线。

② 抗阻模数曲线法。

基本公式：

$$\frac{\Delta Z}{Q^2} = \frac{L}{K^2} = F \tag{4-14}$$

式中，$F$ 为抗阻系数，并且认为抗阻模数与水面坡降无关，而只随河段平均水位 $Z$ 而变，即 $F = f(\bar{Z})$。具体步骤见《给排水设计手册》第七册第六章。

### 4.4.4 几种特殊河道水面曲线的计算

1）河床变形后水面曲线的推算

河床变形引起水面曲线升降的主要原因是过水断面形状、河床的扩展与收缩、河床组成等的变化。总之，河床变形将引起断面上的各种水力因素变化。这些变化反映到水面曲线的计算上，是流量模数 $K$ 的改变。而 $K$ 值的改变，又导致水面曲线的变化。

现以推求水面曲线的原海河设计院的图解法为例。当河床发生冲淤而使糙率 $n$ 和过水断面 $\omega$ 发生变化，或河宽发生变化使过水断面 $\tan\varphi$ 发生变化时，在图 4-11 中 $Z - \frac{1}{K}$ 曲线要发生变化，同时直线 $ac$ 的斜率 $\tan\varphi$ 也将随之不同，计算时需将改变后的 $K'$ 值代入公式（4-13），重新计算和绘制河床变形后的 $Z - \frac{1}{K'}$ 曲线，仍按原方法推求河床变形后的水面曲线。

2）分汊河道水面曲线计算

当河道出现红心洲时，就形成分汊河道。分汊河道各过水断面的形状、大小和糙率都不相同，其流量模数 $K$ 也不相同，而且两个河汊的流量尚不知道，这样，分汊河道的水面曲线计算比一般河道更为复杂。

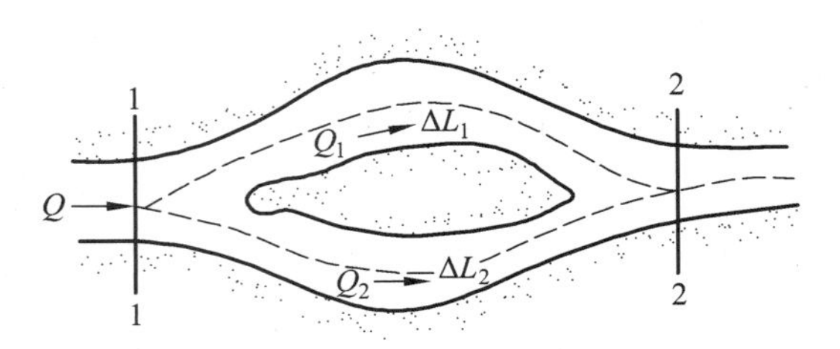


图 4-11 分汊河道平面

进行分汊河道计算时，应满足以下两个条件：

（1）河道的总流量 $Q$ 为两河汊流量 $Q_1$ 和 $Q_2$ 之和，即 $Q = Q_1 + Q_2$。

（2）分汊河段的水位差应相等，即 $\Delta Z_1 = \Delta Z_2 = \Delta Z$ 。

设两分汊河段的长度分别为 $\Delta l_1$ 和 $\Delta l_2$，对每一河汊而言，仍可用计算一般河道水面曲线的公式来计算，由式（4-11）可得：

$$\Delta Z_1 = \Delta Z = \frac{Q_1^2 \Delta l_1}{\overline{K}_1^2} \text{ 或 } Q_1 = \overline{K}_1 \sqrt{\frac{\Delta Z}{\Delta l_1}}$$

$$\Delta Z_2 = \Delta Z = \frac{Q_2^2 \Delta l_1}{\overline{K}_2^2} \text{ 或 } \quad Q_2 = \overline{K}_2 \sqrt{\frac{\Delta Z}{\Delta l_2}}$$

总流量
$$Q = \overline{K}_1 \sqrt{\frac{\Delta Z}{\Delta l_1}} + \overline{K}_2 \sqrt{\frac{\Delta Z}{\Delta l_2}} = \left( \overline{K}_1 + \overline{K}_2 \sqrt{\frac{\Delta l_1}{\Delta l_2}} \right) \sqrt{\frac{\Delta Z}{\Delta l_2}}$$

或
$$\Delta Z = \frac{Q^2 \Delta l_1}{\left( \overline{K}_1 + \overline{K}_2 \sqrt{\frac{\Delta l_1}{\Delta l_2}} \right)^2} \tag{4-15}$$

式（4-15）为分汊河道水面曲线的计算公式。其形式与公式（4-11）相同，只是流量模数不同。用公式（4-15）求出落差 $\Delta Z$，根据 $\Delta Z$ 可以算出 $Q_1$ 和 $Q_2$，有了 $Q_1$ 和 $Q_2$ 就可进一步计算两个河汊的水面曲线。

3）桥前壅水

由于桥梁挤压天然水流，桥前水面升高，形成桥前壅水。桥前壅水最高点的位置，大约位于由桥台入口处和流向成 45° 角的直线与泛滥线相交处。若桥头建有导流堤。则壅水最高点约在导流堤头部，如图 4-12 所示。

壅水高 $\Delta Y$ 较精确的计算，可依次通过建立各相邻断面的伯努利方程式逐步推求，但计算工作量大，一般可按下列近似公式计算：

$$\Delta Y = \eta(\overline{v}^2 - v_0^2)$$

式中　$\eta$——系数，按河流类型和河滩过水能力而定，见《给排水设计手册》第七册表 6-7。

$\bar{v}$——通过设计流量时桥下平均流速（m/s），根据桥下土质抗冲能力大小，按《给排水设计手册》第七册表 6-8 采用。

$v_0$——通过设计流量时，桥前天然水流全河床断面平均流速（m/s）。

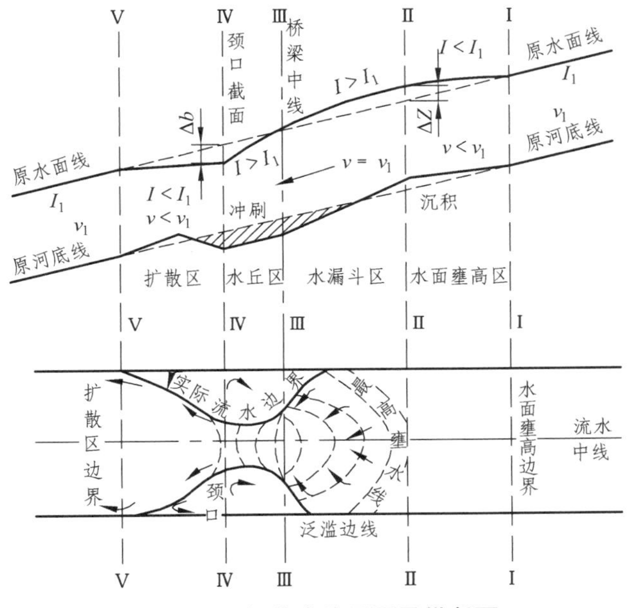


图 4-12　桥前水流平面及纵断面

桥前壅水曲线见图 4-13。

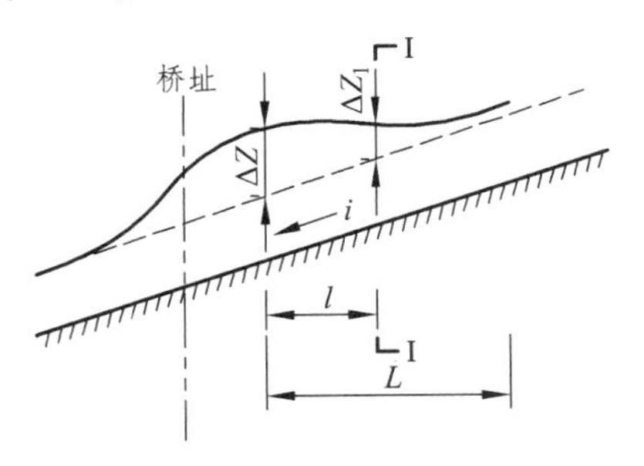


图 4-13　桥前壅水曲线

壅水曲线长度 $L$(m) 按式（4-16）计算。

$$L=\frac{2\Delta Z}{i} \tag{4-16}$$

式中　$i$——河床比降；

$\Delta Y$——桥前壅水高（m）。

最大壅水断面以上任一断面Ⅰ—Ⅰ的壅水高度$\Delta Z_{\text{I—I}}$可按式（4-17）计算：

$$\Delta Z_{\text{I—I}}=\left(1-\frac{iL}{2\Delta Z}\right)^2\Delta Z \tag{4-17}$$

式中　$L$——断面Ⅰ—Ⅰ至最大壅水断面间的距离（m），如图4-14所示。

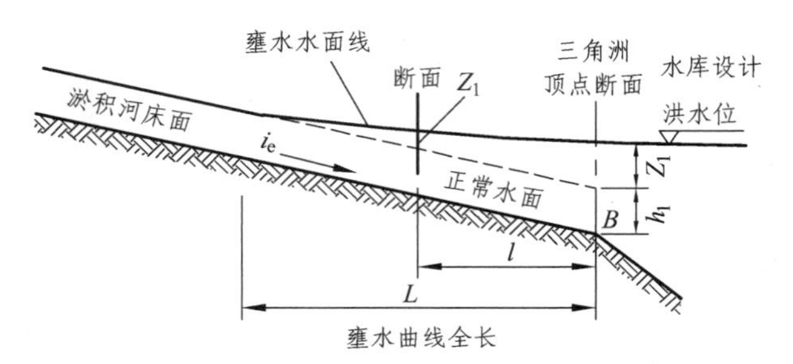


图4-14　壅水曲线示意

4）河湾水位超高

水流在河湾处，由于离心力作用，形成凹岸水位超高$\Delta h_1$，其计算式（4-18）为

$$\Delta h_1=\frac{\Delta H}{2}=\frac{\bar{v}^2B}{2gR}\quad(\text{m}) \tag{4-18}$$

式中　$\Delta H$——凹岸水位比凸岸水位的超高值（m）；

$\bar{v}$——断面平均流速（m/s）；

$B$——洪水水面宽（m）；

$g$——重力加速度，9.81 m/s$^2$；

$R$——河道弯曲半径（m）。

河弯水位超高值$\Delta h_1$，即凹岸水位超出按直线计算水位的数值，在整个河湾范围内，均考虑全值，河弯上游用$J/2$（$J$为天然情况下设计水面坡度），下游用$2J$与天然设计水面线顺接。对于急弯处水流干扰大，流态紊乱不定的地段，计算所得数据需与现场调查资料进行核对与修正。

5）建水库后回水曲线的计算

当城市下游修建水库，且其回水影响到城市时，应作回水曲线计算。建水库后的回水曲线，一般都能按能量平衡方程式计算，但计算工作量大。一般粗估水面曲线时，采用简易法。

简易法：根据水库淤积计算求得淤积纵断面图，在三角洲顶点处（即坝址处）求出通过设计流量的正常水深 $h_0$，由于三角洲顶点处的壅水水面与坝前水面相差甚微，可近似为水平，由此可求得三角洲顶点处的壅水高度 $Z_1$。然后按式（4-19）求任一断面的壅水值 $\Delta Z_x$。

$$\frac{i_e}{h_0}L = f\left(\frac{Z_1}{h_0}\right) - f\left(\frac{Z_x}{h_0}\right) \tag{4-19}$$

式中符号意义见前式。

根据 $\frac{Z_x}{h_0}$ 比值，查表反求 $f\left(\frac{Z_1}{h_0}\right)$，代入公式（6-26）求出 $f\left(\frac{Z_x}{h_0}\right)$，再用表反求 $\frac{Z_x}{h_0}$ 值，然后即可求得该断面的壅水值 $Z_x$。

# 4.5　防洪堤安全检查

堤防大多数是土石材料修筑而成的工程，在自然环境、水力作用、人为因素的影响下，会发生变形和损坏，从而影响其使用功能。因此，根据情况定期或不定期对堤防工程进行检查是一项非常重要的工作，不仅可以及早发现堤防工程存在的隐患，还可以有效地避免出现因堤防缺陷造成的巨大损失。堤防工程的检查，主要包括经常性检查、定期性检查和特别性检查。

## 4.5.1　堤防经常性检查

### 1. 经常检查的方法

堤防工程经常性检查主要是指对堤防的外观检查，外观检查应通过眼看、耳听、手摸和相应的仪器、工具进行。检查时应有清晰、完整、准确、规范的检查记录，有条件的最好采用拍照或录像记录检查情况。

### 2. 经常检查的内容

堤防工程经常性检查应着重检查堤防险工、险段及其工程变化情况。检查的主要内容包括堤防外观检查，堤身隐患检查和其他方面的检查。

1）堤防外观检查

（1）检查堤防有无雨淋冲沟、陷坑、洞穴、裂缝、滑坡、岸崩。

（2）检查堤基的薄弱环节，如土坑、池塘、坑道、未封堵的钻坑、违章水井等。

（3）检查有无害虫、害兽的活动痕迹。

（4）检查堤岸有无崩塌，护岸工程有无松动、塌陷、架空现象。

（5）检查排水沟有无堵塞、损坏情况。

（6）检查背水堤脚以外有无管涌、渗水等现象。

（7）检查堤防穿堤建筑物与堤身结合处有无变形、裂缝、渗漏、掏空等现象。

（8）对险工堤段在每次洪水后检查一次，探明堤脚是否有冲探、割脚，并做好记录。

2）堤身隐患检查

检查堤身有无洞穴、植物腐烂形成的空隙，有无堤内暗沟、暗管、废井、坟墓；检查有无堤身填筑隐患，如新旧堤结合面、裂缝等。

3）其他方面检查

检查河道主流的流向有无变化，对河岸、滩地有无影响；检查沿堤设施（如各种标志牌、桩界、通信线路、观测设施及其他附属设施等）有无损坏、丢失；检查护堤林、草的生长情况，有无缺损等。

## 4.5.2 堤防工程定期检查

### 1. 定期检查的日期

为确保堤防工程的安全，在汛前、汛期、汛后、凌汛期及大潮、台风前后，应进行堤防工程定期检查。在一般情况下，汛前、汛后和大潮、台风前后各检查一次，遇到特殊情况还应增加检查次数。当汛期洪水漫滩、偎堤或达到警戒水位时，应当按照防汛指挥部门的规定和要求，对堤防工程进行巡逻检查。

### 2. 定期检查的内容

堤防工程定期检查的内容，主要包括汛前检查、汛后检查，冰凌汛期检查和大潮、台风前后检查。

1）汛前检查内容

（1）堤身断面及堤顶高程是否符合设计标准，堤身内部有无安全隐患，外部有无水沟、洞穴、裂痕、陷坑、堤身残缺、防渗铺盖及盖重有无损坏，以及有无影响防汛安全的违章建筑等。特别应对重要堤段，如穿堤建筑物与堤防工程的结合部位，新建、改建、扩建和除险加固而未经洪水考验水位堤段，以及其他可疑性堤段进行检查。对于专门性观测设施，应当进行特殊检查。

（2）对于堤岸防护工程，通过汛前河势查勘预先估计考河岸水流部位，检查护角、护坡完整情况，以及历次检查发现问题的处理情况。

（3）穿堤建筑物的底部高程在堤防设计洪水位以下时，其为防洪设置的闸门或阀门是否能在防洪要求的时限内关闭，并能够正常挡水。

2）汛期检查内容

汛期堤防检查是确保堤防安全的重要措施，应当按防汛抢险指挥部门所规定的巡堤查险内容和要求进行，在洪水超过警戒水位时，应昼夜不停地进行检查。

3）冰汛期检查内容

冰汛期检查内容，除了按照汛期要求进行巡堤查险外，还应当对淌凌、岸冰、封河、冰盖、冰凌厚度等情况进行观测。

4）大潮、台风前后检查内容

大潮、台风之前应检查工程标准和坚固程度能否抗御大潮、台风；大潮、台风后应检查工程的破坏情况及最高潮水位的观测记录，以便进行工程整修。

## 4.5.3　堤防工程特别检查

### 1. 特别检查的时期

当发生大洪水、大暴雨、台风、地震、爆破等工程非常运用情况或发生重大事故时，应及时进行堤防工程的特别检查。特别检查可分为事前检查和事后检查。

### 2. 特别检查的内容

堤防工程的特别检查，主要包括事前检查和事后检查，其检查的内容如下。

1）事前检查

事前检查是指在大洪水、大暴雨、台风、暴潮、地震和其他特殊情况到来之前，应对防洪、防雨、防台风、防地震、防暴潮的各项准备工作和堤防工程存在的问题，以及可能出现的险情的部位进行检查。

2）事后检查

事后检查是指应检查大洪水、大暴雨、台风、暴潮、地震等工程非常运用及发生重大事故后堤防工程，以及附属设施的损坏和防汛料物和设备动用情况。

# 第5章 堤岸防护与河道整治

护岸与岸壁是用以保持河岸的稳定性，保护城市建筑设施、道路和码头安全的工程措施。护岸或岸壁整治线，既要与城市现状和总体规划相适应，又要结合城市防洪和河道整治的要求，使之具有足够的安全排泄设计洪水的能力。

## 5.1 护岸整治线和护岸类型

### 5.1.1 护岸整治线

在进行防洪工程规划设计时，通常根据河流水文、地形、地质等条件和河道演变规律以及泄洪需要，拟订比较理想的河槽，使河槽宽度和平面形态，既能满足泄洪的要求，又符合河床演变规律及保持相对稳定。设计洪水时的水边线，称为洪水整治线。中水整治线为河流主槽的水边线，这一河槽的大小和位置的确定，对于防洪有关的洪水河槽有直接影响。

**1. 整治线间距**

整治线间距是指两岸整治线之间的距离，即整治线之间的水面宽度。实践证明，整治线间距确定是否合理，对防洪有关的洪水河槽有直接影响。

**2. 整治线走向**

（1）确定整治线走向时，应结合上下游河势，使整治线的走向尽量符合洪水主流流向，并兼顾中、枯水流流向，使之交角尽量小些，以减少洪水期的冲刷和淤积。

（2）整治线的起点和终点，应与上下游防洪设施相协调，一般应选择地势高于设计洪水、河床稳定和比较坚固的河岸为整治线的起止点，或者与已有人工构筑物，如桥梁、码头、取水口、护岸等相衔接。

### 3. 整治线线形

（1）冲击性河流，一般是以曲直相间、弯曲段弯曲半径适当、中心角适度，以及直线过渡段长度适宜的微弯河段较为稳定。

（2）整治线的弯曲半径，根据河道的比降，来砂量和河岸的可冲击性因素。一般以 4 ~ 6 倍的整治线间距为宜。

（3）两弯曲段之间的直线过渡段不宜过长，一般不应超过整治线间距的 3 倍。

（4）通航河道整治线，应使洪水流向大致与枯水河槽方向相吻合，以利航道的稳定。

### 4. 整治线平面布置

（1）河道具有足够的泄洪断面，能够安全通过设计洪水，而且要和城市规划及现状相适应，兼顾交通、航运、取水排水、环保等部门的要求，并与河流的流域规划相适应。

（2）应与滨河道路相结合，与规划中沿河建筑红线保持一定距离。

（3）在条件允许时，应与滨河公园和绿化相结合，为市民提供浏览场所，美化城市，改善环境。

（4）应尽量利用现有防洪工程（如护岸、护坡、堤防等）及抗冲刷的加固河岸，以减少工程投资。

（5）要左右岸兼顾，上下游呼应，尽量与河流自然趋势相吻合，一般不宜做硬性改变。

## 5.1.2 岸顶高程

岸顶高程主要根据工程等级、构筑物级别以及结构形式而定。当河岸地面高程低于设计岸顶高程时，一般在护岸顶部加设防水墙或防浪墙。岸顶高程的确定方法，以及防水墙或防浪墙结构类型，详见 5.2 节。

## 5.1.3 岸顶类型

### 1. 按护岸淹没情况分

（1）下层类型，护岸在枯水位以下。

（2）中层类型，护岸在枯水位与设计洪水位之间。

（3）上层类型，护岸在设计洪水位以上。

**2. 按护岸使用年限分**

（1）临时性护岸，一般采用竹、梢料等轻质材料修建，结构简单，施工方便，但防腐蚀和抗冲性差，使用期限较短，多用于防汛抢险。

（2）永久性护岸，一般由土石料、混凝土建成。如砌石、抛石、丁坝、顺坝、混凝土、钢筋混凝土及板桩护岸等，防腐和抗冲性能强，使用年限长。

### 5.1.4 护岸材料

目前国内外通常采用梢料、块石、混凝土和钢筋混凝土，结构形式不断从重型实体、就地浇筑，向轻型空心、预制装配发展。随着塑料工业的发展，护岸工程又逐渐采用土工合成材料。近年来，荷兰和日本用尼龙砂袋抗御洪水取得成功；欧洲和美国在坡式护岸中已经较多应用土工织物取代一般砂石反滤层。我国近年来，在护岸工程中应用塑料材料方面也取得一些进展。

## 5.2 重力式护岸

重力式护岸具有整体性好、易于维修、施工比较简单等优点。其特点是依靠本身自重及其填料的重量、地基的强度来维持自身和构筑物的整体稳定性，因此它要求有比较好的地基。

### 5.2.1 分类与选型

重力式护岸的结构形式很多，按其墙身结构形式分为整体式、方块式、护壁式。按所用材料又分为浆砌块石、混凝土及钢筋混凝土结构等。

**1. 整体式护岸**

砌石和混凝土整体式护岸，在城市防洪工程中应用最为广泛。按其墙背形式分，有仰斜、俯斜和垂直 3 种。近年来又出现的卸荷式和衡重式等一些新形式。

（1）仰斜式，如图 5-1 所示，墙背主动压力较小，墙身断面较小，造价较低，适用于墙前地形较平坦或处于挖方地段。

（2）俯斜式，如图 5-2 所示，墙背主动压力较大，墙身断面较大，造价较高，但墙背填土夯实比较容易。适用于地形较陡或填土的岸边。

（3）墙背垂直式，如图 5-3 所示，它介于俯斜式与仰斜式之间。适用条件和俯斜式相同。

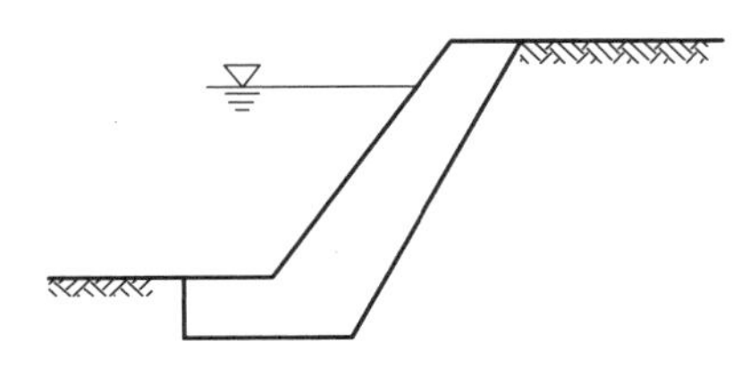

图 5-1　仰斜式护岸

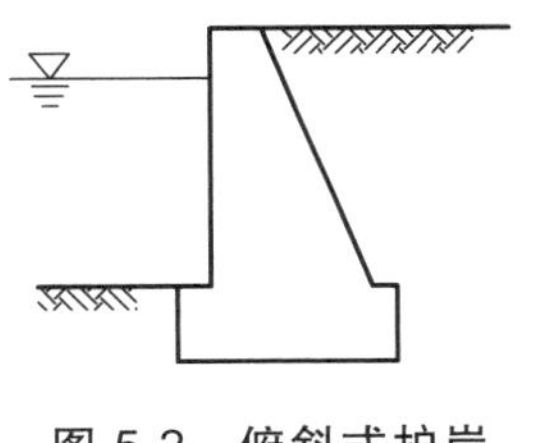

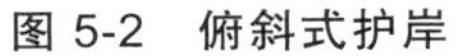

图 5-2　俯斜式护岸

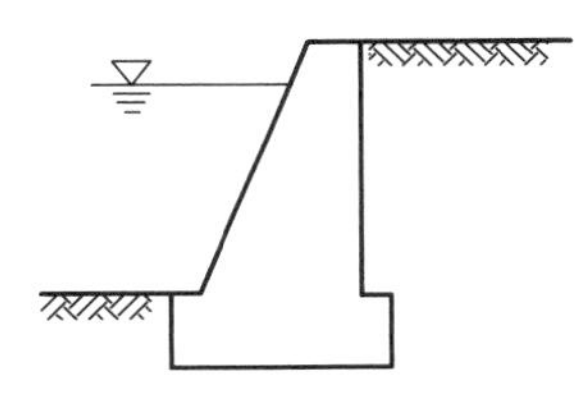

图 5-3　垂直式护岸

（4）卸荷板式，如图 5-4 所示，卸荷板起减小墙身上压力作用，故墙身断面小，堤基应力均匀。

（5）衡重式，如图 5-5 所示，它是为了克服底部宽大、地基应力不均匀面改进的一种形式，但它不如卸荷板式经济。

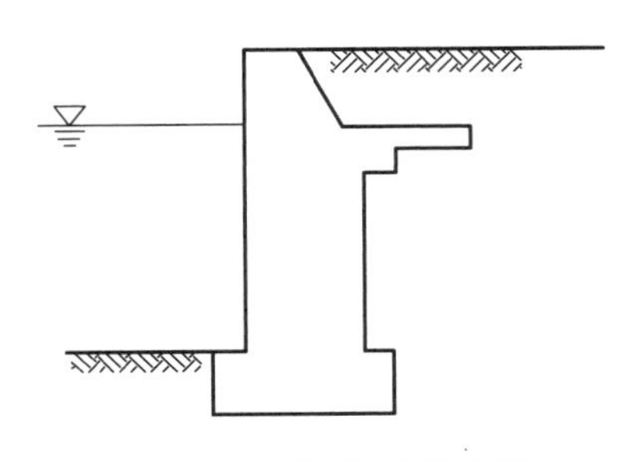

图 5-4　卸荷板式护岸

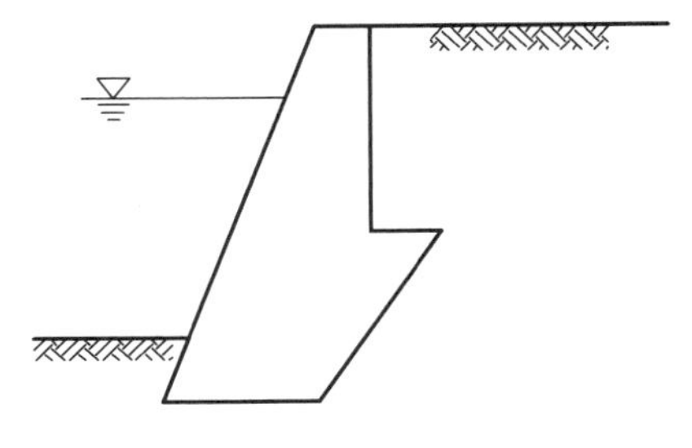

图 5-5　衡重式护岸

## 2. 空心方块式及异形方块式护岸

混凝土和钢筋混凝土预制方块，形状有方形、矩形、工字型及梯形等。方块安装后，空心及空隙部分全部或部分填充块石。这种结构较整体式节省混凝土，造价较低，但整体性和抗冻性较差。南方沿海城市护岸和海港码头使用较多，见图 5-6、图 5-7。

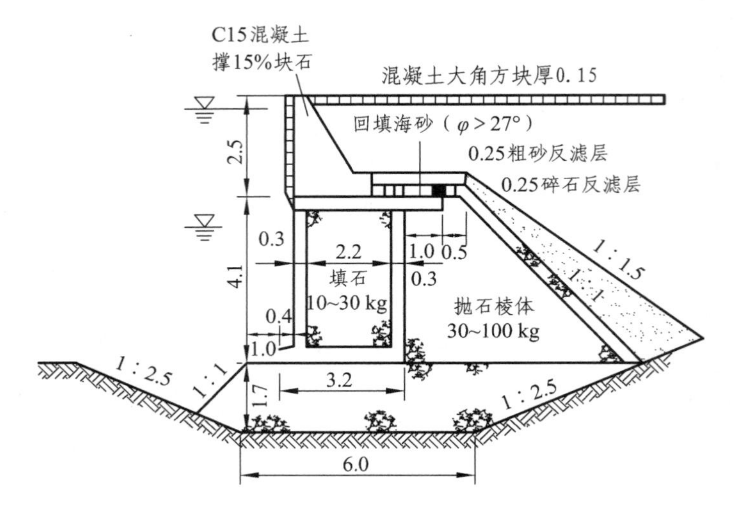


图 5-6　空心方块式护岸（单位：m）

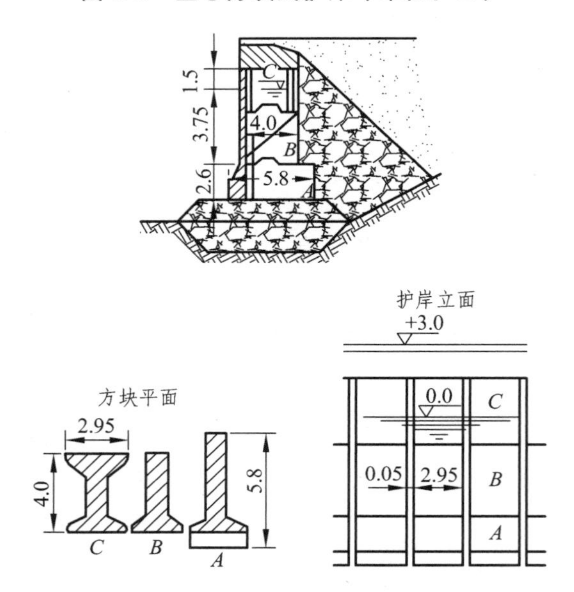


图 5-7　异形方块式护岸（单位：m）

## 3. 扶壁式护岸

扶壁式护岸如图 5-8 所示。其墙身为预制或现浇的钢筋混凝土结构。此种形式在南方采用较多，构件壁厚一般为 0.20 m 左右。

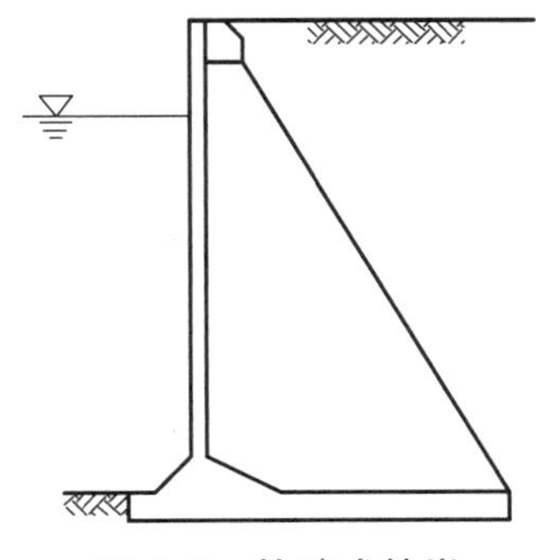

图 5-8　扶壁式护岸

## 5.2.2　构造与要求

### 1. 整体式护岸构造要求

（1）最小厚度：整体式护岸的横断面岸顶最小厚度，随建筑材料而定，一般不小于下列数值：

① 重力式钢筋混凝土护岸：0.3 ~ 0.4 m。

② 重力式混凝土护岸：0.5 m。

③ 重力式块石混凝土护岸：0.5 ~ 0.7 m。

④ 重力式浆砌块石护岸：0.5 ~ 0.7 m。

（2）变形缝：变形缝的间距应根据气候条件、结构形式、温度控制措施和地基特性等情况确定。现浇式一般用 15 ~ 20 m，装配式用 20 ~ 30 m，缝宽一般用 10 ~ 20 mm。

（3）抛石基床：在非岩石地基上，在水下修建重力式护岸基础时，为了减少护岸前趾及墙身下面地基土壤应力，将压应力分布到较大的面积上，一般均设置抛石基床。实践证明效果良好。

床基的最小允许厚度，应使基床底面的最大应力不超过地基的容许应力。抛石最小厚度可按式（5-1）计算。一般不小于 0.5 m，对压缩性较大的土不小于 1.0 m。

$$h_{\min}=\frac{2[R]-\gamma_s'B}{4\gamma_s'}-\sqrt{\left\{\frac{\gamma_s'B-2[R]}{4\gamma_s'}\right\}^2-\frac{B}{2\gamma_s'}\{\sigma_{\max}-[R]\}}\quad (\mathrm{m}) \tag{5-1}$$

式中　$[R]$——地基容许承载能力（10 kN/m$^3$）；

$\gamma_s'$——基床抛石水下重力密度（10 kN/m$^3$）；

$B$——岸底宽度（m）；

$\sigma_{max}$——基床底面最大应力（10 kN/m$^3$）。

（4）护岸混凝土强度等级，一般不低于 C20；浆砌块石的石料强度等级不低于 C30；砂浆强度等级不低于 M10，勾缝用砂浆强度等级不低于 M15。

### 2. 空心方块式及异形方块式护岸构造要求

（1）混凝土方块的长高比不大于 3；高度比一般不小于 1.0。

（2）方块层数一般不超过 7～8 层；阶梯式断面的底层方块在横断面上不宜超过 3 块。

（3）方块的垂直缝宽采用 20 mm。上下层的垂直缝应互相错开。

（4）混凝土空心方块的壁厚一般可取 0.4～0.6 m，钢筋混凝土空心方块的壁厚，在冰冻区不得小于 0.3 m。

（5）混凝土方块强度等级一般不小于 C15；浆砌块石方块的石料强度等级不小于 Mu50；砂浆强度等级不低于 M10。在冰冻区，混凝土方块强度等级不低于 C20，砌石方块的石料强度等级不低于 Mu60，砂浆强度等级不低于 M20。

### 3. 扶壁式护岸构造要求

（1）墙板面的厚度一般不小于 0.20～0.25 m，底板一般采用等厚度，其厚度不小于 0.25 m。前趾的顶面可削成坡形，其最小厚度不小于 0.20 m。

（2）扶壁厚度一般不小于 0.20～0.25 m。

（3）当墙后回填砂等细颗粒填料时，为防止填料外流及流入基床。在各扶壁墙段的接缝处应设置反滤层。

## 5.3 坡式护岸

坡式护岸设计坡度常较天然岸坡为陡，以节省工程量，按照施工条件和构筑物所处位置不同，坡式护岸可分为上、中、下三层。如前所述，由于各层护岸的条件和要求不同，因此各层结构和材料也不相同。

### 5.3.1 下层护岸

下层护岸经常淹没在水中，遭受水泥冲刷最严重，整个护岸的破坏往往从这里开始，所以要求下层护岸能够承受水流的冲刷，防止掏底和适应河床变形。

### 1. 抛石护岸

1）适用范围

在河床土质松软时，冲刷严重地段可先在底部铺沉排等衬垫后再抛石块，如图 5-9 所示。抛石的自然边坡为 1∶1.5～1∶2.0。当水深流急或波浪强烈时，可将抛石的自然边坡放缓为 1∶3～1∶3.5。

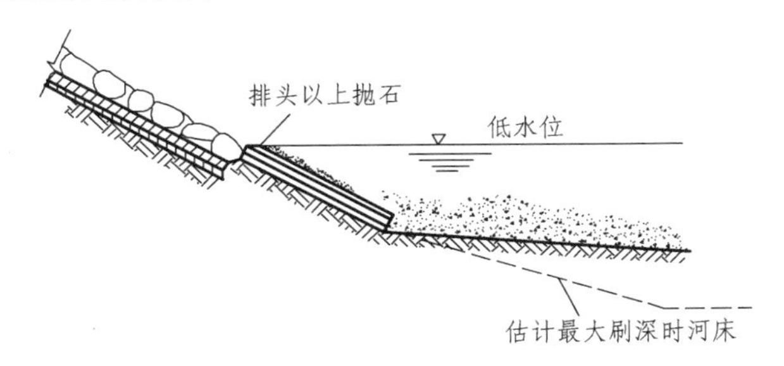


图 5-9　沉排抛石护岸

2）抛石数量

抛石数量根据河岸坡度和河床水下地形确定。抛石护坡顶部厚度不应小于计算最小块石粒径的两倍。坡面部分的厚度视水流情况，以不小于 0.5 m 为宜。抛石护坡镇脚厚度不应小于 0.6 m，平铺厚度深泓部分为 0.7 m 以上，岸边部分 0.5 m 以上。如图 5-10 所示，为了使抛石有一定的密实度，宜采用大小不等的石块掺杂抛投，小于计算粒径的石块含量不应超过 25%。计算抛石数量时，应考虑部分沉入泥土中及流失的数量。

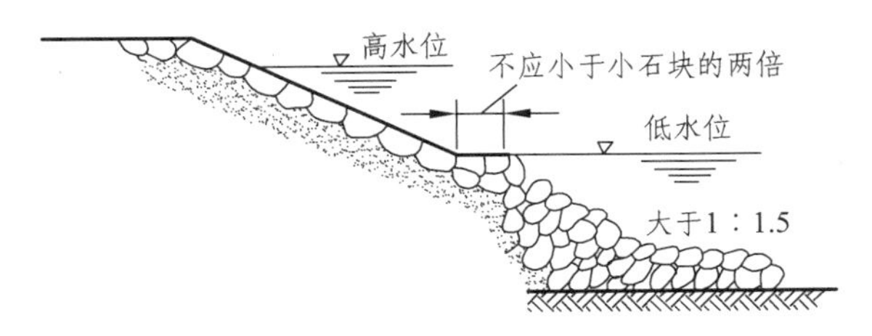


图 5-10　抛石护岸填脚

3）抛石粒径

抛石粒径大小，可根据流速、边坡、波浪的大小进行估算。具体估算方法见《给排水设计手册》第 7 册。

4）抛石距离

抛石地点的选择，关系到工程实效甚大。石块抛入水中后，一方面因为石块本身重量下沉，另一方面石块又随着水流往下移动。所以，抛石点应在护岸

地段的上游，其距离可结合当地的抛石经验来确定。长江抛石护岸经验公式为

$$L = 0.92\frac{\overline{v}H}{G^{1/6}} \tag{5-2}$$

$$L = 0.74\frac{v_0 H}{G^{1/6}} \tag{5-3}$$

式中 $L$——抛石地点向护岸上游偏移的水平距离（m）；

$H$——水深（m）；

$\overline{v}$——抛石处水流平均速度（m/s）；

$v_0$——水面流速（m/s）；

$G$——石块重量（10 kN）。

公路部门的经验公式为

$$L = 2.5\frac{\overline{v}H}{d^{1/2}}$$

式中 $L$——石块冲移的水平距离（m）；

$\overline{v}$——抛石处水流平均流速（m/s）；

$H$——水深（m）；

$d$——石块折算直径（cm）。

### 2. 沉排护岸

1）适用范围

沉排具有整体性和柔软性，抗冲击性能好，能抵抗流速为 2.5 ~ 3.0 m/s 的冲刷。沉排护岸适用于土质松软、河床受冲范围较大、坡度变化较缓的凹岸。由于沉排面积大，且具有柔韧性，能够贴伏在河床表面，适应河床变形。即使沉排发生一定程度的弯曲，也不致破坏沉排的结构，所以使用年限较长。沉排护岸在长江和松花江下游沿岸城市防洪工程中被广泛利用，效果良好。

2）沉排尺寸和构造

（1）沉排平面尺寸：沉排的平面一般为矩形。有时为了适应地形需要，也可做成其他形状。沉排的尺寸，根据河床地形和水流流势决定。其伸出坡脚处平坦河床的长度，系根据排端河床冲刷至预计深度时，沉排仍能维持稳定状态确定。沉排厚度一般为 0.6 ~ 1.2 m，长度和宽度视需要而定，可从数十米到百余米。

（2）沉排构造：沉排由下十字格，底梢、覆梢编篱及缆闩等组成，如图 5-11 所示。

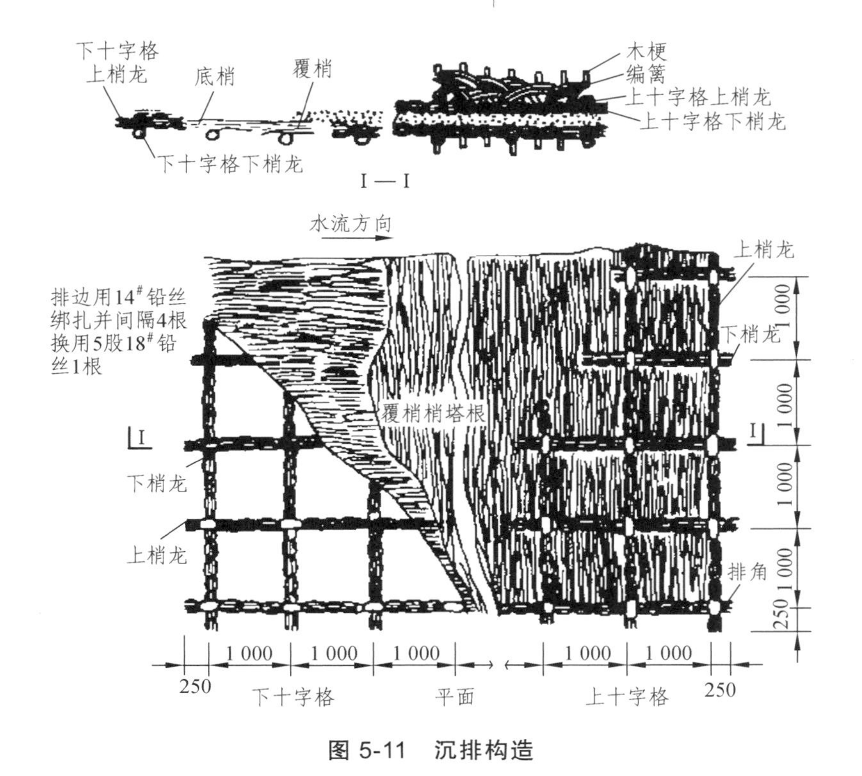


图 5-11　沉排构造

下十字格是沉排的底层结构，它的下梢龙与水流方向垂直，上梢龙与水流方向平行。梢龙间距为 1.0 m，两端各伸出边龙为 0.25 ~ 0.50 m。上下梢龙互相垂直，组成 1.0 m 的方格，每个交点用铁丝扎紧。底梢和覆梢是铺在十字格上的散铺填料。底梢与水流方向平行，根部朝向上游，压实厚为 0.3 ~ 0.5 m。覆梢与水流方向垂直，根部朝向岸边，压实厚为 0.15 ~ 0.30 m。搭头约 0.8 m。上十字格与下十字格相互对称，它的下梢龙与水流方向平行，上梢龙与水流方向及下梢龙垂直。

编篱的主要作用为拦阻压排石块的走动。编篱以木梗为骨架，木梗直径约为 30 mm，每米打 3 根，其中一根应打在十字格交叉点上。由上十字格梢龙直穿下十字格梢龙。以加强上下十字格连接。缆闩是沉排的附属构件，由小竹子短笼及梢料加扎在十字格梢龙两旁组成，其作用为加强系缆部分十字格的强度，并扩大其受力范围。沉排梢龙由各种梢料或秸料扎成。梢料应为无枝杈的树条，以新鲜、柔软、端直的为佳。结扎要求紧密光滑，搭接长度不得小于梢料全长的 1/4。

（3）沉排压实粒径计算：沉排是靠石块压沉的，石块的大小和数量应通过计算确定。为了保证沉排上的压实不致被水流冲走，必须计算石块的起冲流速，以便确定石块粒径。沉排压实最小粒径可用式（5-4）计算。

$$d=\left[\frac{v_{\mathrm{H}}}{1.47g^{1/2}h^{1/6}}\right]^3 \quad (\mathrm{m}) \tag{5-4}$$

$$v_{\mathrm{H}}=\frac{v'_{\mathrm{H}}}{\sqrt{\frac{m^2-m_0^2\cos\theta}{1+m^2}}-\frac{m_0\sin\theta}{\sqrt{1+m^2}}} \quad (\mathrm{m/s}) \tag{5-5}$$

式中 $v_{\mathrm{H}}$——流速（m/s）；

$v'_{\mathrm{H}}$——石块在斜坡上的起动流速，计算时可近似地取接近护岸地点洪水期的最大平均流速；

$g$——重力加速度（$\mathrm{m/s^2}$）；

$h$——水深（m）；

$m$——斜坡的边坡系数；

$\theta$——水流方向与水边线的交角（°）。

（4）压石数量：由压石重量与水流对沉排浮力的平衡条件，得出压石厚度计算公式（5-6）为

$$T_1=\frac{K(1-\varepsilon_2)(1-\gamma_2)T_2}{(1-\varepsilon_1)(\gamma_{\mathrm{s}}-1)} \tag{5-6}$$

式中 $T_1$——压石厚度（m）；

$T_2$——沉排厚度（m）；

$\varepsilon_1$——压石孔隙率；

$\varepsilon_2$——沉排孔隙率；

$\gamma_{\mathrm{s}}$——压石重力密度（$10\ \mathrm{kN/m^3}$）；

$\gamma_2$——沉排重力密度（$10\ \mathrm{kN/m^3}$）；

$K$——安全系数，一般 $K=1.5\sim1.5$。

在计算沉排需要石块数量时，除计算沉排的压石数量外，还应计入为了使沉排与河床接触更密实，在沉排沉放之前，填补河床局部洼坑的抛石量，以及为了保护沉排四周河床不被掏刷，防止沉排发生过大变形而在沉排四周河床抛石数量。

（5）施工要求：沉排施工方法有两种。一是岸上编排，托运水中压石下沉；二是冰上编排、压石，爆破下沉。

岸上编排法施工，最好选在枯水季节，这时河床水位较低，水流流速较小，

沉排拖运和定位比较容易。沉排在沉放之前，应对防护带进行一次水深测量，摸清坡面情况，有无洼坑，以确定沉排下面和四周的抛石量。一般是在岸边扎排，向河中拖运定位，然后压石下沉。沉排下沉时，借助于排角拉绳（粗麻绳或尼龙绳）控制位置。沉排之间应搭接紧密，其搭接长度为 1 ~ 2 m。为了固定沉排位置，不使其沿岸坡滑动，应在排头进行抛石，其抛石宽度为 3 ~ 4 m，厚度为 1.0 m 左右。

冰上编排系统地在冰面上编排，压石填完以后在沉排四周距排头 0.3 ~ 0.4 m 处穿凿冰孔，然后破冰下沉，冰盖破碎后，在沉排的重压下，随即被水流冲往下游，下沉时从下游往上游进行。

3）沉树或沉篮护岸

当河床局部受到剧烈冲刷，并已形成较大冲坑的情况下，若采用抛石填坑，用石料甚多，也不经济；若采用沉排则不宜贴附在冲坑上；此时可采用沉树和沉篮护底，不仅能防止冲坑的继续扩大，而且沉树可以起到缓冲落淤作用。

沉树是将树杈茂密的树头或小树装在大柳框（或铅丝龙）中，并填满碎石绑好后沉入冲坑内。因树枝受浮托作用，沉树基本保持直立状态，起到换流落淤作用。沉树横向间距为 2 m，纵向间距为 3 m。沉篮是利用两个无把的土篮装满碎石相扣成盒，用 16 号铅丝将四边绑扎好，然后沉入冲坑内。如图 5-12 所示。

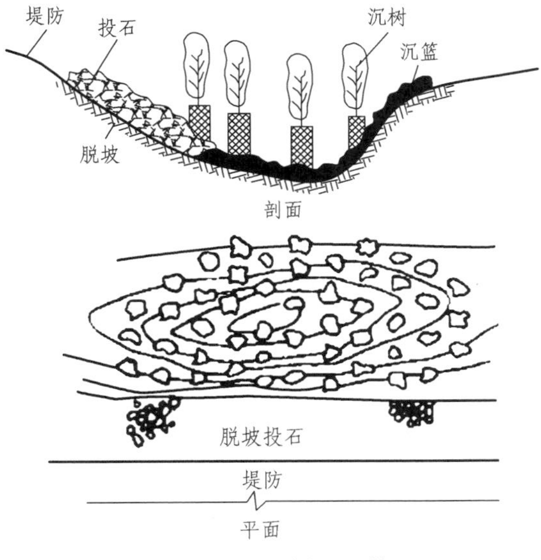


图 5-12　沉树和沉篮

4）沉枕护岸

在河床上土质松软并发生严重变形的情况下，沉枕是一种很好的下层护岸材料；其构造如图 5-13 所示。沉枕是用鲜柳枝束成圆柱状，直径一般为 0.6 ~ 1.0 m，长为 5 ~ 10 m，每隔 0.3 ~ 0.6 m 用铅丝捆扎一档。

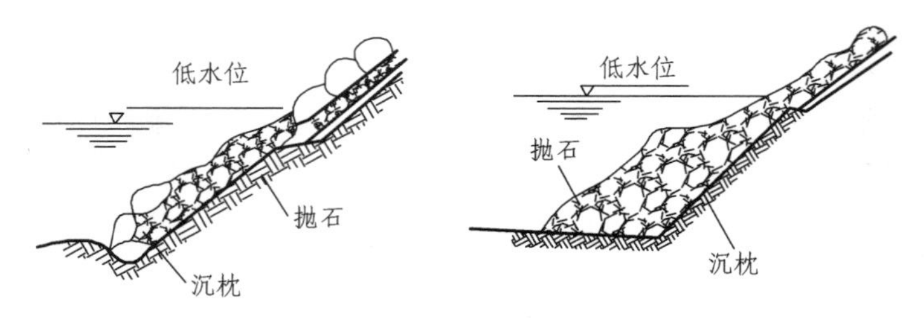


图 5-13　沉枕护岸

5）钢筋混凝土肋板护岸

1976 年以来，上海市郊区在滨江和沿海防洪工程中，应用钢筋混凝土肋板护岸，效果较好。这种护岸与砌石护岸、混凝土护岸比较，具有工程量小、有利消浪等优点，其构造如图 5-14 所示。

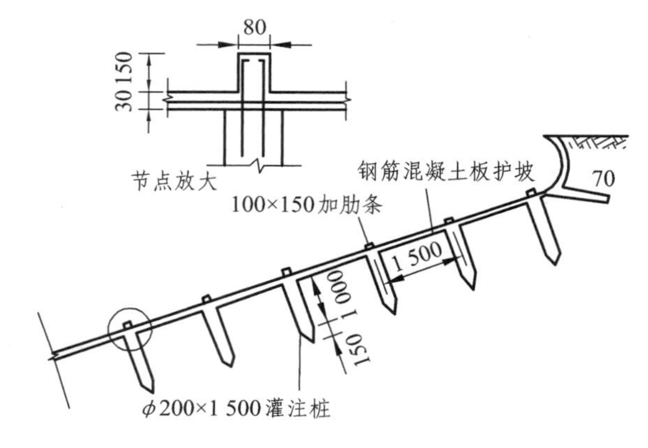


图 5-14　钢筋混凝土肋板护坡

6）铰接混凝土板护岸

近年来美国在较大河流平铺护岸中应用铰接混凝土板护岸，由每块尺寸为 11.8 m × 3.56 m × 0.76 m 的 20 块混凝土板铰接而成。板块之间用抗腐蚀的金属构件连在一起。我国设计和施工的铰接混凝土板，在武汉市长江河段天兴洲首次沉放成功。这种护岸能适应河床变形，防止河岸在水流冲刷下崩塌，并能保证河床与河岸的稳定。

7）塑料柴帘护岸

它是一种新型的软体排类护岸形式。吸收了柴排整体性强的优点，又保持了能够较理想地适应河床变形的特性，并具有结构简单、造价低、体型轻、功效高等优点。但当水面流速大于 2.41 m/s 时和水下坡度陡于 1∶1 时，不宜采用，塑料柴帘构造，如图 5-15 所示。

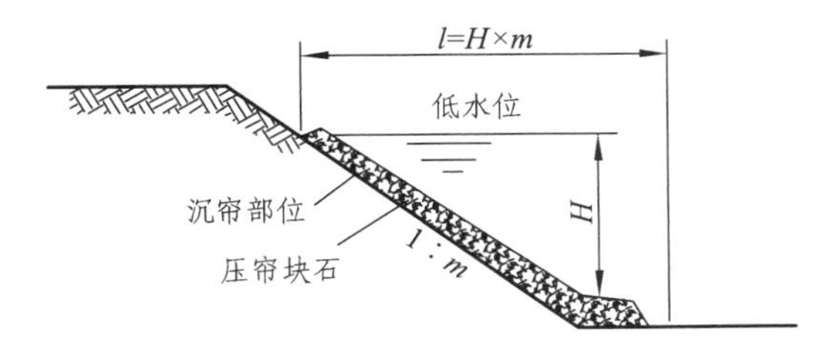


图 5-15　塑料柴帘护岸

## 5.3.2　中层护岸

中层护岸经常承受水流冲刷和风浪袭击，由于水位经常变化，护岸材料处于时干时湿的状态，因此要求抗锈性强。一般多采用砌石、混凝土预制板，较少采用抛石和草皮。中层护岸的构造要求可参照土堤护坡的构造和要求。

## 5.3.3　上层护岸

上层护岸主要是防止雨水冲刷和风浪的冲击。一般是将中层护岸延至岸顶，并做好岸边排水设施。有的在岸边顶部设置防浪墙，并兼作栏杆作用。

图 5-16、图 5-17 为某市公园护岸上、中、下三段护岸。

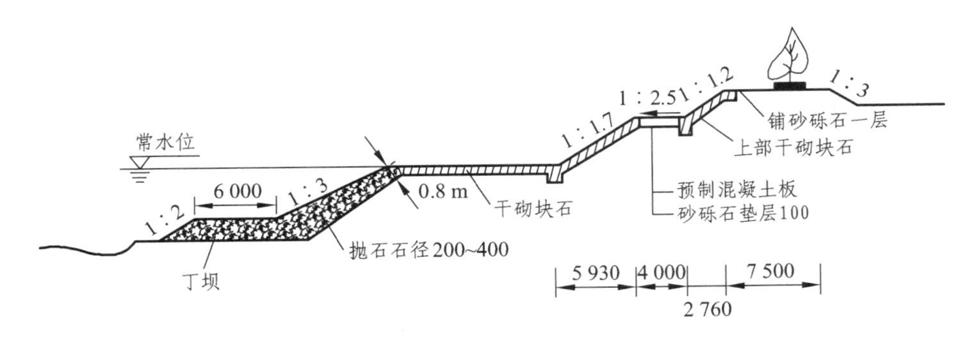


图 5-16　某公园护岸（单位：mm）

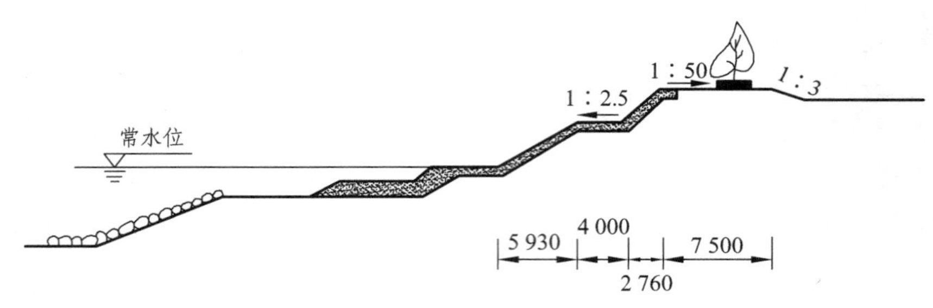


图 5-17　某市公园护岸（单位：mm）

若河岸较高，河床变化较大时，采用上、中、下三层不同护岸形式，能够充分发挥各层长处，以达到比较好的效果。

若河床较低，河床变化不大，可采用一种护岸形式。在这种情况下，应用最广的是砌石护岸，其构造主要由护脚、护坡和护肩三个部分组成。如图 5-18 所示。

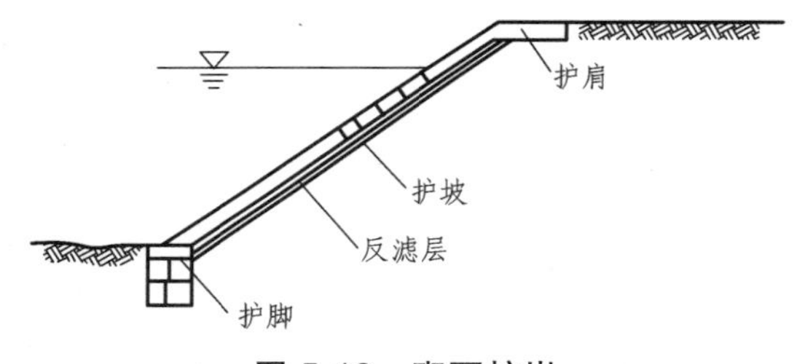


图 5-18　砌石护岸

## 5.4　丁坝与顺坝护岸

丁坝与顺坝是间断式护岸的两种主要形式。适用于河道凹岸冲刷严重、岸边形成陡壁状态，或者河道深槽靠近岸脚，河床失去稳定的河段。丁坝与顺坝的作用主要是防冲、落淤、保护河岸。

丁坝建成后效果不好时，较容易进行调整，使之达到预期效果；丁坝能将泥沙向坝格内淤积，不仅防止河岸冲刷，同时也减少下游淤积。丁坝护岸壁顺坝、重力式或板桩护岸的工程量少，但丁坝对水流结构改变较大，坝头水流紊乱，枯水新岸线发展较缓慢，要待坝格间淤满后才能形成。

顺坝起倒流作用。不改变原有水流结构，故水流平顺，但顺坝建成后不易调整，且坝头附近易淤积。

## 5.4.1　丁坝护岸

### 1. 丁坝的类型及作用

（1）按丁坝束窄河床的相对宽度可分为长丁坝、短丁坝和圆盘坝。丁坝愈长，束窄河床愈甚，挑流作用愈强，如图 5-19（a）所示；丁坝愈短，束窄河床愈小，挑流作用愈弱，如图 5-19（b）所示。

（a）长丁坝　　（b）短丁坝

图 5-19

长丁坝与短丁坝一般按下列条件加以区分：

短丁坝的条件：$l<0.33B_y\cos\alpha$

长丁坝的条件：$l>0.33B_y\cos\alpha$

式中　$l$——丁坝长度（m）。

$\alpha$——丁坝轴线与水流方向的交角（°）。

$B_y$——稳定河床宽（m），可按下式计算：

$$B_y=A\frac{Q^{1/2}}{v_\rho^{1/2}n^{1/3}}$$

其中　$Q$——河道中的造床流量（$m^3/s$），一般为常水位流量；

$A$——河槽稳定系数，可参照《给排水设计手册》表 7-4 选用；

$v_\rho$——泥砂移动流速（m/s）；

$n$——河床糟率。

圆盘坝是由河岸边伸出的半圆形丁坝，由于圆盘的坝身很短，对水流影响较其他丁坝小，多用于保护岸脚和堤脚。

（2）按丁坝外形分为：普通丁坝、勾头丁坝和丁、顺坝。普通丁坝为直线形，勾头丁坝在平面上呈勾形。若勾头部分较长则为丁顺坝，如图 5-20 所示。$L_1$ 为坝身在与水流垂直方向上的投影长度。当 $L_2\leqslant0.4L_1$ 时称为勾头丁坝；当 $L_2>0.4L_1$ 时称为丁顺坝。勾头丁坝主要起丁坝作用，其勾头部分的作用是使坝头水流比较平顺；丁顺坝则同时起丁坝与顺坝的作用。

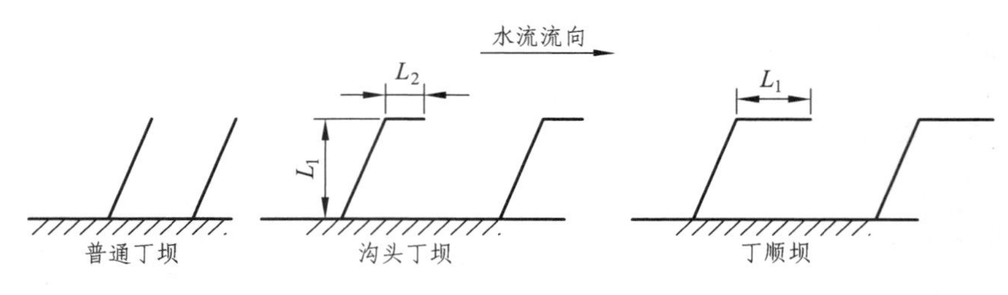


图 5-20　三种丁坝类型

（3）按丁坝轴线与水流方向的交角可分为上挑丁坝、下挑丁坝、正挑丁坝，如图 5-21 所示。丁坝轴线与水流方向的交角为 $\alpha$，若 $\alpha < 90°$，则为上挑丁坝；$\alpha > 90°$，则为下挑丁坝；$\alpha = 90°$，则为正挑丁坝。

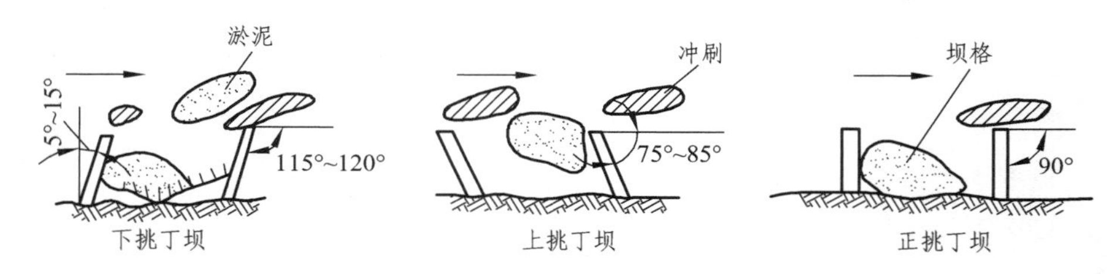


图 5-21　丁坝按轴线与水流交角分类

实践证明，上挑丁坝的水流紊乱，坝头冲刷坑较深，且距坝头接近，故影响整治构筑物的稳定，坝格内较易淤积；下挑丁坝则相反，坝头水流较平顺，冲刷坑较浅，且距坝头较远，坝格内较难淤积；正挑丁坝介于两者之间。三种形式各有其特点，应根据具体要求合理选用。

### 2. 丁坝平面布置

（1）丁坝平面布置合理可收到事半功倍的效果。否则，不但效果不好，有时甚至会使水流更加恶化，造成更严重的危害。布置丁坝时，除必须符合河道规划整治线，还要因地制宜地选择堤型和布置坝位。

（2）丁坝坝型的选择，要根据各种丁坝的作用和工程要求来选型。防洪护岸丁坝多采用短丁坝，布置成丁坝群效果比较好，当比降较小、流速低，要求坝格加快淤积，多采用上挑式丁坝；当流速大、泥沙少，要求调整流向，平顺水流，则多采用下挑式丁坝；山区河流一般水流较急，上挑丁坝与水流方向交角不小于 75°。为避免坝头水流过于紊乱，可采用勾头丁坝，或将一组上挑丁坝或正挑丁坝的第一条丁坝做成下挑丁坝。

（3）当丁坝成组使用时，必须合理拟定丁坝间距。护岸短丁坝的间距以绕过上一丁坝扩散后不致冲刷下一坝根部为准，一般可采用丁坝长度的 2～3 倍，一般可按式（5-7）确定。

$$L = l_p \cos\theta + l_p \sin\theta \cot(\varphi + \Delta\alpha) \quad (5\text{-}7)$$

式中　$L$——丁坝间距（m）。

$\alpha$——丁坝坝轴线与水流动力轴线的交角（°）。

$\Delta\alpha$——水流扩散角，一般采用 9.5°。

$\theta$——丁坝与岸线的交角（°）。

$\varphi$——水流动力轴线与岸线间的交角（°）。

$l_p$——丁坝的有效长度（m），保证坝根不受淘刷作用：

$$l_p = \frac{2}{3}l \quad (\text{m})$$

其中　$l$——丁坝的实际长度（m）。

### 3. 丁坝的构造

丁坝由坝头、坝身和坝根三部分组成，如图 5-22 所示。

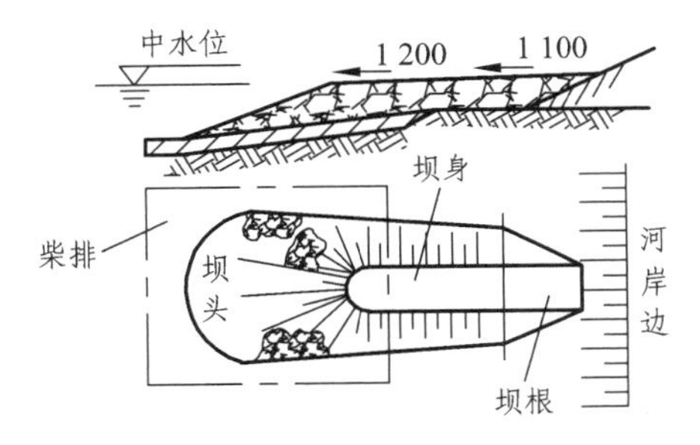


**图 5-22　丁坝构造**

1）坝　头

丁坝坝头不但受水流的强烈冲击，还易受排筏及漂木的撞击，因此坝头必须加固。一般在坝头背水面加大坝顶宽度至 1.5 ~ 3.0 m，并做成圆滑曲线形，以及将坝头向河边坡放缓至 1 : 3。放缓坝头边坡，不但可加固坝头，还能使绕过坝头的水流比较平衡。

2）坝　身

（1）坝身横断面一般为梯形，边坡系数和坝顶宽度视建筑材料和水流条件而定。丁坝的迎水面坡为 1 : 1 ~ 1 : 1.2，背水面坡为 1 : 1.5 ~ 1 : 3.0，丁坝顶宽为 1 ~ 2 m。

（2）当河床基础为易冲刷的软质土壤或丁坝建在水流较急的河段时，要用沉排护底。沉排露出基础部分宽度视水流情况及土壤性质而定；一般在丁坝的迎水面露出 3.0 m 以上，背水面露出 5 m 以上。

（3）丁坝坝顶高程和坝顶纵坡，一般连接河岸的一端常与中水位齐平，自河岸向河心的纵坡一般采用 1∶100 ~ 1∶300，这种丁坝在洪水时期，淹没在水中。对于护岸丁坝，其坝顶一般较高，在水位变幅不大时，连同河岸的一端常高于洪水位，由坝根向伸入河中一端逐渐降低，其末端一般不高于中水位，以免过多减小泄洪断面。

3）坝　根

若坝根结构薄弱，易冲成缺口，致使丁坝逐渐失去作用，应妥善处理。坝根处理及其护岸范围，与其所处河岸土质、流速、水位变幅，以及丁坝所处的位置有关。处理方法有：

（1）若岸坡上土质较易冲刷，或渗透系数较大时，坝根处应开挖基槽，将坝根嵌入岸中，并在其上、下游砌筑护坡。

（2）若岸坡上土质不易冲刷，或渗透系数较小时，仅采取上、下游适当护坡，坝根可不嵌入岸内。

（3）第一座受力较大，其坝根护坡较同组其他丁坝要求高些，其他丁坝因有第一座丁坝掩护，可以要求低一些。

（4）对于水位变幅大，而变化频繁情况下的丁坝，其护岸范围应护高些。

（5）由于影响护岸坡的因素很多，诸因素对岸坡的影响亦不一样，故护岸坡措施各地差异很大，应视具体情况确定。根据实践经验，一般护岸长度下游应大于上游，尤其是下挑坝更是如此，其范围一般上游护 5 ~ 15 m，下游护 10 ~ 25 m。

## 5.4.2　顺坝护岸

### 1. 顺坝的作用与分类

顺坝的作用，除能使冲刷岸边落淤形成新的库水岸线，以增大弯曲半径外，还能引导水流按指定方向流动，以改善水流条件，所以又叫导流坝。

顺坝有透水的和不透水的两种，一般多做成透水的，如铅丝石笼、打桩编柳及打桩梢捆等。图 5-23 为铅丝石笼顺坝；图 5-24 为框式打桩顺坝；图 5-25 为打桩梢捆顺坝。不透水的顺坝，一般为砌石结构，适应河床变形能力较差，坝体易损坏，所以应用较少。

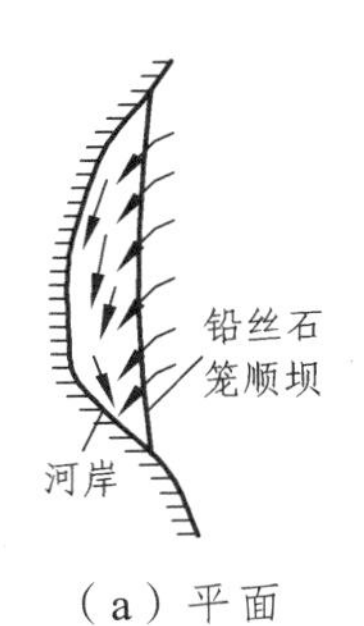


（a）平面

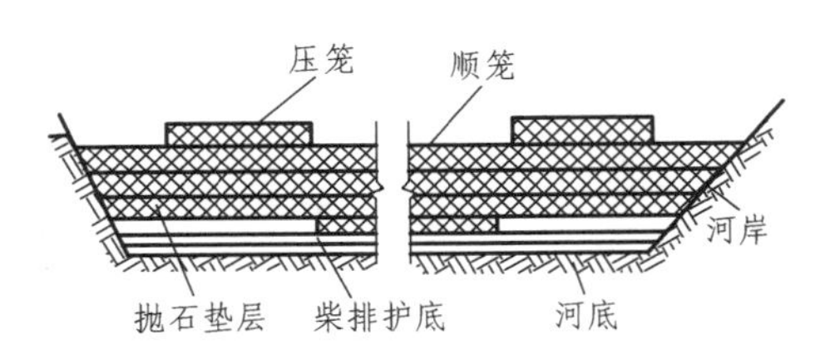


（b）纵断面

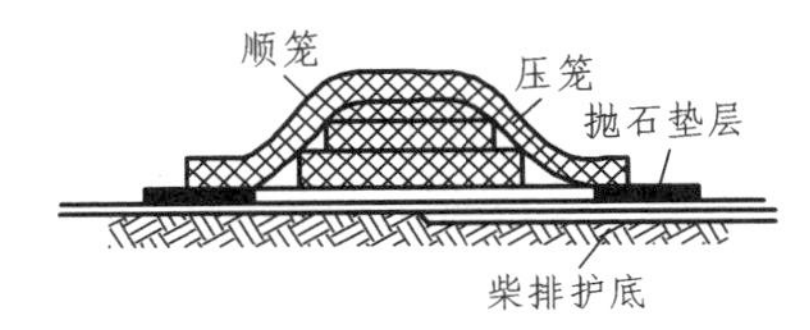


（c）横断面

**图 5-23　铅丝石笼顺坝**

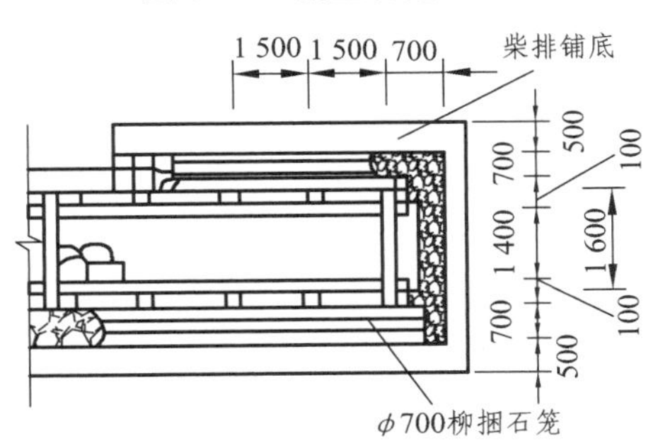


（a）平面

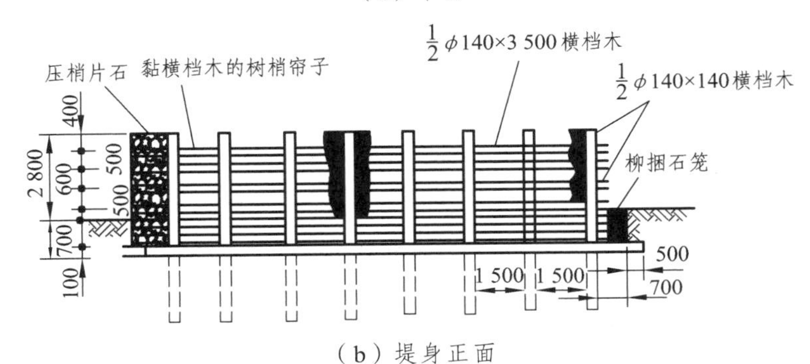


（b）堤身正面

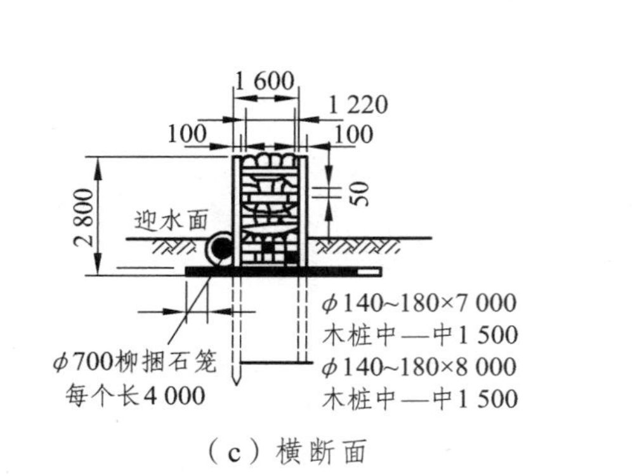


（c）横断面

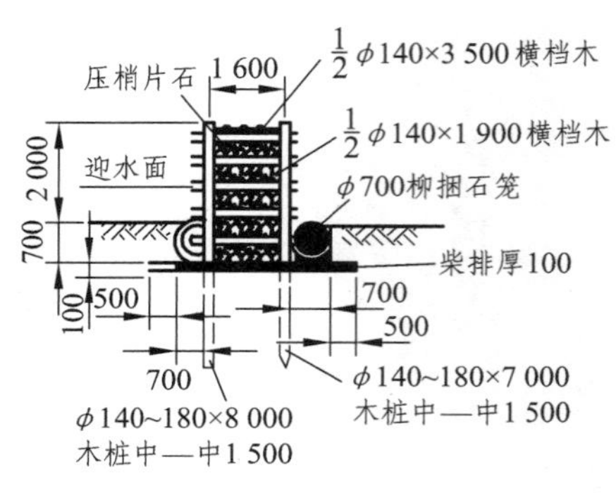


（d）坝头正面

图 5-24　框式打桩顺坝

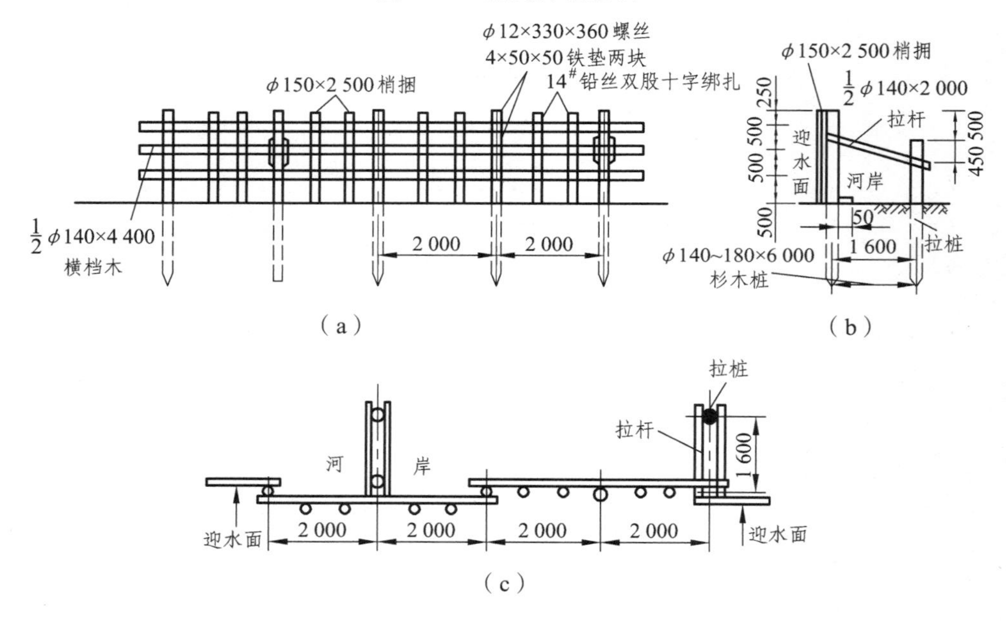


图 5-25　透水格坝

## 2. 顺坝布置与构造

（1）由于顺坝的堤身是组成整治线的一部分，因此在布置顺坝时，应沿整治线布置，使坝身与整治线重合。在弯道上的顺坝，其坝轴线应呈平缓的曲线，如图 5-26 所示。顺坝与上下游岸线的衔接必须协调，否则水流紊乱，达不到预期效果。

（2）顺坝坝头应布置在主流转向点稍上游处，坝头常做成封闭式或缺口式。

（3）顺坝的构造与丁坝相似，分为坝头、坝身、坝根三个部分，如图 5-26

所示。坝根应嵌入河岸中，并适当考虑其上、下游岸坡的保护，坝身的顶面应做成纵坡，可按洪水时的水面比降设计，可适当加大坝根部分纵坡，以免坝根过缓，溢流面遭破坏。

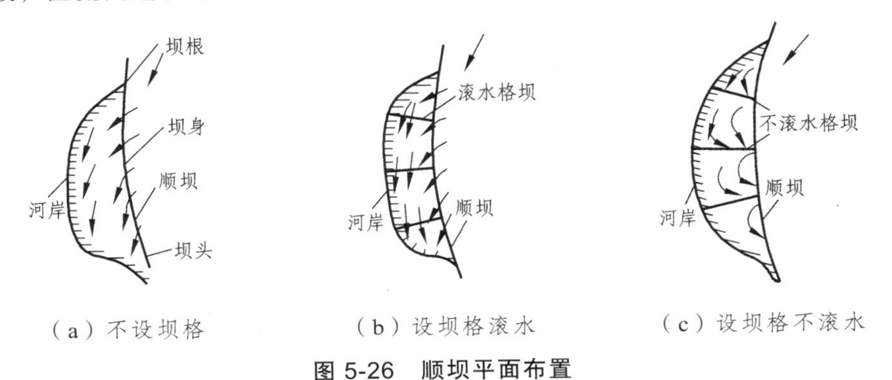


图 5-26　顺坝平面布置

# 5.5　板桩护岸

## 5.5.1　分类及选型

### 1. 分　类

按板桩护岸构造特点，板桩护岸可分为有锚板桩护岸和无锚板桩护岸两大类。有锚板桩护岸又可分为单锚、双锚板桩护岸，图 5-27 为单锚板桩护岸，图 5-28 为双锚板桩护岸，板桩护岸图 5-29 为无锚板桩护岸。

按板桩护岸所用材料，极桩护岸可分为钢筋混凝土板桩护岸，钢板桩护岸和木板桩护岸三种。但木板桩护岸除特殊情况外不宜采用。

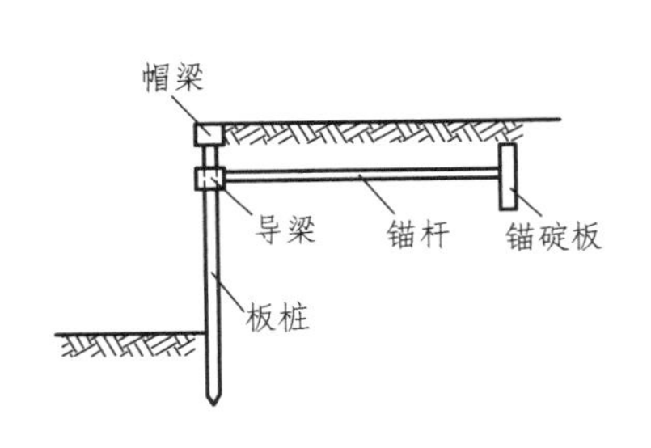


图 5-27　单锚板桩护岸

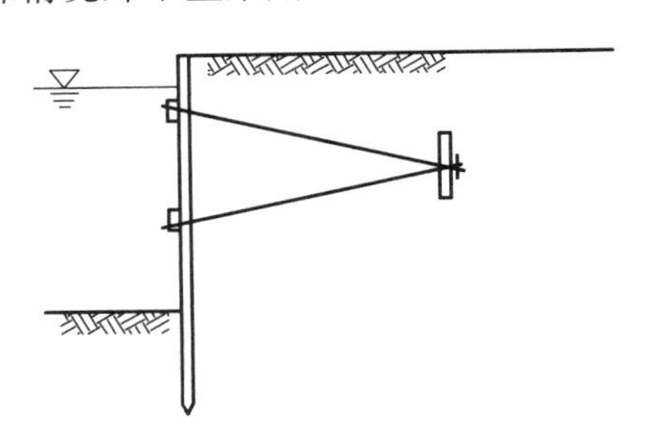

图 5-28　双锚板桩护岸

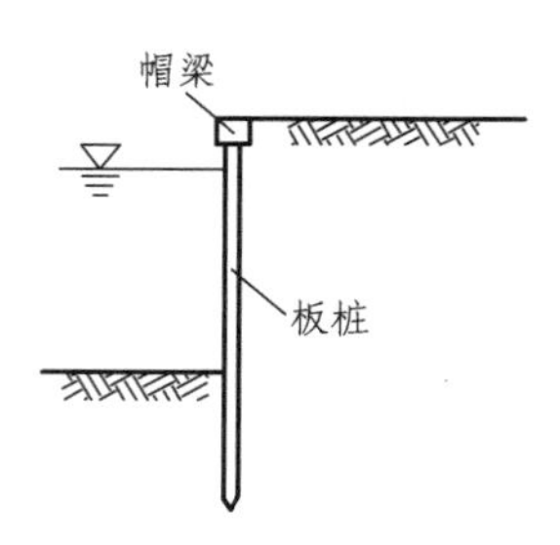


图 5-29　无锚板桩护岸

### 2. 适用范围

（1）有锚板桩护岸：有锚板桩护岸系有板桩、上部结构及锚碇结构组成。其特点是依靠板桩入土部分的横向土抗力和安设在上部的锚碇结构来维持整体稳定性。

① 单锚板桩护岸：适用于水深一般小于 10 m 的城市护岸，并设有一个锚碇。优点为结构简单，施工较为方便，故广泛使用。

② 双锚板桩护岸：适用于水深在 10 m 以上或地基软弱的情况。为了使板桩所受弯矩不致过大，有些城市板桩护岸采用双级锚碇，这种结构比较复杂，下层拉杆有时需要在水下安装，施工不便，而且两层拉杆必须按设计计算情况受力，否则若有一层拉杆超载过多，可能造成整个结构的破坏。

（2）无锚板桩护岸：无锚板桩护岸的受力情况，相当于埋在基础内的悬臂梁，当悬臂梁长度增大时，其固定端弯矩急剧加大，板桩厚度必须相应地加厚，顶端位移较大，因此在使用时高度受到限制，一般适用于水深在 10 m 以下的护岸工程。

### 3. 选　型

板桩护岸形式的选择，可考虑以下几点：

（1）一般在中等密实软基上修建城市护岸，均可采用板桩结构。当原地面较高时，采取先在岸上打桩，设置锚碇，再做河底防护，较为经济合理。

（2）在我国，目前钢材不能满足需要的情况下，板桩材料应以钢筋混凝土为主，只有在水深超过 10 m，使用钢筋混凝土板桩受到限制时，方可考虑采用钢板桩。

（3）钢筋混凝土板桩断面打桩设备能力允许的情况下，应尽可能加宽，并宜采用抗弯性能较大的工字型、空心型等新型板桩断面。

（4）锚碇板、锚碇桩以及板桩锚碇适用于原地面较高的情况，但会产生一定的位移。锚碇叉桩与板桩的距离可以较近，适用于原地面较低，且护岸背后地域狭窄的情况，其位移量较小。

### 5.5.2　板桩护岸构造要求

板桩护岸的构造主要由板桩、帽梁、锚碇结构以及导梁和胸墙组成。

#### 1. 板　桩

1）钢筋混凝土板桩

（1）钢筋混凝土板桩，应尽可能采用预应力钢筋混凝土结构或采用高标号混凝土预制，以提高板桩的耐久性。

（2）在地基条件和打桩设备能力允许的情况下，应尽可能加大板桩的宽度，以减少桩缝，加快施工进度。

（3）板桩的桩身带有阴、阳榫，如图 5-30 所示。在阳榫及阴榫的槽壁中应配钢筋，以免在施打时发生裂损以致脱落。

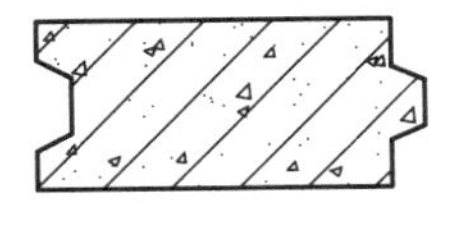

（a）梯形榫槽

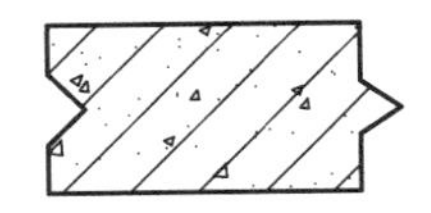

（b）人字形榫槽

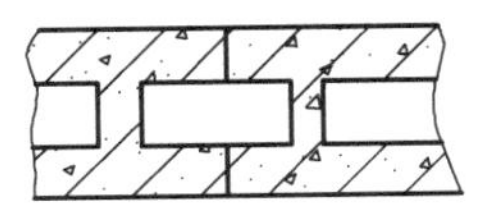

（c）工字型榫槽

**图 5-30　板桩榫槽**

（4）在板桩打设完毕后，需在板桩间的榫孔中灌注水泥砂浆，以防墙厚泥土外漏。

2）钢板桩

（1）钢板桩在施打前一般均应进行除锈、涂漆等防护处理。特别是在腐蚀性较大的海水介质中的钢板桩，其潮差部位应采取可靠的防蚀措施。

（2）钢板桩一般为 Z 形和 U 形，护岸两端转角处可采用焊接或铆接拼制的转角异形板桩，如图 5-31 所示。

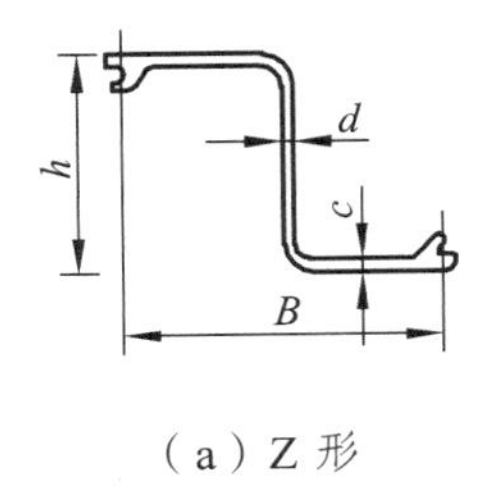


（a）Z 形

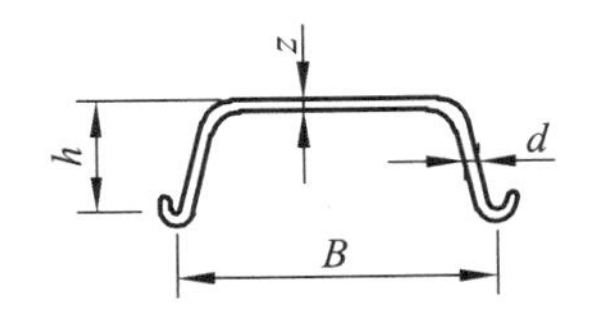


（b）U 形

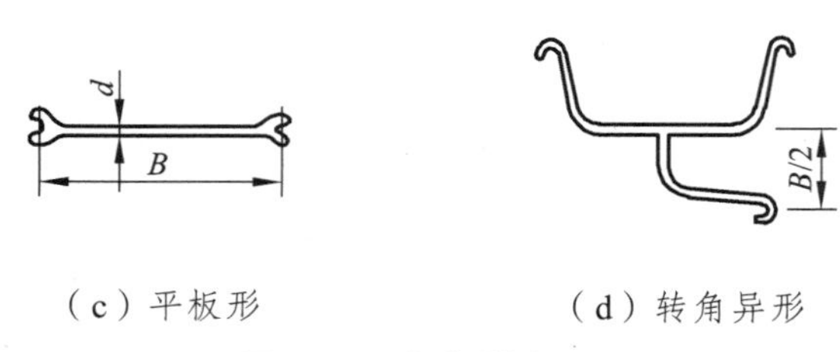


图 5-31　钢板桩断面

### 2. 量　帽

为将板桩连接成整体，保持岸线平直，在板桩顶部必须设现浇钢筋混凝土帽梁，帽梁应设置变形缝，间距一般可取 15 ~ 20 m。

### 3. 导　梁

导梁是板桩与锚杆间的主要动力构件，因此它必须在板桩受力前安装完毕。钢筋混凝土板桩的导梁，一般宜采用现浇的钢筋混凝土结构，以保证导梁紧贴各根板桩。钢板桩的导梁一般均采用槽钢或工字钢制造，图 5-32 为槽钢的导梁。

### 4. 胸　墙

当板桩的自由度较小或水位差较小时，常用胸墙代替帽梁和导梁，以简化钢板桩的钢导梁埋入胸墙，可防止锈蚀，如图 5-33 所示。胸墙的变形缝间距，一般可取 15 ~ 20 m。

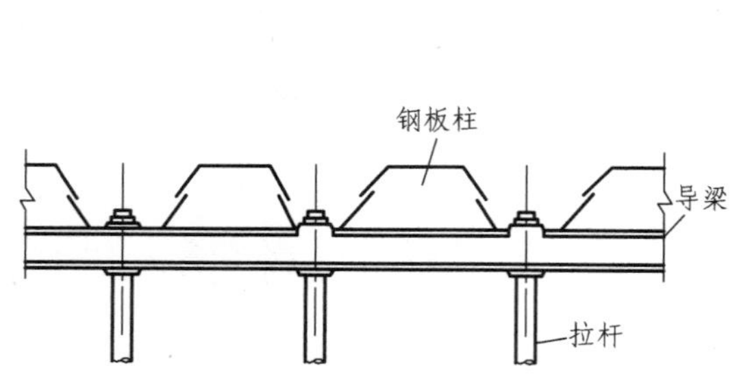


图 5-32　钢板桩的槽钢导梁

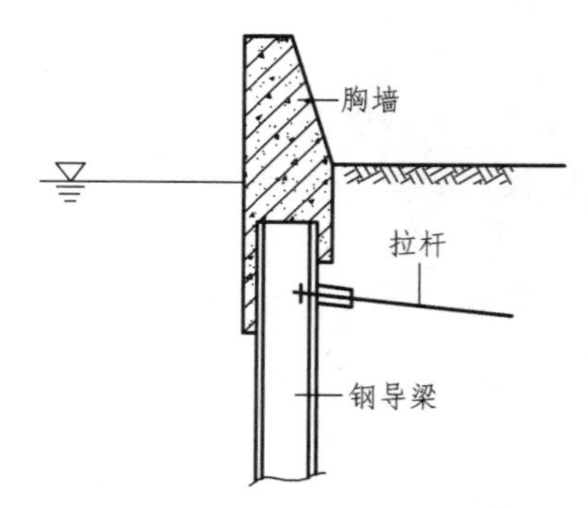


图 5-33　钢导梁埋入胸墙

### 5. 锚碇结构

（1）锚碇桩（或板）：锚碇桩桩顶一般在锚着点以上不小于 0.5 m。

（2）锚杆。

① 锚杆间距尽可能大一些（一般为 1.5～4.0 m），锚杆的中部应设紧张器，如图 5-34 所示。

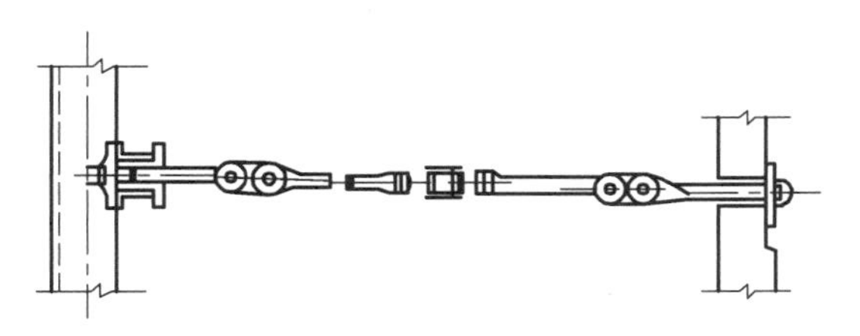

（a）钢筋混凝土板桩锚杆构造

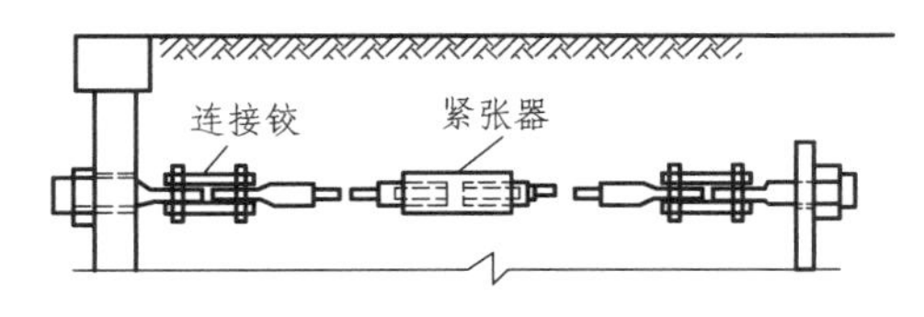


（b）侧板桩锚杆构造

**图 5-34　锚杆构造**

② 锚杆在安装之前，应根据锚杆直径的大小施加一定的初始拉力，一般不小于 20 kN，以减少锚杆受力的不均匀程度。

③ 为了防止锚杆随着填土的沉降而下沉，产生过大的附加应力，最好在锚杆下面隔一定间距用打短桩或垫砌砖墩等把锚杆支撑住。锚杆的两端应铰接。

④ 锚杆的防锈措施常用以下两种方法：一是涂刷红丹防锈漆各两道，外面缠沥青麻袋两层，在其四周还可夯打灰土加以保护；另一种是在锚杆外面包以素混凝土或钢丝网混凝土防护层，其断面一般不小于 0.2 m × 0.2 m。

# 5.6　河道整治

## 5.6.1　河道整治的目的与原则

### 1. 河道整治的目的

靠整治河道提高全河道较长河段的泄洪能力一般不够经济，多不采用。但对提高局部河段的泄水量或平衡上下河段的泄洪能力作用较大。城区河道不但普遍存在因桥梁、码头、取水工程侵占和挤压而缩窄，而且因人为设障和淤积，使城区河道泄洪能力明显下降。因此，城区河道整治主要是通过清淤、清障、扩宽、疏浚以及裁弯取直等措施，扩大泄洪断面，改善洪水流态，减小糙率、加大流速，从而达到提高城区河道泄洪能力或降低城区段河道最高洪水位、提高城市防洪标准的目的。

**2. 河道整治的原则**

（1）河道整治的基本原则是：全面规划、统筹兼顾、防洪为主、综合治理。

（2）堤防、护岸布置以及洪水水面线衔接要兼顾上、下游，左、右岸，与流域防洪规划相协调。

（3）蓄泄兼筹，以泄为主，因地制宜选用整治措施，改善流态，稳定河床，提高河道泄洪能力。

（4）结合河道整治，利用有利地形和弃土进行滨河公园、景点、绿化带建设，改善和美化城市环境。

（5）结合河道疏浚、裁弯取直，在有条件的地方，经充分论证，可以适当压缩堤距，开拓城市建设用地，加快工程建设进度。

（6）结合河道整治，宜采用橡胶坝抬高水位，增加城市河道水面，为开发水上游乐活动创造有利条件。

## 5.6.2 河道整治的规划内容

（1）河道基本特性及演变趋势分析：包括对河道自然地理状况，来水、来砂特性，河岸土质，河床形态，历史演变，近期演变等特点和规律的分析，以及对河道演变趋势的预测。对拟建水利枢纽的河道上下游，还要就可能引起的变化做出定量估计。这项工作一般采用实测资料分析、数学模型计算、实体模型相结合的方法。

（2）河道两岸社会经济、生态环境情况调查分析：包括对沿岸城镇、工农业生产、堤防、航运等建设现状和发展规划的了解与分析。

（3）河道整治现状的调查及问题分析：通过对已建整治工程现状的调查，探讨其实施过程、工程效果与主要的经验教训。

（4）河道整治任务与整治措施的确定：根据各方面的要求，结合河道特点、确定本河段整治的基本任务，并拟订整治的主要工程措施。

（5）整治工程的经济效益和社会效益、环境效益分析：包括河道整治后可能减少的淹没损失，论证防洪经济效益；整治后增加的巷道和港口水深，改善航运水流条件，增加单位功率的托载量、缩短船舶运行周期、提高航运安全保证率等方面，论证航运经济效益。此外还应分析对取水、城市建设等方面的效益。

（6）规划实施程序的安排：治河工程是动态工程，具有很强的时机性。应在整治河道有利时机的基础上，对整个实施程序做出轮廓安排，以减少整治难度，节约投资。

### 5.6.3　河道整治的规划事项

在按照主要内容进行河道整治规划的基础上，河道整治规划还应拟订防洪设计流量及水位，拟订河道整治的治导线，拟订河道整治工程措施。

#### 1. 拟订防洪设计流量及水位

拟订防洪设计流量及水位，应按照国家及行业的有关规定进行确定。在一般情况下，整治洪水河槽的设计流量，需根据保护区的重要性，选取相当于其防洪标准的洪水流量，其相应的水位为设计水位；整治水中河槽的设计流量可采用造河床流量或平摊流量，其相应的水位为设计水位；整治枯水河槽的设计水位可根据通航等级或其他整治要求，采用不同保证率的最低水位，其相应的流量即设计流量。

#### 2. 拟订河道整治的治导线

河道整治后在设计流量下的水平轮廓线，称为河道的治导线。平原河道整治线分洪水河槽的治导线、中水河槽的治导线和枯水河槽的治导线，其中对河势起着控制作用的是中水河槽的治导线。洪水河槽的治导线即两岸堤防的平面轮廓线。堤线与主河槽岸线之间需根据宣泄设计洪水和防止堤岸冲刷的需要留足滩地宽度。

中水河槽的治导线一般为曲率适度的连续曲线，曲线之间以适当长度的直线连接。对不能形成单一河槽的游荡型、分叉型河道，其主流线也应为曲率适度的连续曲线。中水河槽的治导线的弯曲半径和曲线间直线的长度，通常可参照临近的优良河段确定。一般最小弯曲半径为河道直线段平面滩地河道宽度的 4 ~ 9 倍，曲线段间直线长度为该段平面滩地河道宽度的 1 ~ 3 倍，通航河道还要考虑通航的要求。在中水河槽的治导线的基础上，根据航道和取水建筑物的要求，利用稳定的深槽、边滩地或江心洲，设计枯水河槽的治导线。为保持航道稳定，要求整治后枯水河槽的流向与中、洪水河槽的交角不大。枯水河槽的弯曲半径和曲线段直线段的长度，可参照临近的优良河段选定，其数值一般不小于中水河槽的治导线。

### 3. 拟订河道整治工程措施

在河道整治工程布置上，根据河道的河势特点，采取有效的工程措施，形成控制性的节点，稳定有利的河势，在河势得到基本控制的基础上，再对局部河道进行整治。建筑物的位置及修筑的顺序，需要结合河势现状及发展趋势确定。以防洪为目的的河道整治，要保障有足够的行洪断面，避免过分弯曲和狭窄的河段，以免影响宣泄洪水，通过整治建筑物保持河槽相对稳定。以航运为目的的河道整治，要保障航道平顺，深槽稳定，具有满足航运要求的水深、宽度、河道弯曲半径和流速流态，还要注意船行波对河岸的影响。以引水为目的的河道整治，要保证取水口的河道稳定，并且无严重的淤积，使之达到设计的取水保证率。

## 5.6.4 传统河道整治措施

河道整治工程是重要的民生工程，是对水资源实行科学管理、为经济社会可持续发展提高保障的重要基础设施。其质量不但关系到工程的有效使用，而且直接关系到人民群众生命财产安全，关系到社会和谐稳定和经济社会的发展。但是，在河道中还存在对堤防、河岸和河床等稳定不利的现象，必须根据具体情况采取工程措施进行整治。

整治河道的工程措施主要有：一是护岸工程，通过丁坝、顺坝、护岸、潜坝、鱼嘴、矶头、平顺护岸等工程，以控制河道主流、稳定河势，防止堤防和岸滩冲刷，达到安全泄洪的目的；二是裁弯工程及堵汊工程，对过分弯曲河段进行裁弯取直、堵塞汊道，扩大河道的泄洪能力，使水流集中下泄；三是疏浚工程，利用挖泥船等工具，以及爆破、清除浅滩、暗礁等措施，以改善河流的流态，保持足够的行洪能力。

### 1. 护岸工程控制调整河势

护岸工程是指为了防止河流侧向侵蚀及因河道局部冲刷而造成的坍岸等灾害，使主流线偏离被冲刷地段的保护工程设施。通常堤防护岸工程包括水上护坡和水下护坡两部分。水上护坡工程是堤防或河岸坡面的防护工程，它与护角工程是一个完整的防护体系。水下护脚工程位于水下，经常受水流的冲击和掏刷，需要适应水下岸坡和河床的变化，所以需要采用具有柔性机构的防护形式。

利用护岸工程控制调整河势，一般在凹岸处修建河道整治的建筑物，以稳定岸滩、改善不利河弯，固定河水的流路。对于分汊河道，一般在上游控制点，汊道入口处及江心洲的首都修建河道整治的建筑物，以稳定主、支汊。

### 2. 裁弯取直整治措施

河流过度弯曲时，河身蜿蜒曲折，对宣泄洪水不利，河弯发展所造成的严重塌岸对沿河城镇和农田也是极大威胁。当河环起点和终点距离洪水漫滩很近时，由于水流趋向的比降为最大的流线，在一定条件下会在河漫滩上开辟出新的流路，沟通畸湾河环的两个端点，这种现象称为河流的自然裁弯。自然裁弯往往因大洪水所致，裁弯点由洪水控制，常会带来一定的洪水灾害现象。

为避免这种自然裁弯的危害，人们可以结合河道水沙的运动特点，人为地截直河道，缩短洪水流路，增加河道的泄洪能力，这种河道治理方式称为人工裁弯取直。一般认为河道实施“裁弯取直”可有效降低裁弯段上游洪水位并提高上游的防洪能力，裁弯后上游的河道比降加大，河道的洪水位有所下降，河床冲刷也会有所加深。

裁弯取直工程实际上就是在过于弯曲的河段上开辟一条顺直的新河道，代替原来流水不畅的河道，以增加河道的泄洪量，降低河道水位的工程。裁弯取直起于 19 世纪末期，当时一些裁弯取直工程曾将新河设计成直线，且按过水流量需要的断面全部开挖，同时为促使弯曲老河段淤死，在老河段修建拦水坝，一旦新河开通，让河水从新河中流过。但是这种做法结果造成截直后的河滩岸的变化迅速，不但对航行不利，而且维持新河稳定所需费用较大。

20 世纪初，在总结河道裁弯取直的经验和教训后，改变了以上做法，对于新河线路的设计，按照上下河势成微弯的河线，先开挖小断面引河，借助水流冲至设计断面，取得较好的效果，得到广泛的应用。

### 3. 适当扩宽较窄河道

适当扩宽较窄河道的工程措施，主要适用于河道过窄或有少数突出山嘴的卡口河段。通过退堤、劈山等手段来拓宽河道，以扩大行洪断面，使上、下游河段的过水能力相适应。拓宽河道的办法有：两岸退堤再建堤防，一岸退堤再建堤防，削切河道中的滩地，对河流进行改道，山区可采取劈山拓宽。

当卡口河段无法采取以上办法，或者采取以上办法不经济时，可进行局部改道。河道拓宽后的堤防间距，要与上下游大部分河段的宽度相适应。

### 4. 对河道进行疏浚

多年来，由于暴雨、洪水和建设开发活动造成的水土流失，以及大量的生产、生活垃圾弃置河道，使我国很多河道淤积日趋严重，致使河道调蓄容量日趋减少，行洪排涝不畅，抗旱能力下降，农村航运萎缩，水环境恶化，严重影响人民的生产生活和社会经济的可持续发展。

河道具有行洪、排涝、供水、灌溉、航运、旅游、环保等综合功能，是重要的水利工程，又是水环境的重要因素。大力开展河道疏浚和综合整治是提高水利工程整体抗灾能力的重要基础，是改善水环境的重要途径，是水利现代化建设的重要形象工程。

河道疏浚就是通过爆破、机械或人工方法，开挖水下土石方的工程。对于山区河道，通过爆破和机械开挖，切除有害的石梁、暗礁，以整治险滩，满足行洪和航行的要求；对于平原河道，多采用挖泥船等机械疏浚，切除弯道内的不利滩地，扩宽河道，以提高河道的行洪、通航能力。

### 5.6.5 不同河段河道整治措施

经过多年的治河实践，针对天然河流中，不同类型（如蜿蜒型、游荡型、分汊型、顺直型）的河段，具有不同的河道形态和演变特性，我国劳动人民总结出很多成功做法。

#### 1. 蜿蜒型河段整治

蜿蜒型河段形态蜿蜒曲折。由于弯道环流作用和横向输沙不平衡的影响，弯道凹岸不断冲刷崩退，凸岸则相应会发生淤涨，河道在平面上不断发生位移，蜿蜒曲折的程度不断加剧，待发展至一定程度便会发生撇弯、削切河滩或自然裁弯。

从河道防洪的角度，弯道水流所遇到的阻力比同样长度的顺直河道要大，这势必抬高弯道上游河段的水位，对宣泄洪水不利。此外，曲率半径过小的弯道，汛期水流很不平顺，往往形成大溜顶冲凹岸的惊险局面，危及堤岸安全，从而增加防汛抢险的困难。

从河道航运的角度，由于河流过于弯曲，船只的航程增大，运输成本也必然增加。此外，蜿蜒型河段对于港埠码头、引水工程等都会产生一些不利影响。为了消除这些不利影响，有必要对其进行整治。

蜿蜒型河段的整治措施，根据河段形势可分为两大类：一是稳定河段的现状，防止其向不利的方向发展；二是改变河段现状，使其朝有利的方向发展。稳定现状的措施：当河湾发展至适度弯曲的河段时，对弯道凹岸及时加以保护，以防止弯道继续恶化，只要弯道的凹岸稳定了，过渡段也可随之稳定。改变现状措施：即因势利导，通过人工裁弯工程将迂回的河道改变为有适度弯曲的连续河湾，将河势稳定下来。

### 2. 游荡型河段整治

游荡型河段在我国以黄河下游孟津至高村河河段最为典型。该河段由于河道宽浅，两岸缺乏控制工程，河床组成物质松散，洪水暴涨陡落，泥沙淤积严重，洲滩密布，汊道众多，主流摆动频繁，且摆动幅度较大，摆动范围平均 3～4 km，最大达 7 km。

游荡型河段河势急剧变化，所造成的主要问题是：① 河势突变，常出现“横河”“斜河”，河道的主流直接冲堤岸，危及堤防的安全。② 河滩区域发生滚河，主流直冲堤段，如果抢险不及时，就会造成大堤决口。③ 河势发生急剧变化，造成滩地剧烈坍塌；沿河工农业引水困难，航运事业难以发展。

河道整治工程主要由险工和控导工程两部分组成。在经常临水的危险堤段，为防止水流掏刷堤防，依托大堤修建的丁坝、坝垛、护岸工程叫险工。为了保护滩岸，控制导流有利河势，稳定水中河槽，在滩岸上修建的丁坝、坝垛和护岸工程称为控导护滩工程，简称控导工程。险工和控导工程相互配合，共同起到控导河势、固定险工位置、保护堤岸的作用。

游荡型河段，河道洪、枯流量悬殊，河床因主流摆动而形成宽滩窄槽，为了安全行洪，必须留有足够的过洪断面，所以堤距一般较大；为了控制主流断面的变迁，稳定主槽，则必须在滩区岸线修筑必要的控导河势工程，且不能影响正常行洪。前者可以说是洪水整治措施，后者则属于中水整治范畴。

### 3. 分汊型河段整治

分汊型河段的整治措施主要有汊道的固定、改善与堵塞。其中汊道的固定与改善，目的在于调整水流，维持与创造有利河势，从而对防洪有利。而汊道的堵塞，往往是从汊道通航要求考虑，有意淤废或堵死一汊，常见的工程措施是修建锁坝。值得指出的是，从河道泄洪讲，特别是大江大河，堵塞汊道需慎之又慎。汊道的固定与改善措施如下：

1）汊道的固定

固定或者稳定汊道的工程措施，主要是在上游节点处、汊道入口处以及江心洲首尾修建河道整治建筑物。节点控制导流及稳定汊道常采用的工程措施是平顺护岸。

江心洲首、尾部位的工程措施，通常分别修建上、下分水堤。其中上分水堤又名鱼嘴，其前端窄矮，浸入水下，顶部沿流程逐渐扩宽增高，与江心洲首部平顺衔接；下分水堤的外形与上分水堤恰好相反，其平面上的宽度沿流程逐渐收缩，上部分与江心洲尾部平顺衔接。上、下分水堤的作用，分别是为了保证汊道进口和出口具有较好的水流条件和河床形式，以使汊道在各级水位时能有相对稳定的分流分沙比，从而固定江心洲和汊道。

2）汊道的改善

改善汊道包括调整水流与调整河床两方面。前者如修建丁坝或顺坝，后者如疏浚和爆破等。在采取整治措施前，应分析汊道的分流与分沙及其演变规律，根据具体情况制定相应工程方案。例如：为了改善上游河段的情况，可在上游节点修建控导工程，以控制来水来沙条件；为了改变两分汊道的分流分沙比，可在汊道入口修建顺坝或导流坝；为了改善江心洲尾部的水流状态，可在洲尾修建导流顺坝等。

#### 4. 顺直型河段整治

顺直型河段由于犬牙交错的河边滩地不断下移，使得河道处于不稳定状态，对防洪、航运、港埠和引水都不利。若将顺直型河段看作比较稳定的，并希望把突然河道整治成顺直河段，这种做法并不切合实际，也难于实现。

顺直型河段整治的整治原则：将河边滩地稳定下来，使其不向下游移动，从而达到稳定整个河段的目的。稳定河边滩地的工程措施，多采用淹没式丁坝群，坝顶高程均在枯水位以下，且一般多采用上挑丁坝，这样有利于坝处沉积落淤，促使河边滩地的淤长。

## 5.7 城市水环境综合整治

### 5.7.1 城市水环境及其特点

根据《中国水利百科全书》，广义的城市水环境主要包括城市自然生物赖以生存的水体环境、抵御洪涝灾害能力、水资源供给程度、水体质量状况、水利工程景观与周围的和谐程度等多项内容。城市的产流、汇流条件及城市供水、需水、排水系统等都不同于一般地区，城市的水环境有其自身特点，主要体现在以下几个方面：

（1）城市用水主要为生活及工业用水，供水要求质量高、水量大、水量稳定、供水保证率高，且在区域上高度集中，在时间上相对均匀，年内分配差异小，仅在昼夜间有差别。

（2）城市供水对外依赖性强。由于城市本身地域狭小，本地水资源量十分有限，可利用的程度低，且城市用水量大，一般本地水源难以满足，因此，城市供水主要依靠现有的城区外围水源地或调引客水来支持。例如山西省的太原市主要依靠城郊的兰村、西张水源地及汾河水库供水，大同则主要依靠城北、城西等几个水源地供水等。

（3）城市的水环境条件脆弱。由于城市的空间范围有限，人口密集、工业生产发达，人类的社会活动影响集中，如果没有合适的废污水处理排放系统，城市水环境将日趋恶化。同时，城市的废气、废渣排放量也很大，易于造成大气污染，形成酸雨，进而影响地表水和地下水，并危及人类健康。

（4）城市规模的不断扩大，在一定程度上改变了城市地区的局部气候条件，又进一步影响到城市的降水条件。在城市建设过程中，地表的改变使其上的辐射平衡发生了变化，空气动力糙率的改变影响了空气的运动。工业和民用供热、制冷以及机动车量增加了大气中的热量，而且燃烧把水气连同各种各样的化学物质送入大气层中。建筑物能够引起机械湍流，城市作为热源也导致热湍流。因此城市建筑对空气运动能产生相当大的影响。一般来说，强风在市区减弱而微风可得到加强，城市与其郊区相比很少有无风的时候。而城市上空形成的凝结核、热湍流以及机械湍流可以影响当地的云量和降雨量。

（5）城市化使地表水停留时间缩短，下渗和蒸发减少，径流量增加；使地下水减少、且得不到补偿。随着城市化的发展，工业区、商业区和居民区不透水面积不断增加，树木、农作物、草地等面积逐步减小，减少了蓄水空间。由于不透水地表的入渗量几乎为零，使径流总量增大，使得雨水汇流速度大大提高，从而使洪峰出现时间提前。地区的入渗量减小，地下水补给量相应减小，枯水期河流基流量也将相应减小。而城市排水系统的完善，如设置道路边沟、密布雨水管网和排洪沟等，增加了汇流的水力效率。城市中的天然河道被裁弯取直、疏浚和整治，使河槽流速增大，导致径流量和洪峰流量加大。

### 5.7.2 城市水环境综合整治的指导思路及原则

城市水环境综合整治要以科学发展观为指导，以保护水环境、保障水安全、遏制水污染、重建水生态为目标，从改善民生、促进发展、维护稳定、构建和谐社会的高度出发，通过优化布局、调整结构、控制和治理水污染、加快城乡环保基础设施建设、强化环境监管与执法等手段，切实解决水环境污染问题，提高人民群众生活环境质量，推进传统产业转型升级，促进经济社会全面可持续发展，为建设生态宜居城市环境提供良好的生态保障。

在水环境综合整治过程中，应遵循以下原则：

（1）以人为本、可持续发展的原则。坚持人水和谐，遵循自然规律，注重生态型河流建设，治理和保护好水生态环境，实现水资源的良性循环和经济社会的可持续发展。

（2）统筹规划、分步实施的原则。因地制宜，科学规划，合理利用，标本兼治，从源头实施，系统推进，统筹考虑水资源的利用与保护、现状与未来，制定分期目标，按规划分步实施，务求实效。

（3）突出重点、整体推进的原则。加强重点区域和重点流域治理，突出治理与人民群众生活密切相关和影响城市形象品位的节点。加大综合整治力度，以点带面，点面结合，推动城市水环境的改善。

（4）齐抓共管、综合治理的原则。各有关部门要强化监督管理职能，明确责任、各司其职、依法行政、齐抓共管、形成合力。结合水系特点及分布现状，兼顾生态景观、防洪治污、道路管网、土地利用等方面的要求，多管齐下，分级负责，综合整治。

（5）政府引导、社会参与的原则。采取"政府支持、市场运作、资金整合、目标管理、再建增投、良性循环、滚动发展"的运作方式，推进水环境综合整治。

（6）流域管理与属地管理相结合的原则。各行政管理部门按各自职能依法对城市水环境行使管理；各城区、开发区按属地进行管理，形成分级管理、各负其责、上下联动、运转协调、规范高效的管理新格局。

### 5.7.3 城市水环境综合治理对策

由于城市地域环境小，居民及经济建设项目集中，供水要求又高，因此，城市的水环境易受旱、涝及其他各类自然灾害的影响。而且随着城市规模及经济建设的发展，洪涝、干旱、污染等水环境问题带来的损失也将相应增大，加强城市水环境的保护与治理已是当务之急，为此提出如下对策：

**1．经济发展和水环境治理相协调，加强城市区域统一管理**

水环境治理是一个政策性强、涉及面广、关系复杂的系统工程，牵涉到社会的方方面面，必须按照可持续发展战略和系统科学思想，将水环境整治融入社会经济发展中，实施生产过程控制和末端治理相结合、开发与保护相结合、流域与区域相结合的协调共进的总体战略模式。水环境治理从单纯的水域治理到水域及周边陆域的综合治理，并从单一的河流治理到流域的综合治理，具体实施必须强调统一性，一切开发活动都必须同时考虑经济效益、社会效益和环境效益，禁止任何过度开发行为，从维持生态平衡出发，实行城市综合规划，统一管理。

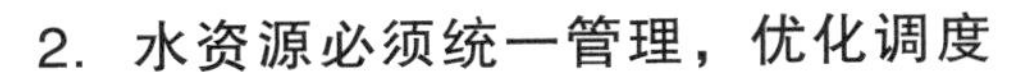

### 2. 水资源必须统一管理，优化调度

根据城市区域内自备井、自来水、当地地表径流、中（雨、污）水回用以及外调水等不同水源成本差别较大的实际情况，通过收取水资源费等措施统一协调水价，使成本各异的水源都能有效发挥作用。

### 3. 建设节水型城市

（1）“宣传”和“法制”共举，强化节水意识。积极开展节水教育宣传活动，提高群众的水忧患意识，增强全民节水的自觉性。做到时时处处节约用水；尽快制订相关的节约用水条例，并加大政策法规执行力度，各用水部门要采取各种有效的节水措施，防止跑、冒、滴、漏现象。

（2）理顺水价，用经济杠杆促进节约用水。尽快建立起水价的合理形成机制，改变水价不合理的现象，加快制订各行业用水定额，积极推广定额用水、超定额累进加价的办法。

（3）发展科技，优化技术，提高水资源利用率。在人口较集中的居民区、学校和用水较大的三产企业（如宾馆、饭店等），均应建立中水设施。将一次用水进行简单处理后，可供卫生、绿化等方面使用；注重城市雨水调蓄设施建设，合理、充分地利用雨水涵养地下水源，既能缓和城市水资源危机，又能减轻城市水涝灾害和水体污染；工矿企业，应加强循环水、冷却水等的重复利用，以降低生产成本，提高水的重复利用率。此外，在抓紧对原有工业企业进行技术改造的同时，要注重发展节水环保型产业。

### 4. 防治水污染，改善水环境质量

（1）建设和完善城市污水收集系统，建设污水处理厂，改造城市排水系统，降低水污染程度，做到达标排放，杜绝工业废水、生活污水及其他污染源进入水体。

（2）加强河道环境管理。河道底污泥疏浚不仅可使蓄水量得到有效的恢复，而且可大大减少水体的有机污染，使河网水体变清。

（3）加大执法力度，限期关停污染严重的企业。可以借鉴德国的经验，建立废水征税法，对污废水治理不善或不治理的用户，收缴较高的税金，敦促其尽快建设或加强污、废水治理工程。

## 5.7.4 城市水环境污染整治的技术措施

水环境污染整治途径包括两方面：① 减少污染物排放负荷；② 提高或充

分利用水体的自净能力。与①相应的技术措施包括清洁生产工艺、污染物排放浓度控制和总量控制、污水处理、污水引灌、氧化塘和土地处理系统等；与②相应的技术措施包括河流流量的调控、河内人工复氧和污水调节。

#### 1. 减少污染物排放负荷

（1）清洁生产工艺：对生产过程和产品实施综合防治战略，以减少对人类和环境的风险。对生产过程来说，主要包括节约原材料和能源，革除有毒材料，减少所有排放物的排污量和毒性；对产品来说，则要减少从原材料到最终处理的产品的整个生命周期对人类健康和环境的影响。

实现清洁生产的途径包括资源的合理利用、改革工艺和设备、组织厂内物料循环、产品体系改革及必要的末端治理与加强管理等。在水环境规划中，拟采取的详细的清洁生产措施要根据规划对象的具体要求来确定。

（2）浓度控制法：对人为污染源排入环境的污染物浓度所做的限量规定，以达到控制污染源排放量之目的。

（3）总量控制法：依据某一区域的环境容量确定该区域内污染物容许排放总量，再按照一定原则分配给区域内的各个污染源，同时制定出一系列政策和措施，以保证区域内污染物排放总量不超过区域容许排放总量。总量控制可分为三类：容量总量控制、目标总量控制和行业总量控制。

（4）其他技术措施：减少污染物排放负荷的技术措施有污水处理、污水灌溉、氧化塘（人工湿地）等。

#### 2. 提高或充分利用水体的自净能力

（1）人工复氧。

（2）污水调节。

（3）河流流量调控。

### 5.7.5 城市水环境综合治理技术措施

#### 1. 加快城市供水水利设置的建设步伐，为城市提供充足可靠水资源

缺水已成为城市经济发展和绿色生态家园建设发展的主要瓶颈，充足可靠的水资源是城市绿色生态环境建设、城市社会经济发展的重要物质基础。在进行城市水环境综合整治过程中，要根据城市河流和周期区域河系情况，建设一批重点的骨干水利工程项目，有效增加城市水资源的供给总量，减少城市水资源供需矛盾。同时对现有城市水利工程设施，进行全面系统的排查，结合完善

的除险加固和配套改造工程，尤其要积极发展小、微型水利工程建设，巩固和提高城市现有水利工程的综合和运行效益，有效提高水资源利用效率。

### 2. 充分调动居民水环境修复保护积极性，全面开展街村河道整治工作

在城市水环境整治过程中，城市居民是整个整治工作开展的主体，要加强党员先进性教育培训，充分调动城市居民水环境修复保护积极性，全面开展村庄河塘疏浚整治工作，以城市内部村庄河塘疏浚工作为首，全面掀起城中村河道疏浚整治工作，按照“沟通水系、调活水体、营造水景、改善环境”等整治工作开展思路，有效推动城市水环境整治工作中在城市居民中自发开展。

### 3. 建立完善系统城市污水收集系统，逐步回复城市水环境修复能力

恢复城市水环境自愈和自洁净功能，首选要杜绝城市水环境污染源。要恢复城市清澈的河水和绿色生态平衡系统，必须建设完善系统的污水收集和排放处理系统，杜绝工业废水、生活污水以及其他污染源直接进入城市水环境中。如建设污水处理厂、重新规划城市污水排放和雨水收集系统、加强城市防洪水利工程功能巩固工程建设等。

### 4. 建立以水为主干的城市绿化系统，提高城市绿化美观水平

充分结合城市原有的河道体系，通过科学合理的规划建设，将绿地、休闲以及步行体系等有机结合起来，形成以水为主干的城市绿化生态系统。在城市河道治理过程中，要因地制宜采用多元化、多样性河道护岸方案来加固河道堤防性能，要大力推广采取纯生态的绿色环保植物防护措施，尽量少用或不用浆砌石来进行护岸。

# 第6章 山洪防治与城市排涝

山区、半山区在荒山秃岭，山坡植被破坏地区，暴雨以后径流很快大量集中，造成山坡冲刷，水土流失，以致造成严重危害。治理山洪必须从分析形成山洪的原因着手，因地制宜进行整治，多年治理实践证明，采取综合治理措施，效果明显。植物措施主要是植树造林和合理耕种以延缓径流和分散径流的汇集，减少雨水对土壤的侵蚀，工程措施主要是进行沟头防护，修筑谷坊、塘坝、跌水、排洪渠道和堤防等构筑物治理山洪沟，免除山洪对下游的危害。

## 6.1 山坡水土保持

坡面的植被、地形、地质等因素对山洪的形成和大小影响极大，因此做好山坡的水土保持工作对防治山洪有着非常重要的作用。山坡坡角大于 45° 时，常采用植树种草；山坡角度在 25° ~ 45°，可以挖鱼鳞坑和水平截水沟；山坡下部坡角在 25° 以下常为坡耕地。山坡水土保持应根据山坡具体情况可同时采用两种措施，如结合挖鱼鳞坑或水平截水沟在沟边植树以防止山坡水土流失。

### 6.1.1 植树种草

山坡植物被覆遭到破坏，是山洪灾害产生和加剧的主要原因，因此山沟治理应首先从改善山坡植物被覆着手，除保护原有植物被覆不遭破坏外，还要植树种草，以加速改善山坡被覆状况。

树木具有浓密的枝叶和庞大的树冠，当雨水落在树冠上以后，绝大部分经过植物密集的叶、枝、树干流到林地上，使雨滴失去了冲击力。同时由于林区和草地的土壤被植物根系所固结，增加了土壤的抗冲能力。另一方面，植树种草后增加了山坡的粗糙度和含水性，从而能防治山坡水土流失。

山坡种植的树木和草类应具备以下特性：

（1）根部发达，密生须根；种子繁多，生长迅速，根及枝叶易于发育。

（2）枝叶茂盛，覆盖面积较大；生有地下茎和匍匐茎，能长成丛密的草皮。

（3）生存能力强，能适应各种环境而生长；具有耐牧性，放牧后生机易恢复。

（4）具有持久性，长成后能历久不衰。

山坡土壤、气候等条件较好时，可全部造林；在土层较薄的山坡，一般应首先采用封坡育草、封山育林，使山坡先生长杂草和灌木，待改良了土壤水分等条件后，再栽植乔灌木。我国目前各地栽培的固坡树木和草类有橡树、栎树、洋槐、臭椿、油松、砂柳、葛藤、紫花苜宿、草木樨、紫穗槐、柠条、偏穗鹅冠草、无芒草等，林带宽度一般为 20 ~ 40 m，视山坡坡度而定，山坡较陡，林带宽度应取大值。

在比较干旱和上层较薄的地区可结合挖鱼鳞坑和水平截水沟，在沟边和坑内植树。

在山坡上种草固坡，可采用品子形穴播发，穴距为 0.2 m × 0.2 m，然后利用草类的蔓生和葡生根等易于繁殖的特性，逐年连成一片，形成密厚的草层。

## 6.1.2　鱼鳞坑和水平截水沟

鱼鳞坑和水平截水沟的作用，主要是拦截山坡径流，减缓水势，以达到保护水土的目的。为了保护鱼鳞坑和水平截水沟的土壤免遭冲刷，宜在坑内和沟边植树，同时，由于它们的保水作用使树木更宜成活和生长。

鱼鳞坑一般长 0.8 ~ 1.2 m，宽 0.4 ~ 0.6 m，深 0.30 ~ 0.50 m，梗高 0.20 ~ 0.40 m，坑距为 1.5 ~ 2.5 m 按交叉排列，如图 6-1 所示。如要栽果树则鱼鳞坑的尺寸可大些，长 1.5 m，宽 0.8 ~ 1.0 m，深 0.5 ~ 0.7 m，行距和坑距为 5 ~ 7 m。

栽果树的鱼鳞坑，为了拦蓄更多的坡水，除培埂外，还应在坑的左右角上各开一条拦水小沟。

在挖坑时应首先将表土留在一边，用坑心土培埂，并稍超挖深一点，再回填土，树就种在已经刨松的表土上，其位置应在坑中下部，接近上埂处。

水平截水沟一般沟长为 4 ~ 6 m，沟上口宽为 0.8 m，底沟宽为 0.3 m，沟深为 0.3 ~ 0.4 m，沟下侧土埂顶宽为 0.2 ~ 0.3 m，沟间斜距（$L$）为 3.0 ~ 3.5 m，两沟沟头距离（$b$）为 0.5 ~ 1.0 m，成交叉形排列。树植于沟内斜坡上，如图 6-2 所示。

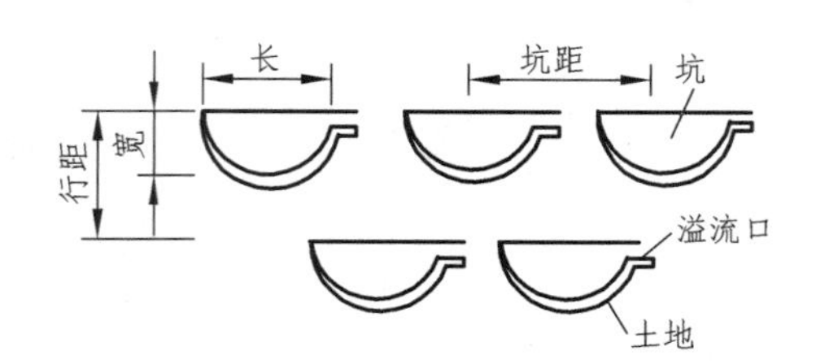


图 6-1　鱼鳞坑平面布置

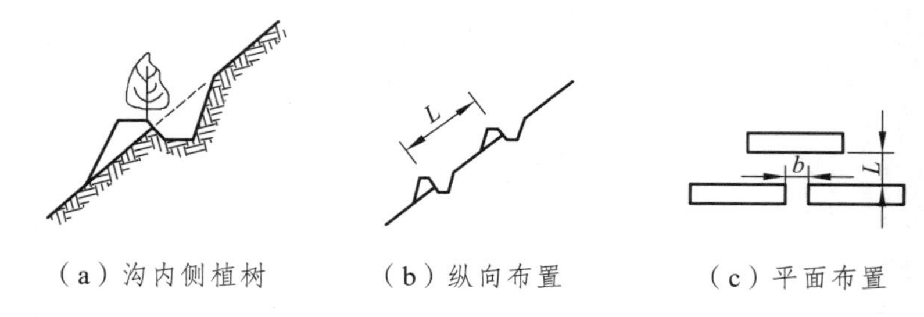


（a）沟内侧植树　　（b）纵向布置　　（c）平面布置

图 6-2　水平截水沟布置

水平截水沟适用于坡面较大、较规则的山坡；鱼鳞坑适用于冲沟较发育、坡面较破碎的山坡，水平截水沟和鱼鳞坑也可同时参差布置。总之，应根据山坡坡度和土质情况，因地制宜地进行布置，最大限度地拦截山坡径流，达到保持水土的目的。

## 6.2　跌水和陡坡

### 6.2.1　跌　水

使上游渠道或水域的水安全地自由跌落入下游渠道或水域的落差建筑物。用于调整引水渠道的底坡，克服过大的地面高差而引起的大量挖方或填方，将天然地形的落差适当集中所修筑的阶式建筑物称为跌水。

跌水一般修建在纵坡较陡、流速较大的沟槽段、纵坡突然变化的陡坎处、台阶式沟头防护以及支沟入干沟的入口处。设置跌水消能、避免深挖高填的情况。在陡坡或深沟地段设置的沟底为阶梯形，水流呈瀑布跌落式通过的沟槽。

根据落差大小，跌水可分为单级跌水和多级跌水。以砌石和混凝土建造者居多。

### 1. 单级跌水

在落差较小的情况下，一般 3 ~ 5 m 的落差时，采用单级跌水。单级跌水由 5 部分组成，详见图 6-3。

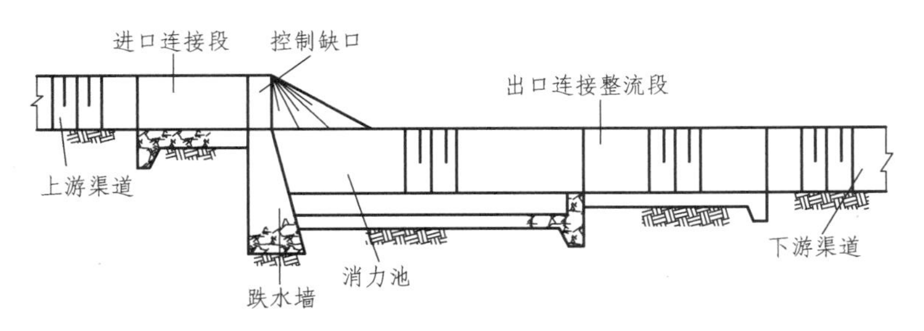


图 6-3　单级跌水纵剖面图

（1）进口连接段：上游渠道和控制堰口间的渐变段。常用形式有扭曲面、八字墙等。

（2）控制缺口：控制上游渠道水位流量的咽喉，也称控制堰口。它控制和调节上游水位和通过的流量，常见缺口断面形式有矩形、梯形等，可设或不设底槛，可安装或不安装闸门。矩形缺口只能在通过设计流量时使缺口处水位与渠道水位相近，而在其他流量时，上游渠道将产生壅水或降水现象。梯形缺口较能适应上游渠道水位流量关系的变化，在实际中广泛采用。为了减小上游水面降落段长度，也可将缺口底部抬高做成抬堰式缺口。渠道底宽和流量较大时，可布置成多缺口。有时在控制缺口处设置闸门，以调节上游渠道水位。

（3）跌水墙：跌坎处的挡土墙，用以承受墙后填土的压力，有竖直式及倾斜式两种，在结构上跌水墙应与控制缺口连结成整体同控制堰口连结成整体。

（4）消力池：位于跌坎之下，其平面布置有扩散和等宽两种形式。横断面有矩形、梯形、复合断面形，用于消除因落差产生的水流动能。

（5）出口连接段：作用是调整出池水流，将水流平稳引至下游渠道。

### 2. 多级跌水

落差在 5 m 以上时，一般采用多级跌水。多级跌水的结构与单级跌水相似。其中间各级的上级跌水消力池的末端，即下一级跌水的控制堰口。多级跌水的分级数目和各级落差大小，应根据地形、地基、工程量、建筑材料、施工条件及管理运用等综合比较确定。一般各级跌水均采用相同的跌差与布置。跌水设计需要解决的主要问题是上游平顺进流和下游充分消能。

## 6.2.2 陡　坡

使上游渠道（或水库、排水区）的水流沿陡槽下泄到下游渠道（或河、沟、库、塘）的连接建筑物。普遍用于渠道落差集中处，也常作为渠道上的排洪、退水及泄水建筑物。

根据落差大小，陡坡可做成单级陡坡或多级陡坡。

### 1. 单级陡坡

单级陡坡通常由五部分组成：进口连接段、控制缺口、陡坡段、消能池和出口连接整流段，详见图 6-4。

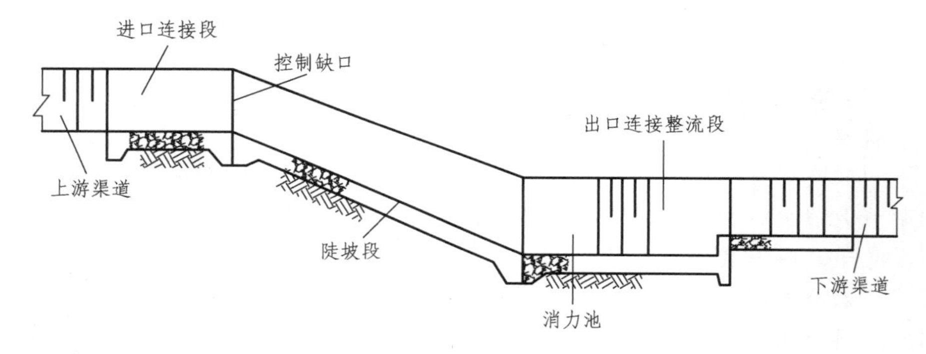


**图 6-4　单级陡坡纵剖面图**

其中进口连接段、控制缺口和出口连接整流段的结构布置与跌水的相应部分相同。陡坡段用作连接控制缺口及消能设施。底坡一般大于临界坡，常用坡比为 1∶10～1∶3。在平面布置上，底部可做成等宽、逐渐扩散和菱形等形式。落差较大时，进口后常接一收缩渐变段，以减少工程量。横断面有矩形、梯形或渐变扭曲扩散梯形等形式，工程中多采用梯形。陡坡底部常加设增加阻力的糙条，其形式有人字形、双人字形、交错式、棋盘式等。消能设施一般多采用消力池。用作泄水、退水陡坡的消能设施，则依情况采用面流消能设施、消力戽或挑流消能设施。

### 2. 多级陡坡

当落差很大时，可采用多级陡坡。多级陡坡第一级进口连接段与末一级出口连接整流段的布置形式与单级陡坡相同，其间各级常采用相同的跌差及布置尺寸。陡坡设计要解决的主要问题是上游平顺进流和下游充分消能。

# 6.3 排洪渠道设计

排洪渠道指为了预防洪水灾害而修筑的沟渠，也叫排洪沟。在遇到洪水灾害时能够起到泄洪作用。一般多用于矿山企业生产现场，也可用于保护某些建筑物或者工程项目的安全，提高抵御洪水侵害的能力。

根据排洪渠埋置形式，排洪渠可分为排洪明渠和暗渠。

## 6.3.1 排洪明渠

### 1. 渠线走向

（1）在设计流量确定后，渠线走向是工程的关键，要多做些方案比较。

（2）与城市总体规划密切结合。

（3）从排涝安全角度，应选择分散排放渠线。

（4）尽可能利用天然沟道，若天然沟道不顺直或因城市规划要求，必须将天然沟道部分或全部改道时，则要使水流顺畅。

（5）渠线走向应选在地形较平缓，地质稳定地带，并要求渠线短；最好将水导至城市下游，以减少河水顶托；尽量避免穿越铁路和公路，以减少交叉构筑物；尽量减少弯道；要注意应少占或不占耕地，少拆或不拆房屋。

### 2. 进出口布置

（1）选择进出口位置时，充分研究该地带的地形和地质条件。

（2）进口布置要创造良好导流条件，一般布置成喇叭口形，如图 6-5 所示。

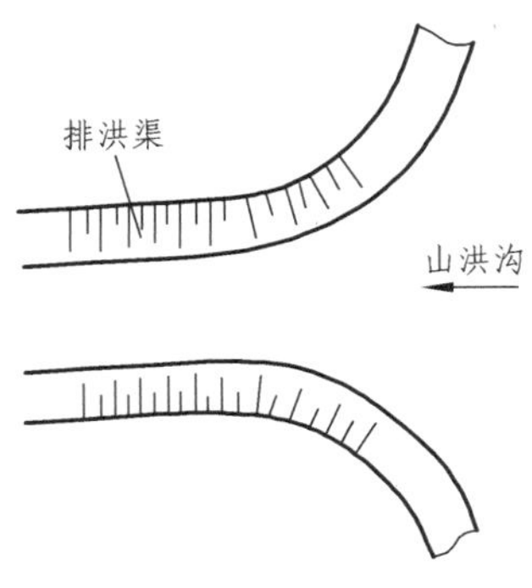


图 6-5　排洪明渠进口

（3）出口布置要使水流均匀平缓扩散，防止冲刷。

（4）当排洪明渠不穿越防洪堤，直接排入河道时，出口宜逐渐加宽成喇叭口形状，喇叭口可做成弧形或八字形，如图 6-6 所示。

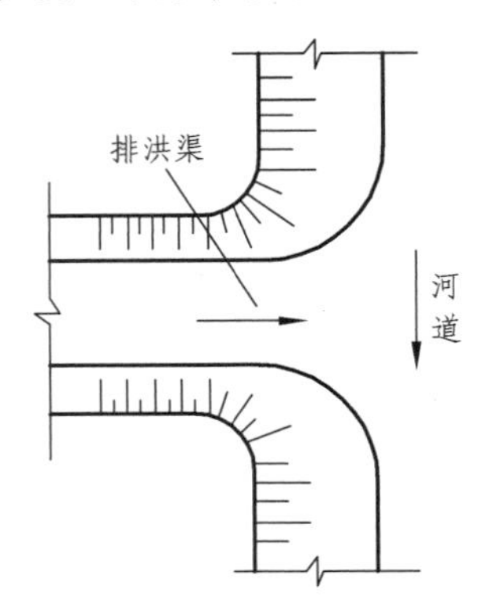


图 6-6　排洪明渠出口

（5）排洪明渠穿越防洪堤时，应在出口设置涵闸。

（6）出口高差大于 1 m 时，应设置跌水。

### 3. 构造要求

（1）排洪明渠设计水位以上安全超高，一般采用 0.3 ~ 0.5 m，如果保护对象有特殊要求时，安全超高可以适当加大。

（2）排洪明渠沿线截取几条山洪沟或几条截洪沟的水流时，其交汇处尽可能斜向下游，并成弧线连接，以便水流均匀平缓地流入渠道内。

（3）渠底宽度变化时，设置渐变段衔接，为避免水流速度突变，而引起冲刷和涡流现象，渐变段长度可取底宽差的 5 ~ 20 倍，流速大者取大值。

（4）设计流量较大，为了在小流量时减少淤积，明渠宜采用复式过水断面，使排泄小流量时，主槽过水仍保持最小容许流速。

（5）进口段长度可取渠中水深的 5 ~ 10 倍，最小不得小于 3 m。

（6）出口经常处于两股水流冲刷，应设置于地质、地形条件良好的地段，并采取护砌措施。

（7）在纵坡过陡或突变地段，宜设置陡坡或跌水来调整纵坡。

（8）流速大于明渠土壤最大容许流速时，应采取护砌措施防止冲刷。

### 4. 水力计算

（1）流速计算公式：排洪明渠是按均匀流计算，其流速计算公式为

$$v = C\sqrt{Ri} \tag{6-1}$$

式中　$v$——平均流速（m/s）；
$R$——水力半径（m）；
$i$——渠底纵坡；
$C$——流速系数。

$$C=\frac{1}{n}R^{1/6} \text{ 或 } C=\frac{1}{n}R^{y} \quad (6\text{-}2)$$

其中　$n$——糙率；
$y$——指数，可按下式计算：

$$y=2.5\sqrt{n}-0.13-0.75\sqrt{R}(\sqrt{n}-0.1)$$

指数 $y$ 可近似地按下面所列数值选用：

当 $R<1.0$ m 时，$y\approx1.5\sqrt{n}$。

当 $R>1.0$ m 时，$y\approx1.3\sqrt{n}$。

亦可根据 $n$ 值按表 6-1 所列数值选用。

表 6-1　$y$ 值

| $n$ | $y$ | $n$ | $y$ |
|---|---|---|---|
| $0.01<n<0.015$ | 1/6 | $0.025<n<0.04$ | 1/4 |
| $0.015<n<0.025$ | 1/5 | | |

（2）排洪能力计算：排洪明渠的排洪能力，系指在一定的正常水深下明渠通过的流量。在正常水深下明渠通过的流量为

$$Q=\omega v=\omega C\sqrt{Ri}=K\sqrt{i} \quad (6\text{-}3)$$

式中　$Q$——排洪明渠在正常水深下通过的流量（$m^3/s$）；
$\omega$——排洪明渠过水断面面积（$m^2$）；
$K$——流量模数（$m^3/s$），$K=\omega C\sqrt{R}$。

### 5. 容许流速

为了防止排洪明渠在排洪过程中，产生冲刷和淤积，影响渠道稳定与排洪能力，以致达不到设计要求，因此在设计渠道断面时，要将流速控制在既不产生冲刷，又不产生淤积的容许范围之内。

（1）最大容许不冲流速：最大容许不冲流速 $v_{max}$ 取决于沟床的土壤或衬砌材料。

1）无黏性土壤

当 $50 \leqslant \dfrac{R}{\bar{d}} \leqslant 5\ 000$ 时：

$$v_{\max} = B\sqrt{\bar{d}}\ln\frac{R}{7\bar{d}} \tag{6-4}$$

式中　$v_{\max}$——最大容许不冲流速（m/s）；

$B$——系数，对于紧密土壤约等于 4.4，对于疏松土壤约等于 3.75；

$\bar{d}$——土壤颗粒的平均直径（m），即土壤基本部分的各种颗粒的直径的算术平均值；

$R$——水力半径（m）。

当 $\dfrac{R}{\bar{d}} < 50$ 时，可按式（6-5）计算：

$$v_{\max} = 3.13\sqrt{\bar{d}}\,f\left(\frac{R}{\bar{d}}\right) \tag{6-5}$$

式中，$f\left(\dfrac{R}{\bar{d}}\right)$ 是 $\dfrac{R}{\bar{d}}$ 的函数，其值可按表 6-2 采用。

**表 6-2　$f\left(\dfrac{R}{\bar{d}}\right)$ 值**

| $\dfrac{R}{\bar{d}}$ | 50 | 40 | 30 | 20 | 15 | 10 | 5 | 2 | 1 |
|---|---|---|---|---|---|---|---|---|---|
| $f\left(\dfrac{R}{\bar{d}}\right)$ | 2.7 | 2.5 | 2.3 | 2.1 | 2 | 1.95 | 1.9 | 1.9 | 1.85 |

2）黏性土壤

当排洪明渠水力半径 $R = 1.0 \sim 3.0$ m 时，最大容许流速 $v_{\max}$ $v_{\max}$ 可参照表 6-3 选用。

（2）最小容许不淤流速：最小容许不淤流速可按经验公式（6-6）计算：

$$v_{\min} = 0.01\frac{\omega}{\sqrt{\bar{d}}}\sqrt[4]{\frac{p}{0.01}\frac{0.022\ 5}{n}}\sqrt{R} \tag{6-6}$$

式中　$v_{\min}$——最大容许不淤流速（m/s）；

$\omega$——直径 $d = d'$ 的颗粒的水力粗度，即沉降速度（m/s）；

$\bar{d}$ ——悬移质泥沙主要部分颗粒的平均直径（mm）；

$p$ ——粒度≥0.25 mm 的悬移质泥沙重量百分比；

$n$ ——粗糙系数；

$R$ ——水力半径（m）。

**表 6-3　黏性土壤不冲流速**

| 土壤种类 | $v_{max}$/（m/s） | 土壤种类 | $v_{max}$/（m/s） |
|---|---|---|---|
| 松砂壤土 | 0.7 ~ 0.8 | 黏土：软 | 0.7 |
| 紧密砂壤土 | 1.0 | 黏土：正常 | 1.20 ~ 1.40 |
| 砂壤土：轻 | 0.7 ~ 0.8 | 黏土：实 | 1.50 ~ 1.80 |
| 砂壤土：中等 | 1.10 | 淤泥质土壤 | 0.50 ~ 0.60 |
| 砂壤土：密实 | 1.10 ~ 1.20 | | |

注：① 当渠道的水力半径 $R > 3.0$ m 时，上述不冲流速可予以加大；当渠道 $R \approx 4.0$ m 时，加大约 5%；当渠道 $R \approx 5.0$ m 时，加大约 6%。

② 对于用圆石铺面衬砌的渠道，或用沥青深浸方式衬砌的渠道，可采用 $v_{max} \approx$ 2.0 m/s。

悬移质泥沙主要部分的平均直径 $\bar{d}$ 等于 0.25 mm 时，其最小不淤流速可按式（6-7）计算。

$$v_{min} = 0.5\sqrt{R} \tag{6-7}$$

如果水流中所含 $d > 0.25$ mm 的泥沙量不超过 1%（重量比）时，则水力半径 $R = 1$ m 的渠道的最小不淤流速可以用表 6-4 按 $\bar{d}$ 值近似予以确定。

**表 6-4　最小不淤流速值**

| $\bar{d}$ / mm | $v_{min}$ /(m/s) | $\bar{d}$ / mm | $v_{min}$ /(m/s) | $\bar{d}$ / mm | $v_{min}$ /(m/s) |
|---|---|---|---|---|---|
| 0.1 | 0.22 | 1.0 | 0.95 | 2.0 | 1.10 |
| 0.2 | 0.45 | 1.2 | 1.00 | 2.2 | 1.10 |
| 0.4 | 0.67 | 1.4 | 1.02 | 2.4 | 1.11 |
| 0.6 | 0.82 | 1.6 | 1.05 | 2.6 | 1.11 |
| 0.8 | 0.90 | 1.8 | 1.07 | 3.0 | 1.11 |

注：对于 $R \neq 1.0$ m 的渠道，则表中所列的 $v_{min}$ 值，必须相应地乘以 $\sqrt{R}$。如 $\bar{d} = 1.0$ mm，$R = 2.0$ m，则最小不淤流速 $v_{min} = 0.95\sqrt{2} \approx 1.35$ m/s。

## 6.3.2 排洪暗渠

我国不少城市地处半山区或丘陵区，山洪天然冲沟往往通过市区，给市容、环境卫生和交通运输带来了一系列问题，使道路的立面规划和横断设计也受到限制，因此要采用部分暗渠或全部暗渠。

### 1. 分 类

（1）按断面形状分类：暗渠断面形状较多，一般常用的有以下 3 种：

① 圆形暗渠，如图 6-7（a）所示。

② 拱形暗渠，如图 6-7（b）所示。

③ 矩形暗渠，如图 6-7（d）所示。

（2）按建筑材料分类：

① 钢筋混凝土结构暗渠，如图 6-7（a）、6-7（b）所示。

② 混凝土结构暗渠，如图 6-7（e）所示。

③ 砌混凝土预制块结构，如图 6-7（c）所示。

④ 砌石混合结构暗渠，如图 6-7（f）所示。

（3）按孔数分类：

① 单孔暗渠，如图 6-7（a）所示。

② 多孔暗渠，如图 6-7（c）所示。

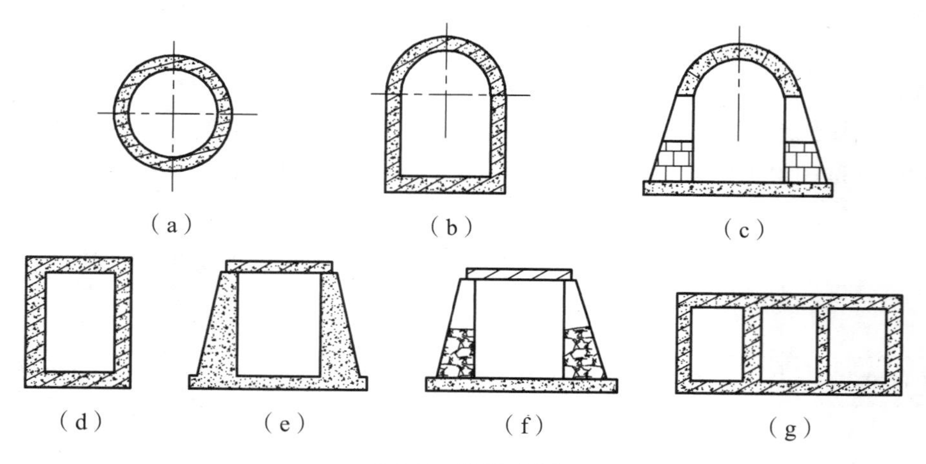


图 6-7 排洪暗渠

### 2. 布 置

1）布置要求

除满足排洪明渠布置要求外，还要注意以下事项：

① 要特别注意与城市道路规划相结合。

② 在水土流失严重地区，在进口前可设置沉砂池，以减少渠内淤积。

③ 对地形高差较大的城市，可根据山洪排入水体的情况，分高低区排泄。高区可采用压力暗渠。

④ 暗渠内流速不得小于 0.7 m/s。

⑤ 在进口处要设置安全防护设施，以免泄洪时发生人身事故。但不宜设格栅，以免杂物堵塞格栅造成洪水漫溢。

⑥ 进口与山洪沟相接时，应设置喇叭口形或八字形导流墙，如图 6-8 所示；如与明渠相接，进口导流墙可为一字墙式、扭曲面、喇叭口、八字形等，如图 6-9 所示。

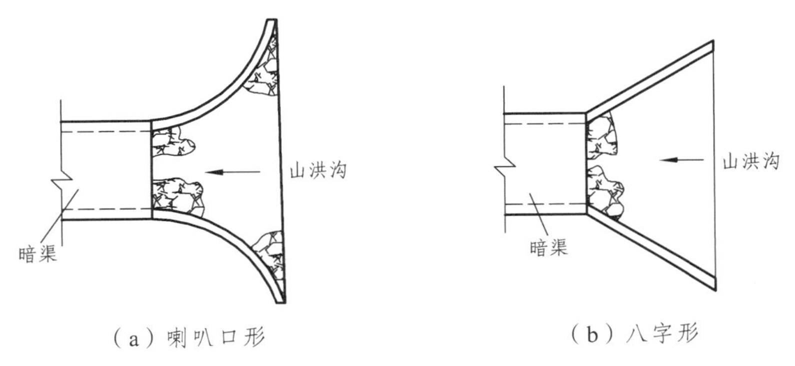


（a）喇叭口形　　（b）八字形

**图 6-8　进口与山洪沟相接**

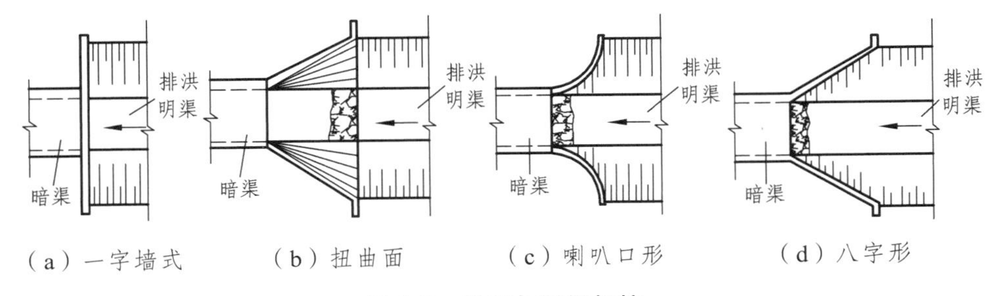


（a）一字墙式　（b）扭曲面　（c）喇叭口形　（d）八字形

**图 6-9　进口与明渠相接**

⑦ 当出口不受洪水顶托时，布置形式如图 6-10 所示；受洪水顶托时，布置形式如图 6-11 所示。

2）构造要求

① 暗渠设在车行道下面时，覆土厚度不宜小于 0.7 m。

② 在寒冷地区，暗渠埋深应不小于土壤冻结深度。

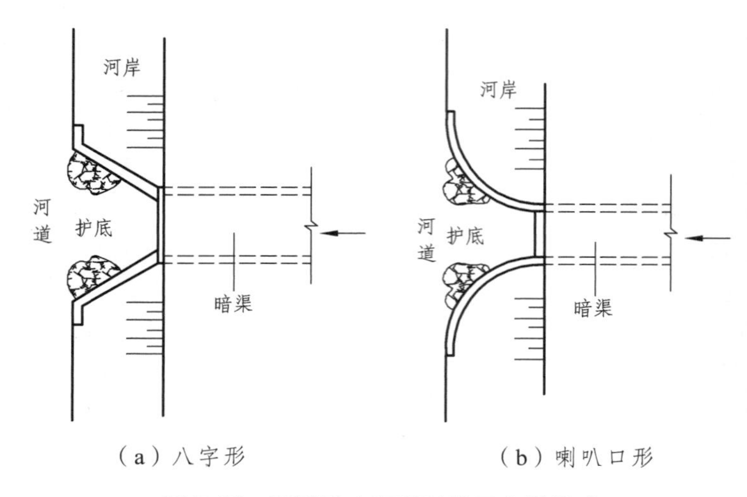


（a）八字形　　（b）喇叭口形

图 6-10　不受洪水顶托时出口布置形式

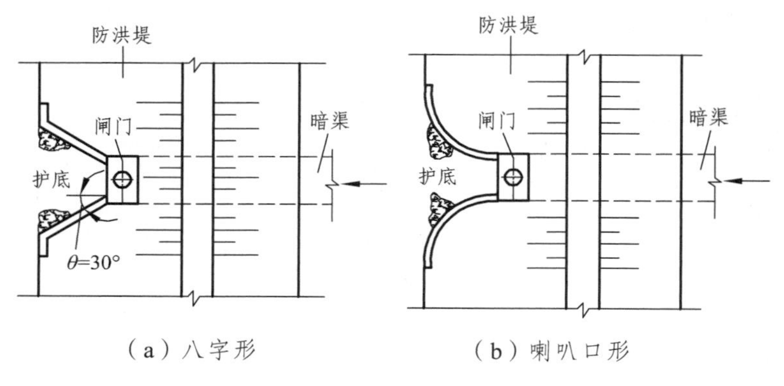


（a）八字形　　（b）喇叭口形

图 6-11　受洪水顶托时出口布置形式

③ 为了检修和清淤，应根据具体情况，100～300 m 设一座检查井。在断面、高程、方向变化处增设检查井。

④ 暗渠受河水倒灌而引起灾害时，在出口设置闸门。

### 3. 排洪能力计算

（1）无压流：暗渠为无压流时，排洪能力对矩形和圆形暗渠系指满流时通过的流量，对拱形暗渠系指渠道内水位与直墙齐平时通过的流量，可按式（6-8）计算，即

$$Q = \omega C\sqrt{Ri} \quad (\mathrm{m^3/s}) \tag{6-8}$$

（2）压力流：暗渠为压力流时，可分为短暗渠与长暗渠两种情况。根据工

程技术条件，需要详细考虑流速水头和所有阻力（沿程损失和局部阻力）计算的情况，称为短暗渠；而沿程损失起决定性作用的，局部阻力和流速水头小于沿程损失的 5%，可以忽略不计的情况，称长暗渠。

① 短暗渠。

a. 自由出流，如图 6-12 所示。

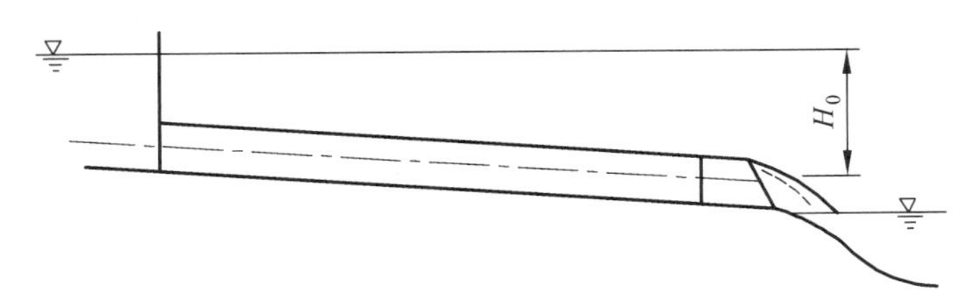


图 6-12　压力暗渠自由出流

排洪能力计算按式（6-9）计算：

$$Q = \mu_0 \omega \sqrt{2gH_0} \quad (\mathrm{m^3/s}) \tag{6-9}$$

式中　$g$——重力加速度（$\mathrm{m/s^2}$）。

$\omega$——暗渠横断面面积（$\mathrm{m^2}$）。

$\mu_0$——流量系数（m）：

$$\mu_0 = \frac{1}{\sqrt{1 + \lambda \dfrac{l}{4R} + \sum \xi}}$$

$H_0$——总水头（m）：

$$H_0 = H + \frac{v_0^2}{2g} = \frac{v^2}{2g} + h_\mathrm{f} + \sum h_\mathrm{j}$$

其中　$v$——暗渠流速（m/s）。

$H$——上游水位与暗渠出口中心高程之差（m）。

$h_\mathrm{f}$——沿程损失（m）。

$\sum h_\mathrm{j}$——局部水头损失总和（m）：

$$\sum h_\mathrm{j} = \sum \xi \frac{v^2}{2g}$$

其中　$\sum \xi$——各局部阻力系数之和。

$$h_f = \lambda \frac{l}{4R} \frac{v^2}{2g}$$

其中　$\lambda$——沿程阻力系数，$\lambda = \frac{8g}{C^2}$；

$R$——水力半径，圆管暗渠 $R = \frac{d}{4}$，$d$ 为直径（m）；

$l$——暗渠长度（m）。

当行近流速 $v_0$ 很小时，行近流速水头 $\frac{v_0^2}{2g}$ 可以忽略不计，则流量按式（6-10）计算：

$$Q = \mu_0 \omega \sqrt{2gH} \quad (\mathrm{m^3/s}) \tag{6-10}$$

b. 淹没出流。

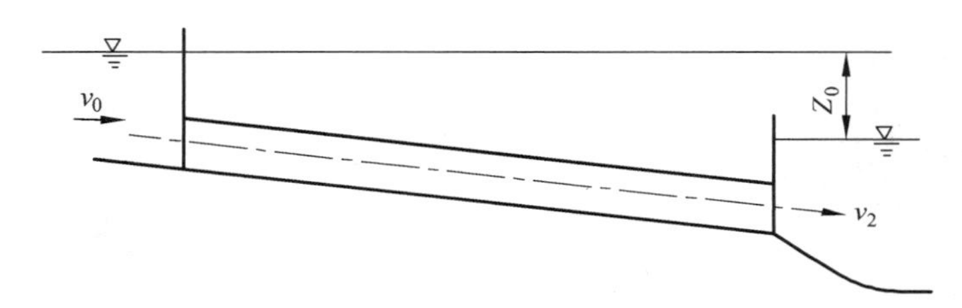


图 6-13　压力暗渠淹没出流

排洪能力计算按式（6-11）计算：

$$Q = \mu_0 \omega \sqrt{2gZ_0} \quad (\mathrm{m^3/s}) \tag{6-11}$$

式中　$Z_0$——包括行近流速水头在内的作用水头（m）：

$$Z_0 = Z + \frac{v_0^2}{2g} = \frac{v_2^2}{2g} + h_f + \sum h_j$$

其中　$v_2$——暗渠出口流速（m/s）。

当 $v_0$ 和 $v_2$ 较小时，$\frac{v_0^2}{2g}$ 及 $\frac{v_2^2}{2g}$ 可以忽略不计时，则上式可写成：

$$Z = h_f + \sum h_j = \frac{v_2^2}{2g}\left(\lambda \frac{l}{4R} + \sum \xi\right) \tag{6-12}$$

② 长暗渠。

a. 自由出流：在不考虑行近流速水头，局部损失和流速水头情况下：

$$Q = k\sqrt{\frac{H}{l}} = \omega C\sqrt{RJ} \quad (\mathrm{m^3/s}) \tag{6-13}$$

b. 淹没出流：

$$Q = K\sqrt{\frac{Z}{l}} = \omega C\sqrt{RJ} \quad (\mathrm{m^3/s}) \tag{6-14}$$

# 6.4　截洪沟

截洪沟是拦截山坡上的径流，使之排入山洪沟或排洪渠内，以防止山坡径流到处漫流，冲蚀山坡，造成危害，如图 6-14 所示。

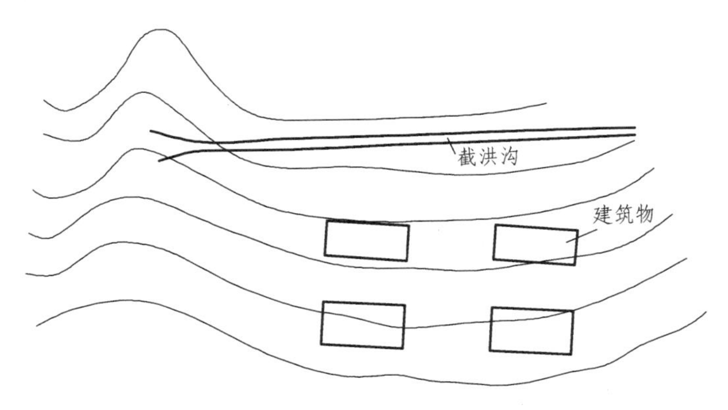


图 6-14　截洪沟平面

## 6.4.1　布　置

1）设置截洪沟的条件

（1）根据实地调查山坡土质、坡度、植被情况及径流计算，综合分析可能产生冲蚀的危害，设置截洪沟。

（2）建筑物后面山坡长度小于 100 m 时，可作为市区或厂区雨水排出。

（3）建筑物在切坡下时，切坡顶部设置截洪沟，以防止雨水长期冲蚀而发生坍塌或滑坡，如图 6-15 所示。

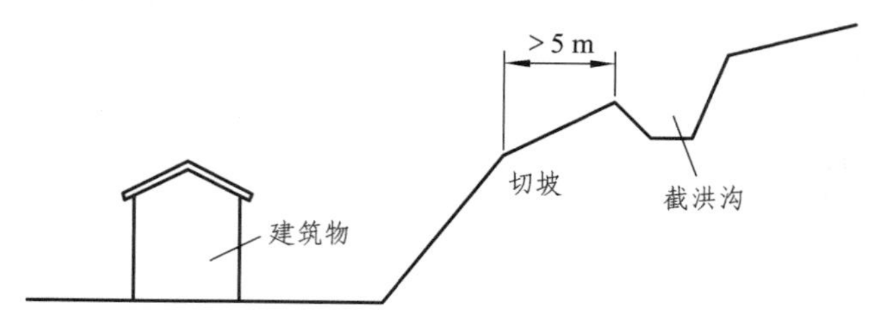


图 6-15　切坡上截洪沟

2）截洪沟布置基本原则

（1）必须密切结合城市规划或厂区规划。

（2）应根据山坡径流、坡度、土质及排出口位置等因素综合考虑。

（3）因地制宜，因势利导，就近排放。

（4）截洪沟走向宜沿等高线布置，选择山坡缓，土质较好的坡段。

（5）截洪沟以分散排放为宜，线路过长、负荷大，易发生事故。

3）构造要求

（1）截洪沟起点沟深应满足构造要求，不宜小于 0.3 m；沟底宽应满足施工要求，不宜小于 0.4 m。

（2）为保证截洪沟排水安全，应在设计水位以上加安全超高，一般不小于 0.2 m。

（3）截洪沟弯曲段，当有护砌时，中心线半径一般不小于沟内水面宽度的 2.5 倍；当无护砌时，用 5 倍。

（4）截洪沟沟边距切坡顶边的距离应不小于 5 m。

（5）截洪沟外边坡为填土时，边坡顶部宽度不宜小于 0.5 m。

（6）截洪沟内水流流速超过土质容许流速时，应采取护砌措施。

（7）截洪沟排出口应设计成喇叭口形，使水流顺畅流出。

4）截洪沟构造形式

截洪沟的构造形式主要取决于山坡的坡度和流速。主要构造形式如图 6-16 所示。

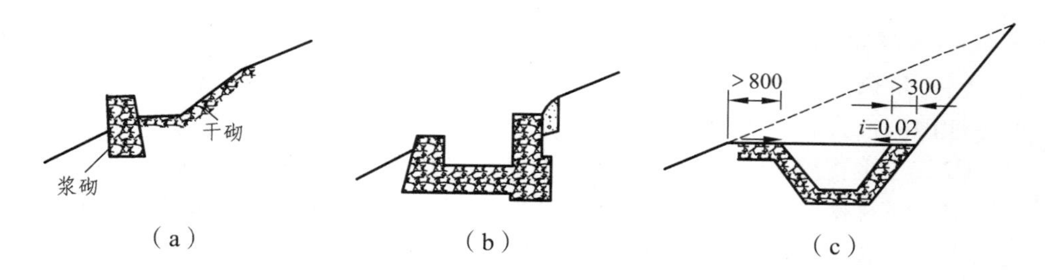

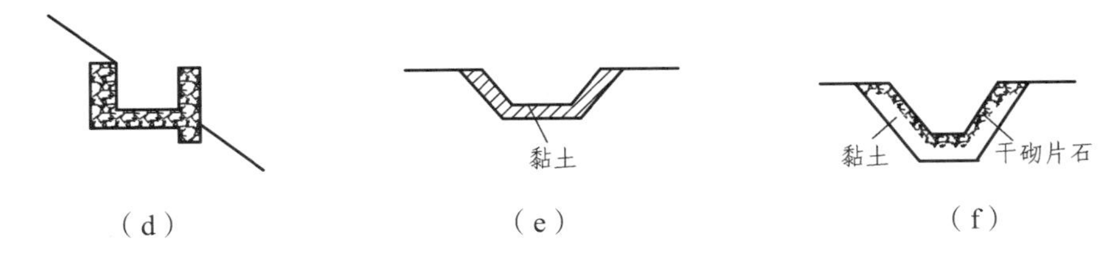


图 6-16　截洪沟构造的各种形式

### 6.4.2　水力计算

截洪沟水力计算按明渠均匀流公式计算，其计算方法和步骤与排洪明渠相同。

截洪沟沿途都有水流加入，流量逐渐增大，为了使设计的断面经济合理，当截洪沟较长时，最好分段计算，一般以 100 ~ 300 m 分为一段。在截洪沟断面变化处，用渐变段衔接，以保证水流顺畅。

## 6.5　城市排涝规划

城市防洪工程规划设计是指城市范围内的江（河）洪、海潮、山洪和泥石流防治等防洪工程的规划、设计，应以城市总体规划及所在江河流域防洪规划为依据，进行全面规划、综合治理、统筹兼顾。

城市防洪工程又是流域防洪工程中非常重要的一部分，对于特大洪水，必须依赖于流域性的洪水调度才能确保城市的安全。

城市防洪工程规划具有综合性特点，专业范围广，涉及的市政设施也多。因而在城市防洪工程规划中应统筹考虑，相互协调，全面配合，即要保证城市防洪安全，又要避免相互矛盾和干扰，满足各部门要求。

城市排涝工程规划主要包括三方面内容：雨水管道及泵站系统规划、城市排水河道规划以及城市雨水控制与调蓄设施规划。

1）雨水管道及泵站系统规划

此部分规划内容与传统的城市雨水排除规划内容基本一致，在确定排水体制、排水分区的基础上，进行管道水力计算，并布置排水管道及明渠。

2）城市排水河道规划

此部分规划内容与传统的城市河道治理规划内容基本一致，在确定河道规划设计标准及流域范围的基础上，进行水文分析，并安排河道位置及确定河道纵横断面。

3）城市雨水控制与调蓄设施规划

在明确不同标准下城市居住小区和其他建设项目降雨径流量要求的基础上，应首先确定建设小区时雨水径流量源头削减与控制措施，并核算其径流削减量。如果通过建设小区时雨水径流量源头削减不能满足需求，则需要结合城市地形地貌、气象水文等条件，在合适的区域结合城市绿地、广场等安排市政蓄涝区对雨水进行蓄滞。

由于城市排涝系统是一个整体，以上三个方面也彼此发生影响，因此有必要构建统一的模型对上述三方面进行统一评价调整。具体过程为：

首先，根据初步编制好的雨水管道及泵站系统规划、城市内部排水河道规划以及城市雨水控制与调蓄设施规划，分别构建雨水管道及泵站模型（含下垫面信息）、河道系统模型、调蓄设施系统模型，并将上述三个模型进行耦合。

其次，根据城市地形情况构建城市二维积水漫流模型，并与一维的城市管道、河道模型进行耦合。

然后，通过模型模拟的方式模拟排涝标准内的积水情况。

最后，针对积水情况拟订改造规划方案并带入模型进行模拟，得到最终规划方案。在制订规划方案时，应在尽量不改变原雨水管道和河道排水能力的前提下，主要采用调整地区的竖向高程、修建调蓄池、雨水花园等工程措施，并对所采取措施的效果进行模拟分析。

## 6.6 城市排涝与城市防洪

### 6.6.1 城市排涝

随着近年来全球气候变暖趋势的加剧，大暴雨以及极端暴雨天气的次数、频率、强度也在逐年上升，似乎已经打破了南北分界与干旱少雨和多雨地区的地域划分。许多城镇的雨水排水系统在应对这种天气的时候，显得疲惫无“力”，弱不经“雨”，以至于产生内涝，给国家的经济建设和人民群众的财产造成了巨大的损失。

## 1. 城镇雨水排水系统现状与存在的问题

1）城镇雨水排水系统设计重现期偏低

雨水排水系统是城镇基础设施建设的重要组成部分，它的建设投资巨大，使用年限长，经济合理地确定设计流量以及相关的计算参数，更显得十分重要与迫切。根据现阶段气候变化的特点，城镇雨水管渠设计重现期偏低。依据《室外排水设计规范》（GB 50014—2006）3.2.4 条的规定，一般采用 0.5 ~ 3 年，重要地区采用 3 ~ 5 年。即便是设计上按重要地区的 3 ~ 5 年采用，这与发达国家所采用的重现期 5 ~ 15 年上限相差过大，而且对雨水排水系统而言，要选择合理的雨水排放标准，确保城镇的安全，减少自然灾害的损失，提高设计标准的方向是要提高设计重现期，应从规范上对参数进行修改。

2）规划使用年限不切合实际

城镇排水体系是个复杂而系统的工程，它要与山区、丘陵地区的山洪防治与城市防洪紧密的结合起来，同时要根据城市的总体规划年限，合理地划分为近期和远期，规划年限过长，推定的设计参数精度偏低，往往偏安全，不切合实际。规划年限过短，则工程实施后，马上就会满负荷、超负荷运行，造成重复规划，重复建设的浪费。因此合理确定规划使用年限，选择合理的排水体系，设计参数时，不仅仅根据设计规范，还需要借鉴他人的经验和教训，结合城镇的自身情况、现阶段气候、雨量的变化特点，对城镇的雨水排水系统规划设计年限做出科学、准确的判断，并使之具有前瞻性、合理性、指导性、可操作性，符合城镇可持续发展的需要，这是未来选择排水体制的一个重要课题。

3）设计流量以及相关的计算参数不甚合理

近几年我们所遇到的大暴雨及极端暴雨天气，随着气候变暖的加剧，有可能在今后若干年内会变成经常性的，人类从现在起要做好应对这种情况的准备。近百年来我们所执行规范规定的雨水设计流量计算公式是采用径流系数法，虽然在城镇雨水设计中已有近百年的应用经验，并且已有它合理地定位。但在现阶段我国城镇已有的雨水排水系统承载能力非常有限的情况下，建设和改造雨水排水系统应借鉴一些发达国家对雨水流量的计算公式，如采用最大流量法、容隙容积流量法等。

## 2. 解决城镇内涝问题的建议与措施

1）合理确定暴雨重现期，提高水资源综合利用水平

雨水排水管道流量参数与负担的雨水汇水面积不相称，雨水排水管道流量参数偏低，排水管道接纳范围小；设计参数提高，会使工程造价提高许多。有专业工作者做出统计，若重现期从 1 年增加到 3 年，投资增加 33%；若增加到

5 年，投资增加 50%。因此在选择这些计算参数时，既要考虑省资源、省能源、经济合理的原则，在确保城镇防洪安全的前提下，同时考虑雨水作为水资源综合利用的问题。如利用城镇的低洼地，公园绿地下，建设一定数量的雨水调节池，既能高效经济地提高雨水排水系统的除涝能力，消减雨水的峰值，也能很好地解决城市化洪峰水量问题。平时蓄水池内的雨水，可用于绿化、道路喷洒、补给景观用水等，在一定程度上增加投资效益的最大化，弥补了初期投资费用，长期的经济效益和社会效益是显而易见的。

2）采用有较强渗透能力的地面铺装材料，加大绿化面积

随着城镇建设快速的发展，不透水地面的比例急剧增加，使得径流系数增大，径流汇水速度加快，径流洪峰量增加，不仅加大了雨浇量，更加大了城镇雨水管道的负荷。城镇雨水管道的特点是流域面积小，地面铺装复杂。建议在城镇道路的铺设中尽量多地采用有较强渗透能力的地面铺装材料；另一方面加大绿化面积，便于雨水就地入渗。这样既补充了地下水，又通过土壤的净化能力改善城镇环境，解决了城镇排水困难，降低暴雨期内的防洪压力，它的经济与环境效益也是不容忽视的。

3）要有预见性与前瞻性，城乡统筹考虑

小城镇作为城市与乡村的纽带，在经济和社会发展的进程中具有举足轻重的作用，不能因为它现在小而忽视或降低了雨水排水系统的规划及设计标准，今天的小城镇随着城市化进程的加快，在若干年后会变成一座大城市的卫星城，在做城镇总体雨水排水规划时，要有预见性与前瞻性，尽可能地纳入城市统一规划考虑，以符合城市远景发展的要求。城镇雨水排水管网肩负着城市防汛排水、雨水收集的重任，必须加快各城镇的雨水排水规划，明确排水标准和排水方式，树立统一规划，分期实施的理念；还要做好雨水排水和外围除涝紧密结合，防止外围的雨洪水袭击城市市区，许多城镇在这方面也经受住了极端暴雨天气的考验，但一些城镇也有其惨痛的经验教训。这就需要进一步加强城镇外围防洪排涝设施的建设，使防洪排涝的标准和雨水排水标准相匹配，以确保排水安全。

4）加强维护管理，加快雨污分流设施改造

旧城内涝产生的原因比较复杂，许多老城镇雨水管网运行已久，往往由于管径小、水量不足、坡度较小、水中杂质过多或工程施工质量等原因，而发生沉淀和淤积，影响了输水能力；对这类雨水排水管网定期的清淤与更换已损管道，维护管理十分重要。加强管理，对于建成的雨水排水管网的成效至关重要，如果一个排水系统已进行了雨污分流，而管理措施跟不上，也就失去了它的意义。比如有的城市发现沿街乱接和私接出水管或将生活污水管就近接入雨水管，就会造成花大量资金建成的雨、污水分流系统失去作用，污水由雨水管直

接排入水体，造成江河的污染。因此，若要城镇的排水管网发挥应有的环境效益、社会效益、经济效益，必须采取强有力的措施，加强对排水管网的管理。对旧城镇的雨污合流管道，要加快雨污分流的改造，进行彻底的雨污分流，在现有排水分流的基础上，用现代化科学手段，根据实际地形、地貌按自然规律的流向，重新进行合理配置，从源头上做好雨污分流，以适应社会发展和符合城市环保要求。

## 6.6.2 城市防洪

城市防洪标准的选定，应以中华人民共和国行业标准《城市防洪工程设计规范》为准。首先，应根据城市重要程度和人口数量确定城市等级；其次，按城市洪灾成因确定所属洪灾类型，对照规范即可确定防洪标准的上、下限范围；此外还要分析洪灾特点、损失大小、抢险难易、投资条件等因素，在规范规定的范围内合理选定城市防洪标准。

### 1. 防洪措施

城市防洪措施，包括工程防洪措施和非工程防洪措施两大类。

1）工程防洪措施

① 防洪堤和防洪墙。

② 护坡和护岸工程。

③ 防洪闸，包括分洪闸、泄洪闸、挡潮闸等。

④ 水库拦洪工程。

⑤ 谷坊和跌水。

⑥ 排洪渠道。

⑦ 拦挡坝、排导沟等。

2）非工程防洪措施

① 洪泛区的规划与管理。

② 洪水预报和警报。

③ 防洪优化调度。

④ 实行防洪保险。

⑤ 分滞（蓄）洪水。

⑥ 开挖减河。

⑦ 清障与整治河道。

⑧ 搞好水土保持等。

### 2. 防洪体系

城市防洪工程是一个系统工程，它由各种防洪措施共同组成。不同类型城市和不同洪灾成因，防洪体系的构成是不同的，常见的主要有以下几种：

江河上游沿岸城市的防洪体系：一般多由整治河道、修筑堤防和修建调洪水库构成。在城市上游修建水库调洪，可以有效地削减洪峰，减轻洪水对城市的压力，减少河道整治和修筑堤防的工程量，降低堤防的防洪标准，提高防洪体系的防洪标准。

江河中、下游沿岸城市防洪体系：一般采取“上蓄、下排、两岸分滞”的防洪体系。江河中下游地势平坦，当在上游修建水库调洪、两岸修筑堤防和进行河道整治仍不能安全通过设计洪水时。在城市上游采用分滞法措施，是提高城市防洪标准最有效的对策。

沿海城市的防洪体系：沿海城市一般地势平坦，风暴潮是造成洪涝灾害的主要原因。防洪体系一般由修筑堤防、挡潮闸、排涝泵站组成，即所谓“围起来、打出去”的策略。

山区城市防洪体系：一般在山洪沟上游采用水土保持措施和修建塘坝拦洪、中游在山洪沟内修建谷坊和跌水缓流、在山洪沟下游采用疏浚排泄措施组成综合防洪体系，使设计洪水安全通过城市。

河网城市防洪体系：河网城市防洪工程布置，一般根据城市被河流分割情况，采用分片封闭形式。防洪体系由堤防、防洪闸、排涝泵站等设施，实行各区自保。

泥石流城市防洪体系：泥石流防治原则与山洪防治基本相同。一般采取防治结合、以防为主、拦排结合、以排为主的原则，采用生物措施与工程措施相结合的办法进行综合治理。其防洪体系一般由拦挡坝、排导沟、停淤场、排洪渠道等组成。

综合性城市防洪体系：当城市受到两种或两种以上洪水危害时。该城市就有两种或两种以上防洪体系。各防洪体系之间要相互协调，密切配合，共同组成综合性防洪体系。

## 6.7 市政排水的关系

我国传统的排水模式注重以排为主，强调雨水尽快排出城外或排入下游水系，主要依靠排水管网和排涝泵站等工程措施来解决城市的防洪排涝问题。但是这并不能彻底解决城市的洪涝灾害，过于单一的工程措施已无法控制不断扩大的城市规模所带来的雨量增长，我们不得不反思传统排水模式存在的弊端。传统的排水模式主要问题在于过于强调将雨水排出而很少考虑把珍贵的雨水资源滞留在城市内并加以利用，即使在我国严重缺水的城市，绝大部分的雨水也被白白浪费。

同时我国排水工程存在设计标准不科学、设计部门之间缺乏协调与衔接等问题。根据《室外排水设计规范》（GB 50014—2011）3.2.4 条，雨水管渠设计重现期一般采用 1 ~ 3 年，重要干道、重要地区或短期积水即能引起较严重后果的地区，一般采用 3 ~ 5 年。这一标准相对于近年来全国各地频繁出现的暴雨强度的重现期来说显得相对偏低。这主要也是由于新中国成立初期我国城市建设过程中采用了苏联的排水模式，基本沿用了苏联的排水设计规范，但这并不适合我国雨量充沛的城市。

现阶段，我国城市管网系统主要弊端有如下几点：一是现有排水管网和设施的容量过小，没有足够的备用应急容量；二是管网管材陈旧老化，淤堵和浸漏严重；三是管网接口均刚性，漏水现象严重。

我国大部分地区城市防洪与城市排水分别属于水利学科和城市给排水学科，而一个城市的防汛工作则由这两个行业共同合作完成。市政部门负责将城区的雨水收集到雨水管网并排放至内河、湖泊或直接排人行洪河道，解决的是较小汇流面积上短历时暴雨产生的排水问题。而水利部门则负责将内河的涝水排人行洪河道，解决的是较大汇流面积上较长历时暴雨产生的涝水排放问题。由于设计标准不同，同一个区域由城建部门计算出来的排水流量和水利部门计算的排涝流量也是不同的（《城市排涝与排水研究》），这就导致了两个部门分别设计出来的排水管渠和排涝泵站、水闸等排水设施也无法有效衔接。当雨水排放受纳水体没有足够的蓄涝容积时，城市内涝就有可能出现了。

目前，我国的排水系统已不适应新形势下雨水排水的要求，也不适应城市对雨水资源的利用与管理要求。城市雨水排水系统的相关理念必须得到更新与修正，引进具有前瞻性的设计理念，以此引导新城区的城市建设和旧城区的改造。

当今世界上应对雨水的成功经验主要有两种方式，一种是建设超前的、规模庞大的雨水管道输送系统。如巴黎“步入式”地下排污管道系统，总长达 2 400 千米，规模远远超出了其地铁系统，不同级差的管道，各有不同的清淤方式，其设计和管理均十分周到。日本东京现代下水道系统在最初诞生的时候，其前瞻性便跨越到 100 多年以后了。其中，被誉为全世界最先进的排水系统江户川工程，以直径约 10 余米的泄洪隧道串联起东京都几大河流，并通过设置巨型竖坑储存洪水，总储水量约 67 万吨，超出存水量后便通过调压水槽将洪水抽排至具有足够泄洪能力的江户川河流排入东京湾。这种排水方式的特点是工程量巨大、投资巨大。另一种方式是通过可持续性的雨洪管理从源头控制雨水，使雨水自然下渗，减少径流。其中较有代表性的为低影响开发雨洪管理策略（LID）。可持续雨洪管理不仅可以降低开发区的建设费用，如减少不透水路面面积及排水沟的建设，还能有效减缓洪峰、减轻雨水污染、创造优良的生态环境。

结合以上我国城市排水现状，就市政排水提出如下建议：

（1）规划设计城市排水管网时应有合理的备用、应急容量。

（2）采用光滑、坚固、柔性的新管材。

（3）管网尽可能采用柔性接口方式，或抗沉降、接口自身强度有保证的结构形式、材料。

（4）城市规划、设计、建设中应多采用透水路面材料，如透水广场、硬地，保持和增加雨水浸入地下，避免过快形成地面雨水聚集。同时，也有利于雨水资源利用、生态环境保护。

（5）城市雨水管网规划与设计时，应考虑在管网中设有适量储水空间，以免因管网排泄不畅而冒喷入地面，加剧地面雨水聚集。

（6）疏通、恢复城市河流水系，增加储水容量。

（7）充分利用城市各类绿地（如防护生产绿地、公园、游园等）和低洼地，合理开挖地面，科学设计储水造景，储存雨水，增强城市纳雨防涝功能。

（8）应适当提高城市防洪排涝标准，尤其是防洪与排涝标准的协调与匹配。

# 6.8 排涝系统设计

排涝系统由各级固定排涝沟道以及建在沟道上的各种建筑物所组成，主要任务是排除涝水和控制地下水位。

## 6.8.1 排涝方式

根据各地区和各灌区的排涝类别基本上可以将排涝沟的排涝方式归纳为以下几种：

（1）汛期排涝和日常排涝。汛期排涝是为了防止耕地、农田受涝水淹没。日常排涝是为了控制某地区的地下水位和农田水分。两者排涝任务虽然不同，但目的都是保障农、林、牧业的生产，所以在规划布置排涝沟系时，应能同时满足这两方面的要求。

（2）自流排涝和抽水排涝。当承泄区水位低于排涝干沟出口水位时，一般进行自流排涝，否则需要采取抽水排涝或抽排与滞蓄相结合的除涝排涝方式。

（3）水平排涝和垂直（或竖井）排涝。对于主要由降雨和灌溉渗水成涝的地区，常采用水平排涝方式；若由于以地下深层承压水补给潜水而致渍涝，则应考虑采用竖井排涝方式；对于旱涝兼治地区，如地下水质和含水层出水条件较好，宜实行井灌井排，配合田间排涝明沟，形成垂直与水平相结合的排涝系统。

（4）地面截流沟和地下截流沟排涝。对于由外区流入排涝区的地面水或地下水以及其他特殊地形条件下形成的涝渍，可分别采用地面或地下截流沟排涝的方式。

### 6.8.2　排涝沟的布置原则

（1）排涝沟应布置在各自控制范围的最低处，以便能排除整个排涝地区的多余水量。

（2）应尽量做到高水高排，低水低排，自排为主，抽排为辅；即使排涝区全部实行抽排，也应根据地形将其划分为高、中、低等片，以便分片分级抽排，节约排涝费用和能源。

（3）排涝干沟出口应选在承泄区水位较低和河床比较稳定的地方。

（4）下级沟道的布置应为上级沟道创造良好的排涝条件，使之不发生壅水。

（5）各级沟道要与灌溉渠系的布置、土地利用规划、道路网、林带和行政区划等协调。

（6）要遵循“工程费用小，排涝安全及时，便于管理”的基本要求。

（7）在有外水入侵的排涝区或灌区，应布置截流沟或撇洪沟，将外来地面水和地下水引入排涝沟或直接排入承泄区。

排涝沟的布置，应尽快使排涝地区内多余的水量泄向排涝口。选择排涝沟线路，通常要根据排涝区或灌区内、外的地形和水文条件，排涝目的和方式，排涝习惯，工程投资和维修管理费用等因素，编制若干方案，进行比较，从中选用最优方案。

### 6.8.3 排涝承泄区

排涝系统的承泄区是指位于排涝区域以外，承纳排涝系统排出水量的河流、湖泊或海洋等。承泄区一般应满足下列要求：一是在排涝地区排除日常流量时，承泄区的水位应不使排涝系统产生壅水，保证正常排涝。二是在汛期，承泄区应具有足够的输水能力或容蓄能力，能及时排泄或容纳由排涝区排出的全部水量。此时，不能因承泄区水位高而淹没农田，或者虽然局部产生浸没或淹没，但淹水深度和淹水历时不得超过耐淹标准。三是要具有稳定的河槽和安全的堤防。

排涝承泄区的规划一般涉及排涝系统排涝口位置的选择和承泄区的整治，现分别介绍如下。

#### 1. 排涝口位置的选择

排涝口的位置主要根据排涝区内部地形和承泄区水文条件决定，即排涝口应选在排涝区的最低处或其附近，以便涝水易于集中；同时还要使排涝口靠近承泄区水位低的位置，争取自排。由于平时和汛期排涝区的内、外水位差呈现出各种情况，所以排涝口的位置可以选择多处，排涝口也可以有多个，以便于排泄和符合经济要求为准。另外，在确定排涝口的位置时，还应考虑排涝口是否会发生泥沙淤积，阻碍排涝；排涝口基础是否适于筑闸建站；抽排时排涝口附近能否设置调蓄池等。

由于排涝承泄区水位和排涝区之间往往存在矛盾，一般可采取以下措施处理：

（1）当外河洪水历时较短或排涝设计流量与洪水并不相遇时，可在出口建闸、防止洪水侵入排涝区，洪水过后再开闸排涝。

（2）洪水顶托时间较长，影响的排涝面积较大时，除在出口建闸控制洪水倒灌外，还须建泵站排涝，待洪水过后再开闸排涝。

（3）当洪水顶托、干沟回水影响不远，可在出口修建回水堤，使上游大部分排涝区仍可自流排涝，沟口附近低地则建站抽排。

（4）若地形条件许可，将干沟排涝口沿承泄区下游移动，争取自排。

当采取上述措施仍不能满足排涝区排涝要求或者虽然能满足排涝要求但在经济上不合理时，就需要对承泄区进行整治。

#### 2. 承泄区整治

降低承泄区的水位，以改善排涝区的排涝条件，这是整治承泄区的主要目的，而整治承泄区的主要措施一般有以下几点：

（1）疏浚河道：通过疏浚，可以扩大泄洪断面，降低水位。但疏浚时，必须在河道内保留一定宽度的滩地，以保护河堤的安全。

（2）退堤扩宽：当疏浚不能降低足够的水位以满足排涝系统的排涝要求时，可采取退堤措施，扩大河道过水断面。退建堤段应尽量减少挖压农田和拆迁房屋，退堤一般以一侧退建为宜，另一侧利用旧堤，以节省工程量。

（3）裁弯取直，整治河道：当以江河水道为承泄区时，如果河道过于弯曲，泄水不畅，可以采取裁弯取直措施，以短直河段取代原来的弯曲河段。由于河道流程缩短，相应底坡变陡，流速加大，这样就能使本河段及上游河段一定范围内的水位降低。裁弯取直通常只应用于流速较小的中、小河流。对于水流分散，断面形状不规则的河段，应进行各种河道整治工程，如修建必要的丁坝、顺堤等，以改善河道断面，稳定河床，降低水位，增加泄量，给排涝创造有利条件。

（4）修建减流、分流河道：减流是在作为承泄区的河段上游，开挖一条新河，将上游来水直接分泄到江、湖和海洋中，以降低用作排涝承泄区的河段水位。这种新开挖的河段常称减河。分流一般是在河段的上游，新开一条新的河渠，分泄上游一部分来水、但分泄的来水，绕过作为承泄区的河段后仍汇入原河。

（5）清除河道阻障：临时拦河坝、捕鱼栅、孔径过小的桥涵等，往往造成壅水，应予清除或加以扩建，以满足排涝要求。

以上列举了一些承泄区的整治措施，但各种措施都有其适用条件，必须上下游统一规划治理，不能只顾局部，造成其他河段的不良水文状况，应该通过多方案比较，综合论证，择优选用。

## 6.8.4　排涝沟的设计流量

排涝流量是确定各级排涝沟断面、沟道上建筑物规模以及分析现有排涝设施排涝能力的主要依据。计算排涝流量的常用方法主要有以下 3 种：

### 1. 排涝模数经验公式法

该法适用于大型涝区，需求出最大排涝流量的情况，其计算公式为：

$$q = KR^m F^n$$

式中　$q$——设计排涝模数[$m^3/(s \cdot km^2)$]；

$F$——排涝沟设计断面所控制的排涝面积（$km^2$）；

$R$——设计径流深（mm）；

$K$——综合系数（反映河网配套程度、排涝沟坡度、降雨历时及流域形状等因素）；

$m$——峰量指数（反映洪峰与洪量的关系）；

$n$——递减指数（反映排涝模数与面积的关系）。

公式中考虑了形成最大流量的主要因素。首先是反映了随着排涝面积（或流域）的增大及其自然调蓄作用的增加而排涝模数减少的情况；其次还考虑了一次径流过程的峰量关系等。在应用该公式时，应根据该地区的除涝排涝标准，选用接近设计标准的河流或排涝系统的实测资料进行大量统计分析，确定公式中的各项系数和指数。

但必须指出，公式中将很多因素的影响都综合在 $K$ 值中，因而 $K$ 值变动幅度较大，一般规律是：暴雨中心偏上，净雨历时长、平槽以下径流深大，地面坡度小，流域形状系数小，河网调节程度大，则 $K$ 值小；反之则大。当流域或地区较大时，如果不考虑条件的差别，采用统一的 $K$ 值，将会影响计算成果精度。

在推求设计径流深时，要先确定设计暴雨。设计暴雨一般包括暴雨历时、暴雨的大小分布诸因素，它们都和除涝排涝面积的大小有关。根据实测资料分析证明，对于 100 ~ 500 km$^2$ 的排涝面积，洪峰流量主要由一日暴雨形成；而对于 500 ~ 5 000 km$^2$ 的排涝面积，洪峰流量面积一般由三日暴雨形成；所以在上述两种情况下，应分别采用一日和三日作为设计暴雨历时。推算设计暴雨的方法有两种，一种是典型年法，即采用排涝地区内某个涝灾严重的年份作为典型年，以这一年的某次最大暴雨作为设计暴雨；另一种是频率法，即当流域内有足够的测站和较长的降雨资料，用各年最大的一次面平均降雨量，直接进行面雨量的频率计算，求得设计标准的暴雨量。

### 2. 平均排除法

平均排除法是以排涝面积上的设计净雨在规定的排涝时间内排除的平均排涝流量或平均排涝模数作为设计排涝流量或排涝模数的方法，即

$$Q = \frac{RF}{86.4t}$$

或 $$q = \frac{R}{86.4t}$$

对于水田 $R = P - h_{田蓄} - E$

对于旱田 $R = aP$

式中　$Q$——设计排涝流量（$m^3/s$）。

$q$——设计排涝模数[$m^3/(s \cdot km^2)$]。

$F$——排涝沟控制的排涝面积（$km^2$）。

$R$——设计径流深（mm）。

$a$——径流系数。

$P$——设计暴雨量（mm）。

$h_{田蓄}$——水田滞蓄水深（mm），由水稻耐淹水深确定。

$E$——在 $t$ 时间内水田田间腾发量（mm），$E = et$，$e$ 为日耗水量。

$t$——规定的排涝时间（d），主要根据作物的允许耐淹历时确定。对于水田，一般选 3 ~ 5 d 排除；对于旱地、因耐淹较差，排涝时间应当选得短些，一般取 1 ~ 3 d。

如果排涝区既有旱地又有水田，则首先按上式分别计算水田和旱地的排涝模数，然后按旱地和水田的面积比例加权平均，即得综合排涝模数。

**3. 排涝流量过程线法**

当排涝区内有较大的蓄涝区时，即蓄涝区水面占整个排涝区面积的 5% 以上时，需要考虑蓄涝区调蓄涝水的作用，并合理确定蓄涝区和排涝闸、站等除涝工程的规模。对于这种情况，就需要采用概化过程线等方法推求设计排涝流量过程线，供蓄涝、排涝演算使用。

## 6.8.5　排涝沟设计水位

排涝沟设计水位是设计排涝沟的重要内容和依据，需要在确定排涝沟断面尺寸（沟深与底宽）之前，加以分析拟定。排涝沟的设计水位可以分为排渍水位和排涝水位两种。

**1. 排渍水位（即日常水位）**

这是排涝沟经常需要维持的水位，在平原地区主要由控制地下水位的要求（防渍或防止土壤盐碱化）所决定。

为了控制农田地下水位，排涝农沟（末级固定排涝沟）的排渍水位应当低于农田要求的地下水埋藏深度，离地面一般不小于 0.9 ~ 1.2 m；有盐碱化威胁的地区，轻质土不小于 2.2 ~ 2.6 m，如图 6-17 所示。

而斗、支、干沟的排渍水位，要求比农沟排渍水位更低，因为需要考虑各级沟道的水面比降和局部水头损失，例如排涝干沟，为了满足最远处低洼农田降低地下水位的要求，如图 6-18 所示。

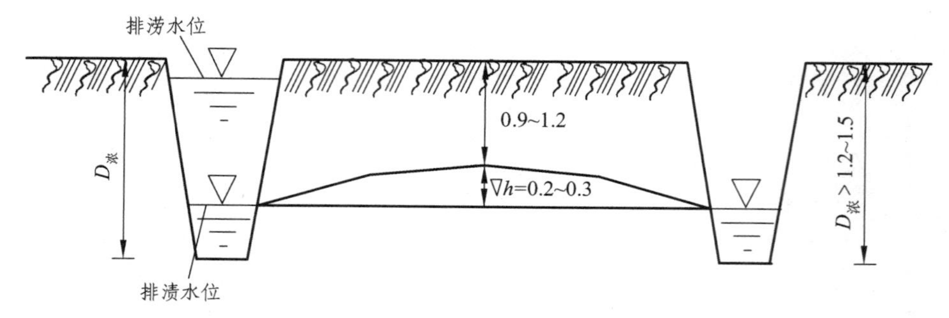


图 6-17　排渍水位与地下水位控制的关系图

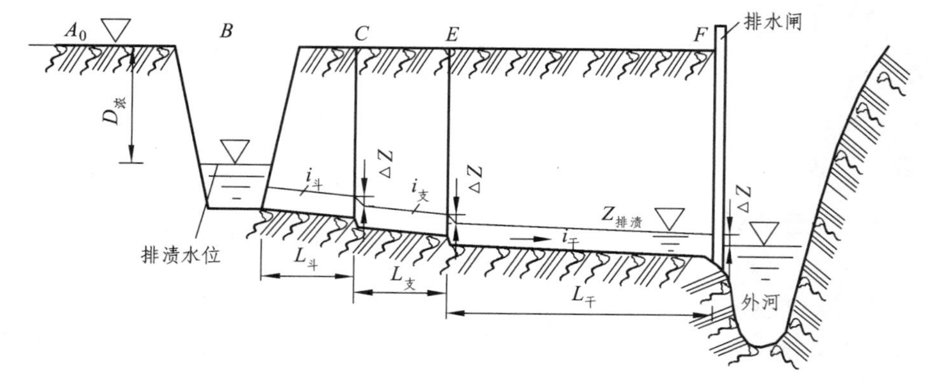


图 6-18　干、支、斗、农排涝沟排渍水位关系图

其沟口排渍水位可由最远处农田平均田面高程（$A_0$），考虑降低地下水位的深度和斗、支、干各级沟道的比降及其局部水头损失等因素逐级推算而得，即

$$Z_{排渍}=A_0-D_{农}-\sum Li-\sum \Delta z$$

式中　$Z_{排渍}$——排涝干沟沟口的排渍水位（m）；

$A_0$——最远处低洼地面高程（m）；

$D_{农}$——农沟排渍水位离地面距离（m）；

$L$——斗、支、干各级沟道长度（m），见图 6-18；

$i$——斗、支、干各级沟道的沟底比降；

$\Delta z$——各级沟道沿程局部水头损失，如过闸水头损失取 0.05 ~ 0.1 m，上下级沟道在排地下水时的水位衔接落差一般取 0.1 ~ 0.2 m。

对于排渍期间承泄区（又称外河）水位较低的平原地区，如干沟有可能自流排除排渍流量时，按上式推得的干沟沟口处的排渍水位，应不低于承泄区的排渍水位或与之相平。否则，应适当减小各级沟道的比降，争取自排。

### 2. 排涝水位（即最高水位）

排涝水位是排涝沟宣泄排涝设计流量（或满足滞涝要求）时的水位。由于各地承泄区水位条件不同，确定排涝水位的方法也不同，但基本上分为下述两种情况：

（1）当承泄区水位较低，如汛期干沟出口处排涝设计水位始终高于承泄区水位，此时干沟排涝水位可按排涝设计流量确定，其余支、斗、沟的排涝水位亦可由干沟排涝水位按比降逐级推得；但有时干沟出口处排涝水位比承泄区水位稍低，此时如果仍须争取自排，势必产生壅水现象，于是干沟（甚至包括支沟）的最高水位就应按壅水水位线设计，其两岸常需筑堤束水，形成半填半挖断面，如图 6-19 所示。

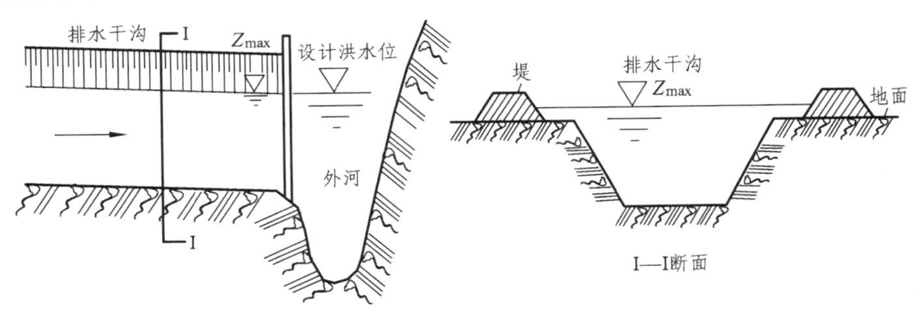


图 6-19　排涝出口壅水时干沟的半填半挖断面示意图

（2）在承泄区水位很高、长期顶托无法自流外排的情况下，沟道最高水位是分两种情况考虑：一种是没有内排站的情况，这时最高水位一般不超出地面，以离地面 0.2 ~ 0.3 m 为宜，最高可与地面齐平，以利排涝和防止漫溢，最高水位以下的沟道断面应能承泄除涝设计流量和满足蓄涝要求；另一种是有内排站的情况，则沟道最高水位可以超出地面一定高度（不应大于 2 ~ 3 m），相应沟道两岸亦需筑堤。

## 6.8.6　排涝沟纵横断面设计

### 1. 排涝沟横断面设计

根据排涝设计流量确定排涝沟的过水断面，排涝沟设计流量一般是按恒定均匀流公式计算，即

$$Q = AC\sqrt{Ri}$$

$$C = R^{1/6} / n$$

式中 $Q$——排涝流量（$m^3/s$）；

$A$——过水断面面积（$m^2$）；

$R$——水力半径（m），由公式 $R=A/\chi$ 计算，$\chi$ 为湿周；

$n$——糙率；

$i$——沟底比降。

根据以上公式来设计排涝沟横断面，但在承泄区水位顶托发生壅水现象的情况下，往往需要按恒定非均匀流公式推算沟道水面线，从而确定沟道的断面以及两岸堤顶高程等。但对于排涝沟道的断面因素如底坡（$i$）、糙率（$n$）及边坡系数（$m$）等应结合排涝沟特点进行分析拟定。

排涝沟的比降（$i$）：主要取决于排涝沟沿线的实际地形和土质情况，沟道比降一般要求与沟道沿线所经的地面坡降相近，以免开挖太深。同时，沟道比降不能选得过大或过小，以满足沟道不冲不淤的要求，即沟道的设计流速应当小于允许不冲流速和大于允许不淤流速（0.3 ~ 0.4 m/s）。设计时可参考表 6-5。

**表 6-5　排涝沟允许不冲流速表**

| 土壤类别 | 允许不冲流速 /（m/s） |
| --- | --- |
| 淤　土 | 0.2 |
| 重黏壤土 | 0.75 ~ 1.25 |
| 壤　土 | 0.65 ~ 1.00 |
| 轻黏壤土 | 0.6 ~ 0.9 |
| 粗砂土（$d$ = 1 ~ 2 mm） | 0.6 ~ 0.75 |
| 中砂土（$d$ = 0.5 mm） | 0.4 ~ 0.6 |
| 细砂土（$d$ = 0.05 ~ 0.1 mm） | 0.25 |

此外，排涝沟比降可在下列范围内选择：干沟为 1/6 000 至 1/20 000，支沟为 1/6 000 至 1/10 000，斗沟为 1/2 000 至 1/5 000。为了便于施工，同一沟道最好采用均一的底坡，在地面比降变化较大时，也要求尽可能使同一沟道的比降变化较少。

（2）排涝沟的边坡系数（$m$）：主要与沟道土质和沟深有关，土质愈松，沟道愈深，采用的边坡系数应愈大。由于地下水汇入的渗透压力、坡面径流冲刷和沟内滞涝蓄水时波浪冲蚀等原因，沟坡容易坍塌，所以排涝沟边坡一般比灌溉边坡为缓。设计时可参考表 6-6。

表 6-6　土质排涝沟边坡系数表

| 土　质 | 边坡系数 | | | |
|---|---|---|---|---|
| | 挖深 < 1.5 m | 挖深 1.5 ~ 3 m | 挖深 3 ~ 4 m | 挖深 4 ~ 5 m |
| 砂　土 | 2.5 | 3.0 ~ 3.5 | 4 ~ 5 | ≥5 |
| 砂壤土 | 2 | 2.5 ~ 3 | 3 ~ 4 | ≥4 |
| 壤　土 | 1.5 | 2 ~ 2.5 | 2.5 ~ 3 | ≥3 |
| 黏　土 | 1 | 1.5 | 2 | ≥2 |

（3）排涝沟的糙率（$n$）：对于新挖沟道，其糙率与灌溉渠道相同，约为 0.02 ~ 0.025，而对于容易长草的沟道，一般采用较大的数值，取 0.025 ~ 0.03。

通过计算后确定的排涝沟横断面图如图 6-20 所示。

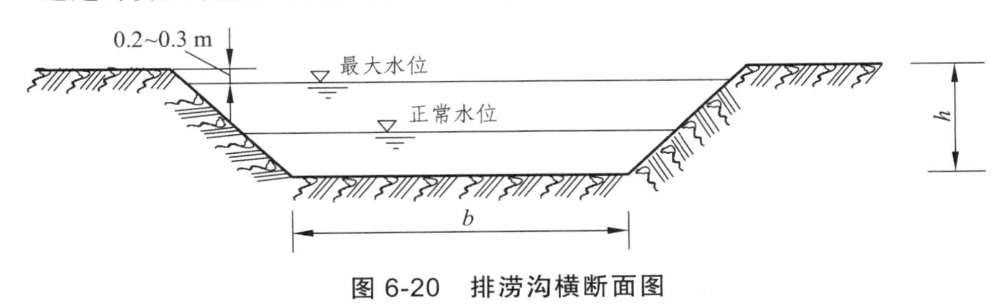


图 6-20　排涝沟横断面图

排涝沟在多数情况下是全部挖方断面，只有通过洼地或受承泄区水位顶托发生壅水时，为防止漫溢才在两岸筑堤，形成又挖又填的沟道。从排涝沟挖出的土方，可用以修堤、筑路、填高农田田面和居民点房基，或填平附近废沟旧塘，不要任意堆放在沟道两岸，以免被雨水冲入沟中，影响排涝。通常堤与弃土堆距离沟的上口，不应小于 1.0 m，堤（路）高应超出地面或最高水位以上 0.5 ~ 0.8 m，堤顶宽取 0.5 ~ 1.0 m，若兼作各种道路，则结合需要另行确定。对于较大的排涝干沟，有时为了满足排除涝水和地下水的综合要求，特别在排涝设计流量和排渍流量相差悬殊的情况下，排涝沟可以设计成复式断面，这样可节省土方和减少水下的施工。

防止排涝沟的塌坡现象是设计沟道横断面的重要问题，特别是在砂质土地带，更需重视。排涝沟塌坡不但会使排涝不畅，而且增加清淤负担。针对边坡破坏的主要原因，在排涝沟设计中，除应用稳定的边坡系数外，还可以采取下列措施以稳定排涝沟的边坡。

（1）防止地面径流的冲蚀，如利用截流沟、截流堤或沟边道路防止地面径流漫坡注入沟道；或采取护坡措施，如种植草皮和干砌块石等。

（2）减轻地下径流的破坏作用，排涝沟与灌溉渠道如采取相邻布置的方式，则沟、渠之间可安排道路或使沟道采用不对称断面，即靠近灌渠一侧采用较缓的边坡。

（3）对于较深和土质松散的排涝沟，采用复式断面，可以减少沟坡的破坏。复式断面的边坡系数，随各种土质而定，可选用一种或几种数值。排涝沟开挖深度大于 5.0 m 时，应在沟底以上每隔 3 ~ 4 m 设置宽度不小于 0.8 ~ 1.0 m 的戗台。

## 2. 排涝沟横断面校核

平原区排涝沟的一个特点，就是汛期（5 ~ 10 月）外江（河）水位高涨、关闸期间降雨径流无法自流外排，只能依靠抽水机及时提水抢排一部分，大部分涝水需要暂时蓄在田间以及湖泊洼地和排涝沟内，以便由水泵逐渐提排出去。除田间和湖泊蓄水外，需要由排涝沟容蓄的水量（因蒸发和渗漏量很小，故不计）为

$$h_{沟蓄} = P - h_{田蓄} - h_{湖蓄} - h_{抽排}$$

式中 $h_{沟蓄}$——排涝沟滞蓄水量（mm）;

$P$——设计暴雨量（一日暴雨或三日暴雨，以 mm 计），按除涝标准选定；

$h_{田蓄}$——田间蓄水量，水田地区按水稻耐淹深度确定，一般取 30 ~ 50 mm，旱田则视土壤蓄水能力而定；

$h_{湖蓄}$——湖泊洼地蓄水量，根据各地圩垸内部现有的或规划的湖泊蓄水面积及蓄水深度确定（mm）;

$h_{抽排}$——水泵抢排水量（mm）。

$h_{沟蓄}$，$h_{抽排}$，$h_{湖蓄}$ 均为折算到全部排水面积上的平均水层。

由上述公式可知，只要确定了 $P$，$h_{田蓄}$，$h_{湖蓄}$，$h_{抽排}$ 等值，便可求得需要排涝沟容蓄的滞蓄水量（mm），这部分滞蓄水量乘以全部排涝面积，就可以得到以体积表示的滞蓄水量，以 $W_{沟蓄}$ 表示。排涝沟的滞涝总容积（$V_{滞}$）可参照图 6-21。

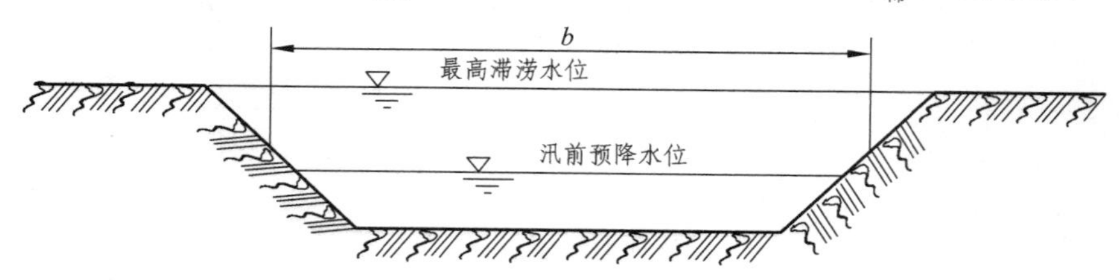


图 6-21　排涝沟滞涝容积示意图

$V_{滞}$ 按下式计算：

$$V_{滞}=\sum bhl$$

式中　$b$——各级滞涝河网或沟道的平均滞涝水面宽度（m）；

$h$——排涝沟滞涝水深（m），$h$ 一般为 0.8 ~ 1.0 m；

$l$——各级滞涝沟道的长度（m）；

$\sum bhl$——各级滞涝沟道的 $bhl$ 之和（$m^3$）。

校核计算时，可以采用试算法，若 $V_{滞} \geqslant W_{沟蓄}$，说明排涝沟横断面能满足设计条件下的滞涝要求，反之，说明排涝沟容积不足，除可增加抽排水量外则须适当增加有关各级沟道的底宽或沟深（甚至增加沟道密度），直至沟道蓄水容积能够容蓄涝水量为止。

### 3. 排涝沟纵断面设计

（1）根据排涝沟的平面布置图，按干沟沿线各桩号的地面高程依次绘出地面高程线。

（2）根据排涝干沟对控制地下水位的要求以及选定的干沟比降等，逐段绘出日常水位线。

（3）在日常水位线以下，根据宣泄日常流量要求所确定的干沟各段水深，定出排涝沟底高程线。

（4）最后再由排涝沟底向上，根据排涝设计流量或蓄涝要求的水深，绘制排涝干沟的最高水位线。

在排涝沟纵断面图上应注明桩号、地面高程、最高水位、日常水位、沟底高程、沟底比降以及挖深等各项数据，以便计算沟道的挖方量。

## 6.8.7 结　论

在实际工作中，进行排涝沟工程设计时要从多个设计方案中分析比较，慎重确定，力求做到经济合理、效益显著、安全可靠、管理方便，实现预期的排涝任务。在设计中充分考虑与灌溉渠道系统的协调关系，根据灌区的自然条件和作物种植以及灾害情况等因素，全面分析灌排各自的需求，协调两者存在的矛盾，尽可能使灌溉和排水以及其他综合利用方面的要求，得到合理的满足，以发挥排涝工程的最大效益。

# 第7章 防洪闸

## 7.1 总体布置

### 7.1.1 概 述

防洪闸是指城市防洪工程中的挡洪闸、分洪闸、排（泄）洪闸和挡潮闸等。

（1）挡洪闸：用来防止洪水倒灌的防洪建筑物，挡洪闸一般修建在江河的支流河口附近，在江河洪水位上涨至关闸控制水位时，关闭闸门防止洪水倒灌；在洪水位下降至开闸控制水位时，开启闸门排泄上游积蓄之水。若闸上游河道或调蓄建筑物的调蓄能力较小，容纳不了洪水持续时间内的水量时，需要设置提升泵站与挡洪闸联合运行，以解决河道调蓄能力的不足。

（2）分洪闸：建于河道一侧用于分泄河道洪水的水闸。对蓄洪区而言，又称进洪闸。分洪闸常建于河道一侧的蓄洪区或分洪道的首部。当河道上游出现的洪峰流量超过下游河道的安全泄量，为保护下游的重要城镇及农田免遭洪灾，必须进行分洪时，将部分洪水通过分洪闸泄入预定的湖泊洼地（蓄洪区或滞洪区）或分洪道，以削减洪峰流量，待洪峰过后通过排水闸排泄入原河道，也有通过分洪道将洪水分泄入水位较低的临近河流。

（3）排（泄）洪闸：用来排泄蓄（滞）洪区和湖泊的调节水量，或分洪道的分水流量的泄水建筑物，排（泄）洪闸是依据蓄（滞）洪区的调洪能力或分洪分流的流量，决定其排水能力和运行方式。

（4）挡潮闸：建于滨海地段或河口附近，用来挡潮、蓄淡、泄洪、排涝的水闸。涨潮时关闭闸门，防止潮水倒灌进入河道，拦蓄内河淡水，满足引水、航运等的需要。退潮时，潮水位低于河水位，开启闸门，可以泄洪、排涝、冲淤。挡潮闸具有双向挡水、操作频繁等特点。

防洪闸设计主要要求：

（1）设计必须满足城市防洪规划对防洪闸的功能和运行方式的要求。

（2）防洪闸的选址和布置，应根据其本身的特性和条件，多做比较论证（包括进行模型试验），以便做出安全可靠、技术可行和经济合理的最优方案。

（3）因地制宜地修建防洪闸上下游河道的整治工程。以稳定河槽，保证防洪闸宣泄洪水流畅。

（4）具有综合利用功能的防洪闸，设计应分清主次，在保证防洪闸防洪功能正常运作的前提下，最大限度地满足综合利用的要求。

（5）洪闸设计，应采取必要的措施防止上下游产生有危害性的淤积。

（6）工程应安全可靠，管理运用灵活自便。

### 7.1.2　闸址选择

闸址应根据水闸的功能、特点和运用要求，综合考虑地形、地质、水流、潮汐、泥沙、冻土、冰情、施工、管理、周围环境等因素，经技术经济比较后选定。

闸址宜选择在河道顺直、河势相对稳定的河段，经技术经济比较后也可选择在弯曲河段裁弯取直的新开河道上。

闸址宜选择在地形开阔，岸坡稳定，岩土坚实和地下水水位较低的地点。闸址宜优先选用地质条件良好的天然地基，避免采用人工处理地基。

闸址应有足够的施工场地、运输、供电和供水等条件，以保证施工的顺利进行。

具有不同功能的防洪闸，在闸址选择上各自有特点。

分洪闸闸址宜选择在河岸基本稳定的顺直河段或弯道凹岸顶点稍偏下游处，但不宜选在急流河段，弯曲半径一般不小于 3 倍水面宽度。弯曲河段水流结构的主要特点存在横向河流，横向河流将流速较高的表层含沙量小的水流推向凹岸，使河道主流靠近凹岸，并形成深槽。与此同时，横向河流将河底含沙量大的水流推向凸岸，分洪闸可利用这种弯道横流的特点，作为分洪防沙的措施之一，深槽有利于分洪，分洪闸的分洪方向与河道主流方向夹角小，分流平顺，分流量也大。

分洪闸闸址具体位置可参考式（7-1），结合实际情况确定。

$$L = KB\sqrt{4\frac{R}{B}+1} \tag{7-1}$$

式中　$L$——从弯起点至分洪闸中点的弧长（沿弯道中心线）（m）；

$K$——试验系数，$K=0.6\sim1.0$，一般选用 0.8；

$B$——弯道水面宽度（m）;

$R$——弯道中心线的弯曲半径（m）。

挡洪闸与排（泄）洪闸的闸址宜选择在河道顺直、河槽和岸边稳定的河段，排水出口段与外河交角宜小于60°。

挡潮闸建在大海河口或支流河口附近的河段上，河口最主要的水文现象是受海洋潮汐的影响。感潮的程度是随着河流的水流大小和潮汐的大小面变化的，一般使水位、流速分布呈周期性的变化。大潮涨潮时，水面形成倒比降，这时河流出现倒灌。在潮差小的河口底层，海水呈楔状上溯，河水成薄层位于其上，这时垂直流速分布呈舌状，形成异重流。

挡潮闸闸址宜选择在岸线和岸坡稳定的潮汐河口附近，且闸址泓滩冲淤变化较小，上游河道有足够的蓄水容积的地点。

## 7.1.3 总体布置

防洪闸由进口段、闸室段和出口段三部分组成，如图7-1所示。

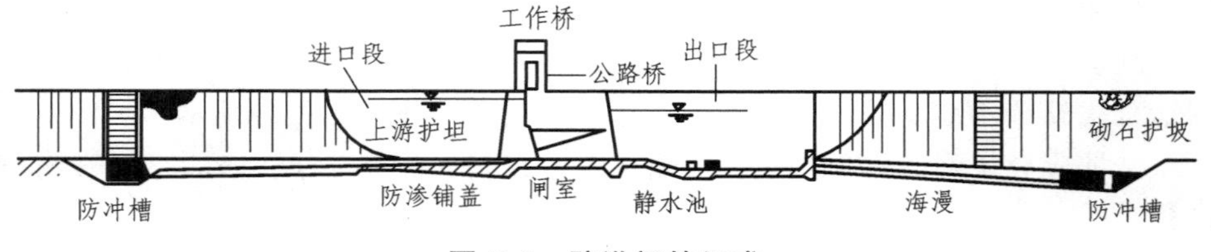


图7-1 防洪闸的组成

### 1. 进口段

进口段包括铺盖、防冲槽、进口翼墙和上游岸边防护。

1）铺 盖

铺盖的主要作用是防渗，同时兼有提高上游防冲和闸室抗滑稳定能力的作用。铺盖以一定坡度与上游防冲槽衔接，如图7-2所示。铺盖防渗可用黏性土，并根据闸室前水流流速的大小，确定是否在铺盖上面设防冲层。防冲层可采用

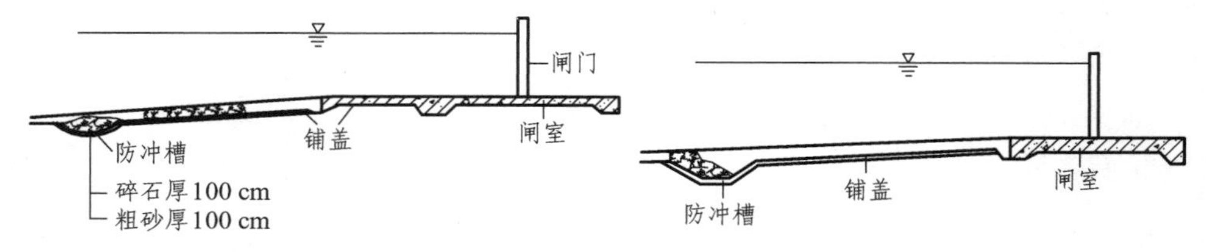


图7-2 铺盖及防冲槽

砌石、预制混凝土板等，并在防冲层下面设垫层。当铺盖兼有闸室抗滑作用时，可采用混凝土或钢筋混凝土铺盖。

2）防冲槽

防冲槽是水流进入防洪闸的第一道防线，一般采用砌石或堆石，如图 7-2 所示。防冲槽深度一般不小于 1.0 m，底宽不小于 2.0 m，边坡不小于 1∶1.5。砌石下面设粗砂、碎石垫层，各层厚度不小于 0.1。

3）进口翼墙

进口翼墙的主要作用是促成水流良好的收缩，引导水流平顺地进入闸室、同时起挡土、防冲和防渗作用。墙顶高程与边墩齐平，顺水流方向的长度，一般大于或等于上游铺盖的长度，常用的翼墙形式有以下几种：

（1）直角翼墙：直角翼墙由两段互成正交的翼墙组成，如图 7-3 所示。翼墙在垂直流向方向插入河岸的直墙长度视岸边的坡度及其顶端插入岸顶深度 $a$ 而定，$a$ 值可取 0.5～1.0 m。

直角翼墙的优点是防止两岸绕流的效果较好，但造价较高，且在紧靠翼墙入口处上游容易发生回流，故岸边必须加强防护。

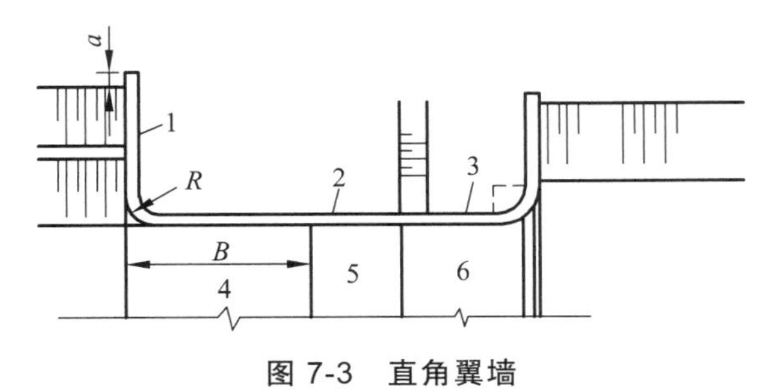


**图 7-3　直角翼墙**

1—上游翼墙；2—边墩；3—下游翼墙；4—铺盖；5—闸室底板；6—护坦

（2）八字形翼墙：八字形翼墙是顺水流方向的墙段向河岸偏转一个角度，偏转的夹角 $\theta$ 视水流情况取小于或等于 30°，如图 7-4 所示。八字形翼墙进水条件较直角翼墙有所改善，但水流进闸室仍有转折。

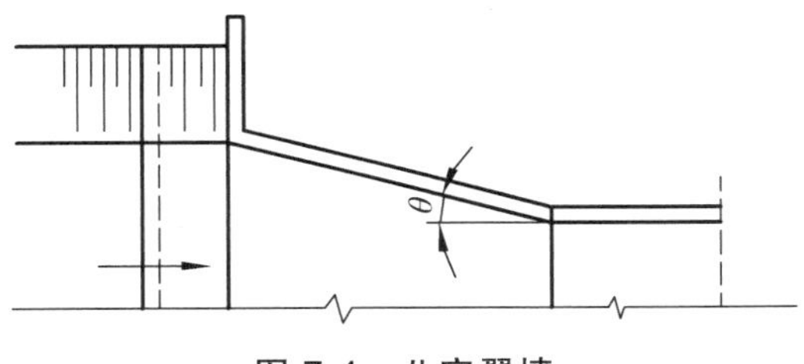


**图 7-4　八字翼墙**

（3）圆弧形翼墙：圆弧形翼墙是由两个不同半径的弧形墙组成，以适应水流收缩的需要，如图 7-5 所示。由于圆弧形翼墙有良好的收缩段，能使水流平稳而均匀地进入闸室。

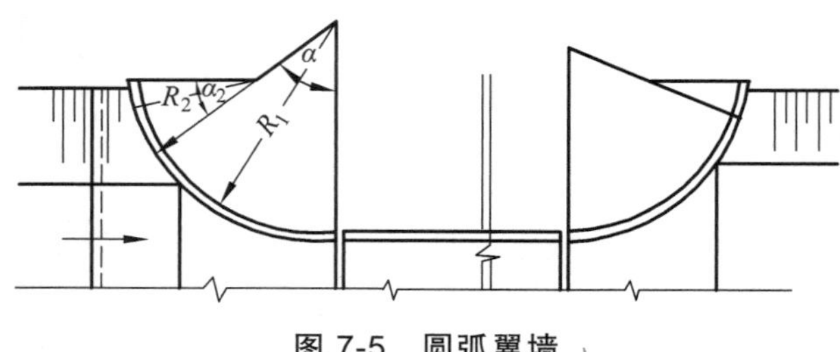


**图 7-5　圆弧翼墙**

（4）扭曲面翼墙：扭曲面翼墙是由直立的边墩处开始逐渐变为某一设计坡度的扭曲面，扭曲面为水流创造良好的渐变收缩条件，流势平顺，如图 7-6 所示。但施工较为复杂，墙后填土不易夯实。

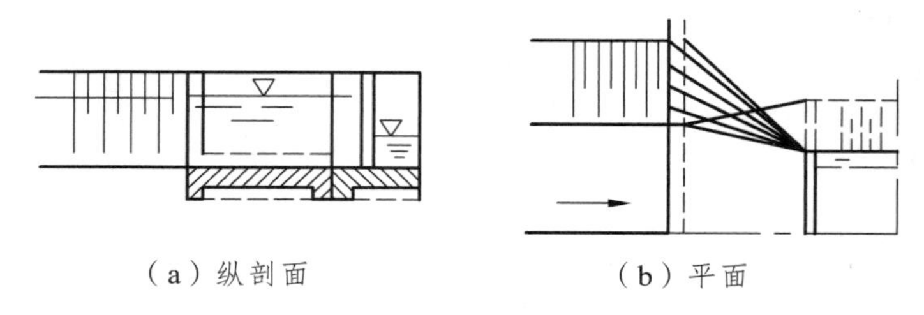

（a）纵剖面　　（b）平面

**图 7-6　扭曲面翼墙**

4）上游岸边防护

由于闸室缩窄了河道的宽度，水流进入闸室后，流速加大，在闸室上游能产生冲刷，因此，除河底设有铺盖和防冲槽外，岸边也应该采取相应的防护措施。岸边防护长度一般比防冲槽末端稍长，并在防护端部设齿墙嵌入岸边，以防止水流淘刷。

### 2. 闸室段

闸室段由闸底板、闸墩、岸墙、边墩、闸门和工作桥、交通桥等上部结构组成。

1）闸底板

（1）闸底板高程应不低于闸下游出口段末端的河床高程，一般不宜高于上游河床的高程，有特殊要求时应做专门研究。

（2）闸底板长度与宽度，主要是根据水力计算、闸室在外力作用下的稳定要求以及机械设备布置等因素确定。初步拟定的闸底板宽度（顺水流方向）可参照表 7-1 选用。

**表 7-1　闸底板宽度**

| 基土种类 | 闸底板宽度/m | 基土种类 | 闸底板宽度/m |
|---|---|---|---|
| 砂砾石和砾石 | （1.25 ~ 1.75）$H$ | 黏壤土 | （2.00 ~ 2.25）$H$ |
| 沙壤土和沙土 | （1.75 ~ 2.00）$H$ | 黏　土 | （2.25 ~ 2.50）$H$ |

其中：$H$ 为上下游最大水位差。

表 7-1 中的数值，仅考虑了在各种非岩基上抗滑稳定的因素，故布置闸门及其他上部设施时，可用估算的方法使所有各部分重量及水压力等荷载的合力接近底板中心点。闸上水压力较大，合力可能偏向底板中心点下游，则闸门及具有较高桥位的工作桥，宜设于偏向上游的位置，以保持平衡。

（3）闸底板常用平底板和倒拱底板，平底板的厚度，一般为 1.0 ~ 2.0 m，最薄不宜小于 0.7 m。倒拱底板厚度，通常为闸净宽的 1/10 ~ 1/15，但不小于 0.3 ~ 0.4 m。

（4）闸底板在上下游两端一般均设齿墙，齿墙混凝土等级强度应满足强度和抗渗要求，一般应不小于 C18。

2）闸　墩

（1）闸墩的长度须满足布置闸门、检修门槽、工作桥和交通桥的需要。

（2）闸墩的长度一般与闸底板等长，或稍短于底板，一般是根据闸门要求来确定。弧形闸门的支臂较长，约为水头的 1.2 ~ 1.5 倍，弧形闸门启闭的形成圆弧形的旋转面，因而需要较长的闸墩；平面闸门启闭垂直面升降，因此需要闸墩较短，但相应闸墩高度增加。

（3）工作闸槽和检修闸槽之间不小于 1.5 ~ 2.0 m 的静距，以满足闸门检修的工作面要求。

（4）闸墩的厚度应满足强度、稳定及门槽布置的要求。

（5）工作桥与交通桥部分的闸墩顶高程，应在设计水位以上，泄流不产生阻力现象，并考虑和两岸或堤岸地面的衔接。

（6）闸墩迎水面的外形应满足过水平顺的要求，一般可采用半圆型、斜角型和流线型三种形式，如图 7-7 所示。

3）岸墙与边墩

（1）岸墙用以挡土，不使两岸高填土直接作用在边墩上；边墩用于布置闸门槽等，并和闸底板连成整体。在小型工程中，也可以直接利用边墩作岸墙。

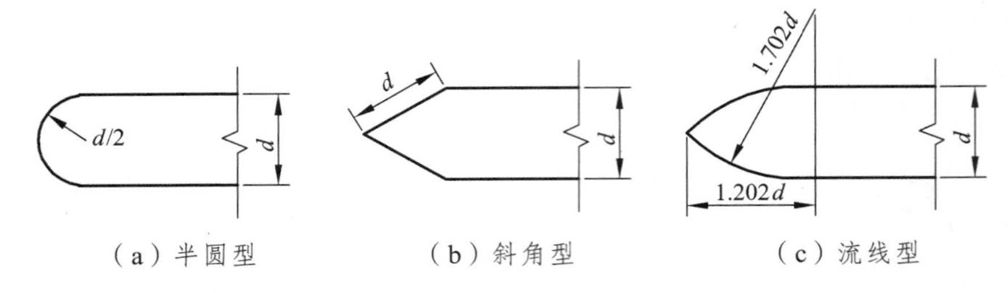


图 7-7　闸墩形式

（2）岸墙与边墩的长度与闸底板长度相同。

（3）岸墙与边墩的顶面高程，一般与闸墩顶面高程相同。

4）工作桥

（1）工作桥的宽度应满足启闭设备布置的要求和操作运行时所需的空间要求。

（2）当闸门高度不大时，工作桥可直接支撑在闸墩上，若闸门高度较大时，可在闸墩上设支架结构支撑工作桥，以减少工作量。

（3）工作桥的梁系布置应考虑启闭机的地脚螺栓和预留孔的位置。

（4）为了降低平面闸门工作桥的高度，并增加闸室的抗震能力，可采用升卧式平面闸门，如图 7-8 所示。其门槽下部为直线，上部为曲线，钢索扣于闸门的底部。闸门提升到一定的高度后，即沿曲线形轨道上升，最后闸门平卧于闸墩上，钢索呈不受力状态。

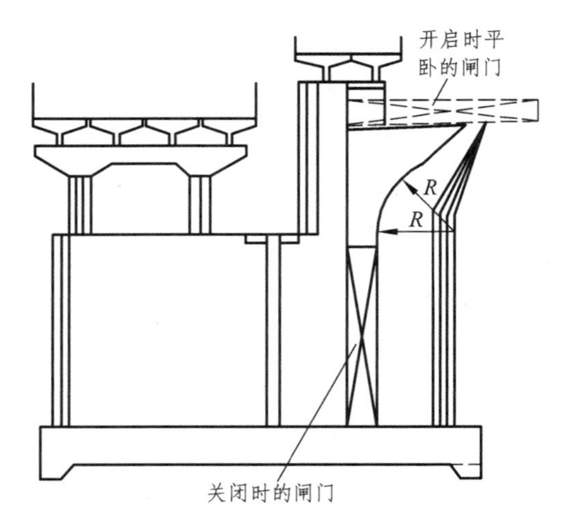


图 7-8　升卧式平面闸门

5）交通桥

（1）宽度及载重等级，视交通要求而定。

（2）位置应尽可能使合力接近底板中心以便连接两岸，通常设在低水位一侧。

### 3. 出口段

出口段由护坦、海漫、防冲槽、出口翼墙和下游岸边防护所组成。

（1）护坦：设置是为了在闸室以下消减水流动能及保护在水跃范围内河岸不受水流冲刷，如图 7-9 所示。通常在护坦部位设置效能措施，例如消力池及其他形式的效能措施。

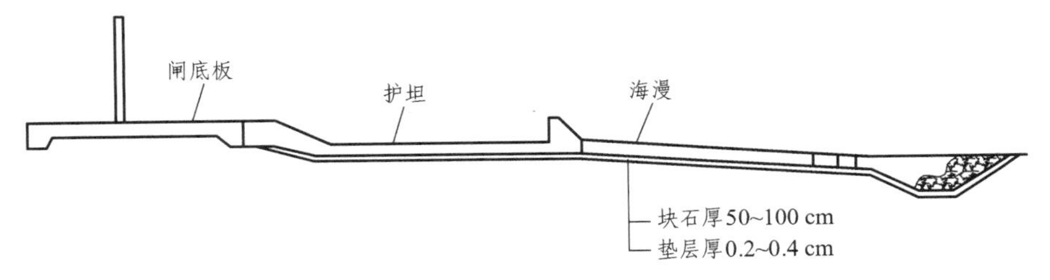


**图 7-9　出口段**

（2）海漫：作用是继续消减水流出消力池后的剩余能量，并进一步扩散和调整水流，减少水流速度。为使海漫充分发挥防冲的作用，应具有以下性能：

① 具有柔韧的性能：当下游河床受冲刷变形时，要求海漫能适应变形，继续起护面防冲的作用。

② 具有透水的性能：使渗透水流自海漫底部自由逸出。以消除渗透压力。海漫采用混凝土板或浆砌石护面时，必须设置排水孔。为防止渗透水流将土颗粒带出，因此，在海漫护面下设置垫层，一般设两层垫层，各层厚度为 0.1 ~ 0.2 m，在渗透压力较大的情况，应考虑设置反滤层。

③ 具有粗糙的性能：海漫护面具有粗糙性能，有利于消除水流能量，故海漫常用砌石、抛石或混凝土预制块为护面。

（3）防冲槽：在海漫末端水流仍有较小的冲刷能力，为防止海漫末端由于受水流淘刷遭到破坏。而在末端设置防冲槽。当防冲槽下游河床形成最总冲刷状态时，防冲槽内的堆石将自动地铺护冲刷坑的边坡，使其保持稳定，从而保护海漫不遭破坏。如图 7-10 所示。

（4）出口翼墙：它的作用是引导出闸水流均匀地扩散，以减少单宽流量，有利于消能，并防止水跃范围内尾水的压缩而恶化效能。因此，出口翼墙顺水流方向的长度至少应与消力池的长度相等。

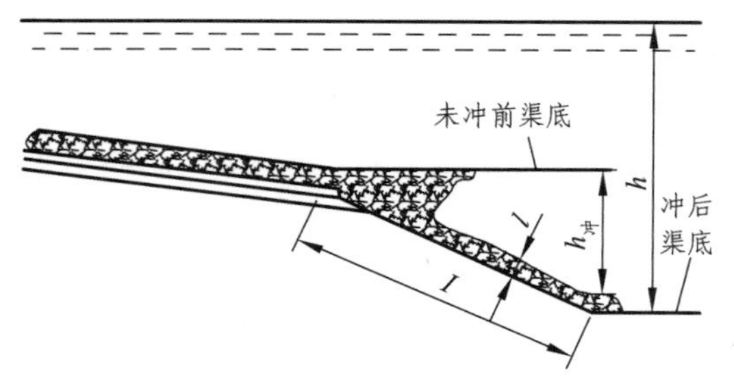


图 7-10　堆石防冲槽

出口翼墙形式与进口翼墙相同，一般采用八字形或圆弧形。八字形翼墙的扩散角度一般取 8° ~ 12°。

（5）下游岸边防护：水流流出翼墙段后，其流速和水面波动较大，对岸边需要采取防护措施，以防止冲刷。岸边防护的长度与水流流速、流态和岸边土质有关。对黏性土质的岸边，或者水流扩散分布均匀的，其防护长度比防冲槽稍长即可；对砂性土质岸边，或者水流扩散不良；容易发生偏折的，则防护长度要适当加长。

## 7.2　水力计算与消能防冲

### 7.2.1　水力计算

确定闸孔尺寸时，其单宽流量在很大程度上决定防洪闸的安全与经济问题，应当根据水流流态和地基特点，对闸孔尺寸做多方案比较，选择最优方案。

砂质黏土地基，一般单宽流量取 15 ~ 25 $m^3/s$；对于尾水较浅，河床土质抗冲能力较差的，单宽流量可取 5 ~ 15 $m^3/s$。

确定闸孔宽度还要考虑闸门材料与结构形式等因素。

#### 1. 实用堰式闸孔

1）孔　流

当实用堰顶上设置控制闸门，在闸门部分开启或有胸腔阻水，且出流不受下游水位影响时，闸下出流呈自由式孔流，如图 7-11 所示。过闸流量按式（7-2）计算。

$$Q = \mu ab\sqrt{2gH_0} \tag{7-2}$$

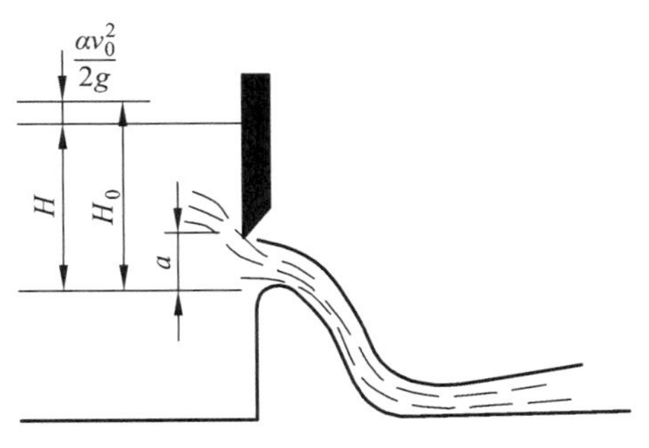


图 7-11　实用堰孔流

式中　$Q$——过闸流量（$m^3/s$）；

$\mu$——流量系数，$\mu=\varepsilon\varphi$；

$\varepsilon$——垂直收缩系数，见表 7-2；

$\varphi$——流速系数，实用堰 $\varphi=0.95$；

$a$——闸门开启高度（m）；

$b$——闸门宽度（m）；

$H$——堰上水头（m）；

$H_0$——计入行进速度在内的堰上水深（m），$H_0=H+\frac{\alpha V_0^2}{2g}$；

$\alpha$——流速分布不均匀系数，$\alpha=1.0\sim1.1$。

表 7-2　$\varepsilon'$ 值

| $\frac{a}{H}$ | $\varepsilon'$ | $\frac{a}{H}$ | $\varepsilon'$ | $\frac{a}{H}$ | $\varepsilon'$ | $\frac{a}{H}$ | $\varepsilon'$ |
|---|---|---|---|---|---|---|---|
| 0.00 | 0.611 | 0.30 | 0.625 | 0.55 | 0.650 | 0.80 | 0.720 |
| 0.10 | 0.615 | 0.35 | 0.628 | 0.60 | 0.660 | 0.85 | 0.745 |
| 0.15 | 0.618 | 0.40 | 0.632 | 0.65 | 0.672 | 0.90 | 0.780 |
| 0.20 | 0.620 | 0.45 | 0.638 | 0.70 | 0.690 | 0.95 | 0.835 |
| 0.25 | 0.622 | 0.50 | 0.645 | 0.75 | 0.705 | 1.00 | 1.000 |

当下游水位高于堰顶时，闸下出流呈淹没式出流，过闸流量按式（7-3）计算。

$$Q=\mu ab\sqrt{2g(H_0-h_n)} \tag{7-3}$$

式中　$h_n$——下游堰上水深（m）。

2）堰　流

当实用堰全部开启，且出流不受下游水位影响时，出流成自由式堰流，如图 7-12 所示，过闸流量按式（7-4）计算。

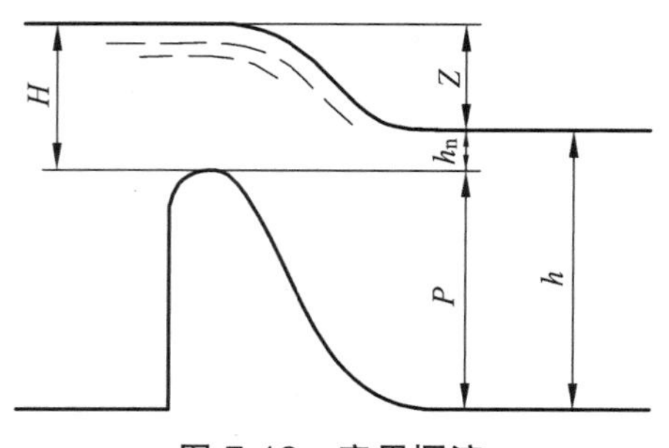


图 7-12　实用堰流

$$Q = \varepsilon m b \sqrt{2g} H_0^{1.5} \tag{7-4}$$

式中　$Q$——过闸流量（$m^3/s$）；

$\varepsilon$——侧收缩系数，一般取 $\varepsilon = 0.85 \sim 0.95$；

$m$——流量系数，一般取 $0.45 \sim 0.49$；

$b$——闸门宽度（m）；

$H_0$——计入行进速度在内的堰上水深（m）。

当下游水位高于堰顶时，则出流呈淹没式堰流，过闸流量按式（7-5）计算。

$$Q = \sigma_n \varepsilon m b \sqrt{2g} H_0^{1.5} \tag{7-5}$$

式中　$\sigma_n$——淹没系数，根据 $\dfrac{h_n}{H}$ 取值，见表 7-3。

表 7-3　淹没系数 $\sigma_n$

| $\frac{h_n}{H}$ | $\sigma_n$ | $\frac{h_n}{H}$ | $\sigma_n$ | $\frac{h_n}{H}$ | $\sigma_n$ | $\frac{h_n}{H}$ | $\sigma_n$ | $\frac{h_n}{H}$ | $\sigma_n$ | $\frac{h_n}{H}$ | $\sigma_n$ |
|---|---|---|---|---|---|---|---|---|---|---|---|
| 0.05 | 0.997 | 0.42 | 0.953 | 0.64 | 0.888 | 0.78 | 0.796 | 0.89 | 0.644 | 0.950 | 0.470 |
| 0.10 | 0.995 | 0.44 | 0.949 | 0.66 | 0.879 | 0.79 | 0.786 | 0.90 | 0.621 | 0.955 | 0.446 |
| 0.15 | 0.990 | 0.46 | 0.945 | 0.68 | 0.868 | 0.80 | 0.776 | 0.905 | 0.609 | 0.960 | 0.421 |
| 0.20 | 0.985 | 0.48 | 0.940 | 0.70 | 0.856 | 0.81 | 0.762 | 0.910 | 0.596 | 0.965 | 0.395 |
| 0.25 | 0.980 | 0.50 | 0.935 | 0.71 | 0.850 | 0.82 | 0.750 | 0.915 | 0.583 | 0.970 | 0.357 |
| 0.30 | 0.972 | 0.52 | 0.930 | 0.72 | 0.844 | 0.83 | 0.737 | 0.920 | 0.570 | 0.975 | 0.319 |

续表

| $\frac{h_n}{H}$ | $\sigma_n$ | $\frac{h_n}{H}$ | $\sigma_n$ | $\frac{h_n}{H}$ | $\sigma_n$ | $\frac{h_n}{H}$ | $\sigma_n$ | $\frac{h_n}{H}$ | $\sigma_n$ | $\frac{h_n}{H}$ | $\sigma_n$ |
|---|---|---|---|---|---|---|---|---|---|---|---|
| 0.32 | 0.970 | 0.54 | 0.925 | 0.73 | 0.838 | 0.84 | 0.724 | 0.925 | 0.555 | 0.980 | 0.274 |
| 0.34 | 0.967 | 0.56 | 0.919 | 0.74 | 0.831 | 0.85 | 0.710 | 0.930 | 0.540 | 0.985 | 0.229 |
| 0.36 | 0.964 | 0.58 | 0.913 | 0.75 | 0.823 | 0.86 | 0.695 | 0.935 | 0.524 | 0.990 | 0.170 |
| 0.38 | 0.961 | 0.60 | 0.906 | 0.76 | 0.814 | 0.87 | 0.680 | 0.940 | 0.506 | 0.995 | 0.100 |
| 0.40 | 0.957 | 0.62 | 0.897 | 0.77 | 0.805 | 0.88 | 0.663 | 0.945 | 0.488 | 1.000 | 0.000 |

## 2. 宽顶堰式闸孔

1）孔　流

当宽顶堰顶上闸门部分开启或有胸腔阻水，且闸下出流不受下游水位影响时，则闸下出流呈自由式孔流，如图 7-13 所示，过闸流量按式（7-6）计算。

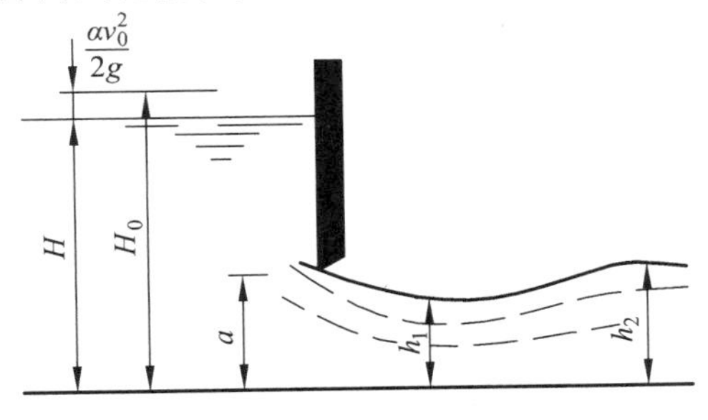


图 7-13　宽顶堰孔流

$$Q=\mu ab\sqrt{2g(H_0-h_1)} \tag{7-6}$$

式中　$h_1$——收缩断面水深（m），$h_1=\varepsilon a$；

$\varepsilon'$——垂直收缩系数，见表 7-2。

当闸门部分开启时，如果闸下游水流发生淹没水跃或下游水位高于闸门下缘时，则闸下出流呈淹没式孔流，过闸流量按式（7-7）计算。

$$Q=\mu ab\sqrt{2g(H_0-h_t)} \tag{7-7}$$

式中　$h_t$——闸下游尾水深（m）。

2）堰　流

当宽顶堰顶上闸门全部开启，且闸下出流呈自由式出流，如图 7-14 所示，过流量按式（7-8）计算。

$$Q = \varepsilon m b \sqrt{2g} H_0^{1.5} \tag{7-8}$$

式中　$m$——流量系数，视进口翼墙形状而定，见表 7-6～表 7-9。

$\varepsilon$——侧收缩系数，详见以下计算。

（1）进口有坎宽顶堰的侧收缩系数。

$$\varepsilon = 1 - \frac{\alpha}{\sqrt[3]{0.2 + \frac{P}{H}}} \sqrt[4]{\frac{b}{B}} \left(1 - \frac{b}{B}\right)$$

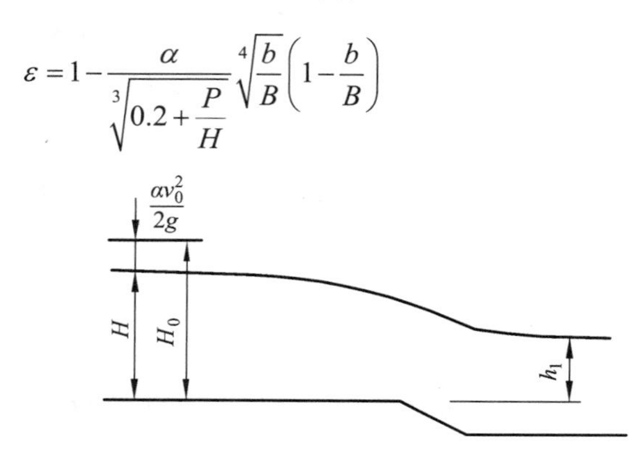


图 7-14　宽顶堰堰流

式中　$P$——上游坎高（m）。

$H$——堰上水深（m）。

$b$——闸孔净宽（m）。

$B$——上游河宽（m），对于梯形断面，近似用 1/2 水深处的水面宽，即 $B = b_0 + mh/2$，$b_0$ 为底宽，$m$ 为边坡系数，$h$ 为水深（m）。

$\alpha$——系数，闸墩（或边墩）墩头为矩形，宽顶堰进口边缘为直角时，$\alpha = 0.19$；墩头为曲线形，宽顶堰进口边缘为直角或圆弧时，$\alpha = 0.10$。

上式适用条件为 $\frac{b}{B} \geqslant 0.2$，$\frac{P}{H} \leqslant 3.0$。

当 $\frac{P}{H} > 3.0$ 时，用 $\frac{P}{H} = 3.0$ 计算。

① 多孔闸过流时，$\varepsilon$ 可取综合侧收缩系数 $\overline{\varepsilon}$（加权平均值），由下式计算：

$$\overline{\varepsilon} = \frac{\varepsilon_1 (n-1) + \varepsilon_2}{n}$$

式中　$\varepsilon_1$——中孔侧收缩系数；

$$\varepsilon_1 = 1 - \frac{\alpha}{\sqrt[3]{0.2+\frac{P}{H}}}\sqrt[4]{\frac{b}{b+d}}\left(1-\frac{b}{b+d}\right)$$

其中　$d$——中墩厚（m）；

$$\varepsilon_2 = 1 - \frac{\alpha}{\sqrt[3]{0.2+\frac{P}{H}}}\sqrt[4]{\frac{b}{b+\Delta b}}\left(1-\frac{b}{b+\Delta b}\right)$$

其中　$\Delta b$——边墩边缘线与上游河道水边线之间的距离（m）。

② 侧收缩系数见表 7-4、表 7-5。

**表 7-4　侧收缩系数 $\varepsilon$（$\alpha = 0.10$）**

| $\frac{b}{B}$ | $\frac{P}{H}$ | | | | | |
|---|---|---|---|---|---|---|
| | 0.0 | 0.25 | 0.5 | 1.0 | 2.0 | 3.0 |
| 0.1 | 0.913 | 0.930 | 0.939 | 0.950 | 0.959 | 0.964 |
| 0.2 | 0.913 | 0.930 | 0.939 | 0.950 | 0.959 | 0.964 |
| 0.3 | 0.915 | 0.932 | 0.941 | 0.951 | 0.960 | 0.965 |
| 0.4 | 0.918 | 0.936 | 0.946 | 0.955 | 0.963 | 0.968 |
| 0.5 | 0.929 | 0.945 | 0.953 | 0.960 | 0.967 | 0.971 |
| 0.6 | 0.940 | 0.954 | 0.961 | 0.967 | 0.973 | 0.976 |
| 0.7 | 0.955 | 0.964 | 0.970 | 0.974 | 0.979 | 0.982 |
| 0.8 | 0.968 | 0.976 | 0.979 | 0.983 | 0.986 | 0.988 |
| 0.9 | 0.984 | 0.988 | 0.990 | 0.992 | 0.993 | 0.994 |
| 1.0 | 1.000 | 1.000 | 1.000 | 1.000 | 1.000 | 1.000 |

**表 7-5　侧收缩系数 $\varepsilon$（$\alpha = 0.19$）**

| $\frac{b}{B}$ | $\frac{P}{H}$ | | | | | |
|---|---|---|---|---|---|---|
| | 0.0 | 0.25 | 0.5 | 1.0 | 2.0 | 3.0 |
| 0.1 | 0.836 | 0.868 | 0.887 | 0.904 | 0.922 | 0.931 |
| 0.2 | 0.836 | 0.868 | 0.887 | 0.904 | 0.922 | 0.931 |
| 0.3 | 0.836 | 0.872 | 0.890 | 0.907 | 0.924 | 0.933 |

续表

| $\frac{b}{B}$ | $\frac{P}{H}$ | | | | | |
|---|---|---|---|---|---|---|
| | 0.0 | 0.25 | 0.5 | 1.0 | 2.0 | 3.0 |
| 0.4 | 0.845 | 0.882 | 0.898 | 0.915 | 0.930 | 0.938 |
| 0.5 | 0.864 | 0.896 | 0.911 | 0.925 | 0.939 | 0.945 |
| 0.6 | 0.886 | 0.913 | 0.925 | 0.937 | 0.950 | 0.955 |
| 0.7 | 0.911 | 0.933 | 0.941 | 0.951 | 0.961 | 0.966 |
| 0.8 | 0.940 | 0.953 | 0.958 | 0.965 | 0.972 | 0.977 |
| 0.9 | 0.970 | 0.976 | 0.978 | 0.983 | 0.986 | 0.988 |
| 1.0 | 1.000 | 1.000 | 1.000 | 1.000 | 1.000 | 1.000 |

（2）进口无底坎宽顶堰侧收缩系数：对于无底坎的平底闸，出现宽顶堰流，是由于平面上闸孔小于上游河宽，过水断面收缩而引起的。因而边墩收缩对过闸流量的影响已包含在流量系数中，计算用以下几种情况处理：

① 单孔闸：若计算中流量系数 $m$ 按表 7-6～表 7-9 直接选用，侧收缩系数 $\varepsilon$ 不再计算（即取 $\varepsilon=1$），即侧收缩对过闸流量的影响包含在流量系数 $m$ 中。

**表 7-6　直角形翼墙进口的平底宽顶堰流量系数 $m$**

| $b/B$ | ≈0.0 | 0.1 | 0.2 | 0.3 | 0.4 | 0.5 | 0.6 | 0.7 | 0.8 | 0.9 | 1.0 |
|---|---|---|---|---|---|---|---|---|---|---|---|
| $m$ | 0.320 | 0.322 | 0.324 | 0.327 | 0.330 | 0.334 | 0.340 | 0.346 | 0.355 | 0.367 | 0.385 |

注：$b$ 为闸孔净宽（m）；$B$ 为上游河宽（m）。

**表 7-7　八字形翼墙进口的平底宽顶堰流量系数 $m$**

| $\cot\theta$ | $b/B$ | | | | | | | | | | |
|---|---|---|---|---|---|---|---|---|---|---|---|
| | ≈0.0 | 0.1 | 0.2 | 0.3 | 0.4 | 0.5 | 0.6 | 0.7 | 0.8 | 0.9 | 1.0 |
| 0.5 | 0.343 | 0.344 | 0.346 | 0.348 | 0.350 | 0.352 | 0.356 | 0.360 | 0.365 | 0.373 | 0.385 |
| 1.0 | 0.350 | 0.351 | 0.352 | 0.354 | 0.356 | 0.358 | 0.361 | 0.364 | 0.369 | 0.375 | 0.385 |
| 2.0 | 0.353 | 0.354 | 0.355 | 0.357 | 0.358 | 0.360 | 0.363 | 0.366 | 0.370 | 0.376 | 0.385 |
| 3.0 | 0.350 | 0.351 | 0.352 | 0.354 | 0.356 | 0.358 | 0.361 | 0.364 | 0.369 | 0.375 | 0.385 |

注：① $\theta$ 为翼墙和水流轴线的夹角（度）；
② $b$ 为闸孔净宽（m）；$B$ 为上游河宽（m）。

表 7-8　圆弧形翼墙进口的平底宽顶堰流量系数 $m$

| $r/b$ | $b/B$ | | | | | | | | | | |
|---|---|---|---|---|---|---|---|---|---|---|---|
| | 0.0 | 0.1 | 0.2 | 0.3 | 0.4 | 0.5 | 0.6 | 0.7 | 0.8 | 0.9 | 1.0 |
| 0.00 | 0.320 | 0.322 | 0.324 | 0.327 | 0.330 | 0.334 | 0.340 | 0.346 | 0.355 | 0.367 | 0.385 |
| 0.05 | 0.335 | 0.337 | 0.338 | 0.340 | 0.343 | 0.346 | 0.350 | 0.355 | 0.362 | 0.371 | 0.385 |
| 0.10 | 0.342 | 0.344 | 0.345 | 0.343 | 0.349 | 0.352 | 0.354 | 0.359 | 0.365 | 0.373 | 0.385 |
| 0.20 | 0.349 | 0.350 | 0.351 | 0.353 | 0.355 | 0.357 | 0.360 | 0.363 | 0.368 | 0.375 | 0.385 |
| 0.30 | 0.354 | 0.355 | 0.356 | 0.357 | 0.359 | 0.361 | 0.363 | 0.366 | 0.371 | 0.376 | 0.385 |
| 0.40 | 0.357 | 0.358 | 0.359 | 0.360 | 0.362 | 0.363 | 0.365 | 0.368 | 0.372 | 0.377 | 0.385 |
| ≥0.50 | 0.360 | 0.361 | 0.362 | 0.363 | 0.364 | 0.366 | 0.368 | 0.370 | 0.373 | 0.378 | 0.385 |

注：① $r$ 为进口圆弧半径（m）。
② $b$ 为闸孔净宽（m）；$B$ 为上游河宽（m）。

表 7-9　斜角形翼墙进口的平底宽顶堰流量系数 $m$

| $e/b$ | $b/B$ | | | | | | | | | | |
|---|---|---|---|---|---|---|---|---|---|---|---|
| | ≈0.0 | 0.1 | 0.2 | 0.3 | 0.4 | 0.5 | 0.6 | 0.7 | 0.8 | 0.9 | 1.0 |
| 0.00 | 0.320 | 0.322 | 0.324 | 0.327 | 0.330 | 0.334 | 0.340 | 0.346 | 0.355 | 0.367 | 0.385 |
| 0.025 | 0.335 | 0.337 | 0.338 | 0.341 | 0.343 | 0.346 | 0.350 | 0.355 | 0.362 | 0.371 | 0.385 |
| 0.050 | 0.340 | 0.341 | 0.343 | 0.345 | 0.347 | 0.350 | 0.354 | 0.358 | 0.364 | 0.372 | 0.385 |
| 0.100 | 0.345 | 0.346 | 0.348 | 0.349 | 0.351 | 0.354 | 0.357 | 0.361 | 0.366 | 0.374 | 0.385 |
| ≥0.200 | 0.350 | 0.351 | 0.352 | 0.354 | 0.356 | 0.358 | 0.361 | 0.364 | 0.369 | 0.375 | 0.385 |

注：① $e$ 为斜角的高度（m）。
② $b$ 为闸孔净宽（m）；$B$ 为上游河宽（m）。

② 多孔闸：对于多孔闸其水流状态除受边墩影响外，还受中墩的影响，因而要综合边墩和中墩对过闸流量的影响。其计算方法如下：

若用表 7-6～表 7-9 直接计算流量系数，则侧收缩系数不再计算，采用综合流量系数，其值为

$$m=\frac{m_1(n-1)+m_2}{2}$$

式中　$n$——闸孔数。

$m_1$——中孔的流量系数，将中墩的一半看成边墩，如图 7-15 所示，然后按此边墩形状查表 7-6～表 7-9 中相应的值，表中 $b/B$ 用

$b/(b+d)$ 代替。

$m_2$——边孔的流量系数，按边孔形状查表 7-6 ~ 表 7-9 中相应的值，表中 $b/B$ 用 $b/(b+\Delta b)$ 代替。

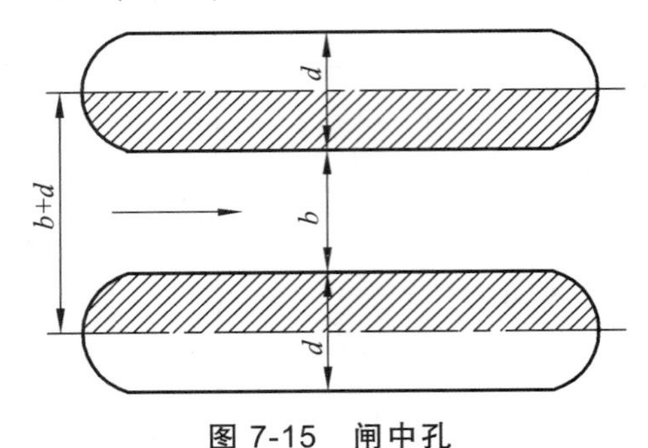


图 7-15　闸中孔

若采用综合流量系数 $m$ 计算多孔闸过流能力时，则式（7-8）中的 $\varepsilon m = 0.385\bar{\varepsilon}$，$\bar{\varepsilon}$ 为综合侧收缩系数。

当堰顶以上的下游水深 $h_n \geqslant 0.8H_0$ 时，则应按淹没式堰流计算，过闸流量按式（7-9）计算。

$$Q = \varphi_0 b h_n \sqrt{2g(H_0 - h_n)} \tag{7-9}$$

式中　$h_n$——堰顶以上的下游水深（m）；

$\varphi_0$——流速系数，随流量系数 $m$ 而定，见表 7-10。

表 7-10　流速系数 $\varphi_0$ 值

| $m$ | 0.30 | 0.31 | 0.32 | 0.33 | 0.34 | 0.35 | 0.36 | 0.37 | 0.38 |
|---|---|---|---|---|---|---|---|---|---|
| $\varphi_0$ | 0.78 | 0.81 | 0.84 | 0.87 | 0.90 | 0.93 | 0.96 | 0.98 | 0.99 |

为了运转管理方便，通常根据防洪闸类型、泄流形式和上下游水位情况，采用水力计算或模型试验，拟定防洪闸的泄流曲线。

### 3. 防潮闸过闸流量计算

确定防潮闸闸孔尺寸，首先要确定出闸上下游水位，然后选相应的过闸流量公式计算过闸流量。确定上下游水位比较复杂，一般均按实践中得到的比较简单合理的近似方法来确定。

1）闸下标准潮型选择

选择闸下标准潮型时，应分析对泄流最不利的最高高潮水位及最高低潮水位产生原因，一般分为主要受台风影响的潮型、主要受上游洪峰流量影响的潮型、最高潮水位主要受台风影响的潮型、最高低潮水位主要受上游流量影响的潮型等 4 种潮型。

2）闸上半日河流水库蓄水能力

在高潮倒灌的河道中心建挡潮闸后，汛期时当闸下水位下跌时，开闸放水；当闸下潮水位上涨时，关闭防止潮水倒灌。关闭期间闸上游河道仍不断来水，蓄于闸上河槽之中，闸上水位便随着上升。当闸下潮水位下降而低于闸上水位时，又开闸排去闸上河槽所需之水，闸上水位又重下降，因此，闸上河槽成为一个临时调节的蓄水池，随着每次潮水位的涨落，此水库就进行一次调节。每次潮水位涨落约半日，故称为闸上半日河流水库或简称河流水库。

3）过闸流量计算

挡潮闸过闸流量计算是否正确，不但和闸下潮型选择及闸上河流水库蓄泄能力的计算密切相关，而且和过闸流量的计算方法有关。

当闸下潮水位的涨落不影响过闸流量时，计算方法最简单，这是临界流情况，可直接应用水力学公式计算过闸流量。以往常用堰流计算法和合成波计算法，近年来由于电子计算机的普遍应用，对过闸的不恒定流做了大量的计算工作，并通过实测验证，认为挡潮闸过闸流量完全可以用宽顶堰的公式计算。

闸孔尺寸选择应根据过闸流量与上下游河道的泄流能力，进行若干方案比较，求得最经济的组合方案。

### 4. 防洪闸闸顶高程确定

挡洪闸与分洪闸的闸顶高程确定方式相同，见式（7-10）。

$$Z_{\mathrm{H}}=Z_{\mathrm{p}}+e+h_{\delta}+\delta \tag{7-10}$$

式中　$Z_{\mathrm{H}}$——闸顶高程（m）。

$Z_{\mathrm{p}}$——闸前河道设计水位（m）。

$h_{\delta}$——波浪袭击高度。

$\delta$——安全超高，一般不小于 0.5 m。

$e$——由于风浪而产生的水位升高，可按经验公式（7-11）计算。

$$e=\frac{v^{2}D}{4\,840H_{0}}\cos\beta \tag{7-11}$$

其中　$v$——风速（m/s）；

$D$——浪程（km）；

$H_0$——闸前水深（m）；

$\beta$——风向与计算吹程方向的夹角（°）。

挡潮闸闸顶高程确定见式（7-12）。

$$H = h_1 + h_2 + h_e + \delta \tag{7-12}$$

式中 $H$——挡潮闸闸顶高程（m）；

$h_1$——建闸前设计最高潮水位（m）；

$h_2$——建闸后的关闸潮水壅高值（m）；

$h_e$——波浪侵袭高度（m）；

$\delta$——安全超高，大型 $\delta = 1.5$ m，中型 $\delta = 1.0$ m，小型 $\delta = 0.5$ m。

关闸后潮水位壅高值 $h_2$，在有实测全潮流量条件下，可用潮波能量转换原理推得，按式（7-13）计算。

$$h_2 = 0.32\left(\frac{Qv}{b}\right)^{0.5} \tag{7-13}$$

式中 $h_2$——建闸后的关闸潮水壅高值（m）；

$Q$——建闸前断面流量（$m^3/s$）；

$v$——建闸前断面流速（m/s）；

$b$——河道壅高或落低时的平均书面宽度（m）。

## 7.2.2 消能防冲

### 1. 护坦设计

护坦是闸身以下消减水流动能及保护在水跃范围内河床不受水流冲刷的主要结构，由于护坦表面受高速水流作用，因此护坦材料必须具有抗冲耐磨的性能，一般采用混凝土或钢筋混凝土结构。

1）水面连接的判别

由于防洪闸前后水流等水力要素之间的关系不同，在闸下游可能发生各种不同连接形式。防洪闸多是平底出流，因此只有底流式连接形式，假定防洪闸为定流量，下游河道水流状态为均匀流态，下游水深 $h_t$ 为正常水深。一般建闸河道均系缓坡，水流是缓流状态，下游水深大于临界水深，在此情况下，当防洪闸泄流时，在距闸孔一定距离处形成收缩断面，水流在此处具有最小水深，该水深常小于临界水深，呈急流状态，由急流到缓流状态，必须通过水跃，因此防洪闸出流常借水跃与下游连接。

根据跃后水深 $h_2$ 与下游水深 $h_t$ 的关系，水面连接有 3 种形式：

当 $h_2 > h_t$ 时，为远驱式水跃；

当 $h_2 = h_t$ 时，为临界式水跃；

当 $h_2 < h_t$ 时，为淹没式水跃。

以上 3 种连接形式中，第 1 种最为不利，第 3 种效能最为有利，第 2 种是一种过渡形式，介于两者之间。

2）构造设计

为了降低护坦下面的渗透压力，以减轻护坦的负荷，可在护坦上设置垂直排水孔，并在护坦下面设置反滤层，在水跃区域内不宜设置排水孔，因该区域流速很高，可能在局部产生真空，形成负压，致使排水孔渗流坡降增大，容易造成地基的局部破坏。排水孔常布置成梅花形，孔距一般取 1.5 ~ 2.0 m，孔径为 25 ~ 30 mm，如图 7-16 所示。

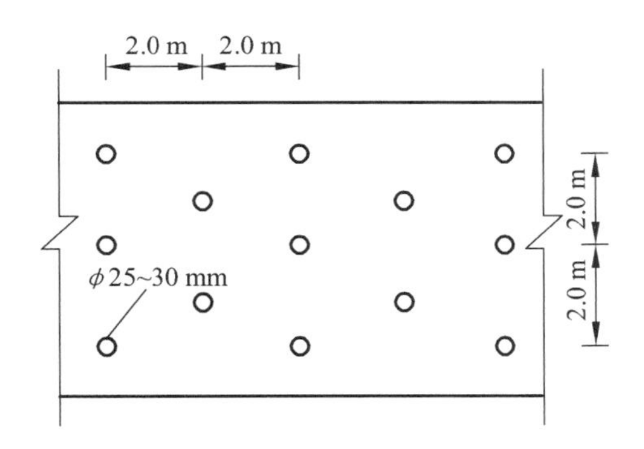


**图 7-16　护坦排水孔布置示意图**

护坦与闸室底板、翼墙之间均以变形缝分开，以适应不均匀的沉降和伸缩。顺水流方面的纵缝最好与闸室底板上的纵缝及闸孔中线错开，以减轻急流对纵缝的冲刷作用。缝距一般为 15 ~ 20 m，缝宽为 10 ~ 30 mm。

3）消力池

闸下消能防冲设计，应以闸门全开的泄流量或最大单宽流量为控制条件。

防洪闸泄流时，上下游水位差形成的高速水流，将对下游河床和岸边产生冲刷作用，为防止有害冲刷，必须有效消除由于高速水流所产生的巨大能量。水跃可以造成较大能量损失，通过水跃，一般可使水流总能量损失 40% ~ 60%，因此，水跃可作为消能的主要措施。一般在闸下游设置能促使形成水跃的消能设施，常用的消能设施有消力池、消力槛、综合式消力池以及消力墩、消力梁等一些辅助的消能工程。当下游水深不足时，为了获得淹没式水跃，可加深下游护坦做成消力池，以加大下游水深，使之产生淹没式水跃。消力池是一种最可靠的消能设施，构造简单，使用广泛，通常采用混凝土或钢筋混凝土结构，不宜采用浆砌石结构。

### 2. 出口翼墙

出闸高速水流的平面扩散是效能的一个必要步骤，平面扩散可以减小单宽流量，尤其是水位较小的闸下消能，平面扩散更重要。下游翼墙扩散角度对出闸水流影响很大，下游翼墙的平均扩散角每侧宜采用 7° ~ 12°，其顺水流向的投影长度应大于或等于消力池长度。如果翼墙扩散角度太大或扩散不良，使水流不能顺着翼墙扩散面扩散，可能形成回流区域，压缩主流，使水流集中，单宽流量增大，并容易造成偏流；同时翼墙末端与岸边连接处，因断面放大而形成回流，掏刷岸边及河底。在有侧向防渗要求的条件下，翼墙的墙顶高程应分别高于最不利的运用水位。翼墙分段长度应根据结构和地基条件确定，建筑在坚实或中等坚实地基上的翼墙分段长度可采用 15 ~ 20 m；建筑在松软地基或回填土上的翼墙分段长度可适当减短。

### 3. 海　漫

海漫的作用是保护护坦或消力池后面的河床免受高速水流冲刷，减少护坦消能后剩下的能量，并进一步扩散和调整水流，减小流速，防止对河床有害的冲刷。在海漫上面不允许有水跃发生，海漫本身的材料，必须能长期经受高速水流的冲刷，并能适应河床的变形而不致破坏，其表面尽可能有一定的糙率，以减小水流速度。为了减少闸室底板和护坦下面的渗透压力，海漫应设计成透水的。在其下面设反滤层，以防止渗透水流把地基土粒带出。海漫的结构由堆石海漫、干砌石海漫和混凝土预制板海漫，海漫的结构根据海漫上水流流速大小来选择。

海漫长度计算如下：

当 $\sqrt{q_s\sqrt{\Delta H'}}=1\sim 9$，且消能扩散良好时，海漫长度可按公式（7-14）计算：

$$L_p = K_s\sqrt{q_s\sqrt{\Delta H'}} \tag{7-14}$$

式中　$L_p$——海漫长度（m）；

$q_s$——消力池末端单宽流量（$m^2/s$）；

$K_s$——海漫长度计算系数，可由表 7-11 查得。

**表 7-11　$K_s$ 值**

| 河床土质 | 粉砂、细砂 | 中砂、粗砂、粉质壤土 | 粉质黏土 | 坚硬黏土 |
|---|---|---|---|---|
| $K_s$ | 13 ~ 14 | 11 ~ 12 | 9 ~ 10 | 7 ~ 8 |

### 4. 防冲槽

防冲槽通常采用抛砌石结构，其表面的水流流速应接近河床的容许流速，才能避免河床产生有害的冲刷。海漫末端的河床经水流长期冲刷，必然将河床冲深，形成冲刷坑，这是防冲槽内的部分石块将自动填充被冲深的部位，以减轻水流对河床的进一步破坏。防冲槽的砌置深度，应根据海漫末端冲刷深度计算，海漫末端的河床冲刷深度可按公式（7-15）计算。

$$d_{\mathrm{m}} = 1.1\frac{q_{\mathrm{m}}}{v_{\mathrm{m}}} - h_{\mathrm{m}} \tag{7-15}$$

式中　$d_{\mathrm{m}}$——海漫末端河床冲刷深度（m）;

$q_{\mathrm{m}}$——海漫末端单宽流量（$\mathrm{m^2/s}$）;

$v_{\mathrm{m}}$——河床土质容许不冲流速（m/s）;

$h_{\mathrm{m}}$——海漫末端河床水深（m）。

### 5. 下游岸边防护

为了保护翼墙以外的岸边不受水流冲刷，在一定长度内，需要进行防护。翼墙下游护坡可结合河道的防护形式，采取坡式护岸或者重力式护岸。

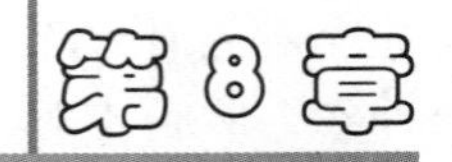

# 第8章 交叉构筑物

在城市防洪工程中，由于建筑物互相交叉而设置的跨越构筑物，称为交叉构筑物，如桥梁、涵洞、交通闸等。

## 8.1 桥 梁

本节桥梁系指在城市防洪工程中，由于沟渠与堤防、道路、铁路等交叉而设置的桥梁，因此中小桥居多。

### 8.1.1 总体布置和构造要求

（1）桥梁的等级应根据交叉的道路或防洪堤堤顶使用功能确定。

（2）桥梁的防洪标准除满足桥梁自身的防洪标准外，还应不低于跨越排洪沟渠的防洪标准，并考虑桥位上不受壅水的影响。

（3）桥型选择应根据其等级、使用功能、位置及防洪要求等因素确定。

（4）桥下净空应不小于表 8-1 所列数据。桥下净空是指桥梁部位高出设计洪水位（包括壅水高和浪高）的高度。无铰拱桥允许被设计洪水淹没，但一般不超过拱圈失高的 2/3，拱顶底面至设计洪水位的净高不少于 1.0 m。

表 8-1 桥下净空值

| 桥梁部位 | 桥下净空/m | 桥梁部位 | 桥下净空/m |
|---|---|---|---|
| 梁底 | 0.5 | 拱脚 | 0.25 |
| 支撑垫石顶面 | 0.25 | 木桥梁底 | 0.25 |

（5）桥上线型及桥头引道要保持平顺，使车轮平稳通过。直线段上的桥梁

两端引道的直线长度，一般不小于表 8-2 中的数值。

**表 8-2　桥头引道直线长度**

| 计算速度/（km/h） | 120 | 100 | 80 | 60 | 40 | 20～30 |
|---|---|---|---|---|---|---|
| 桥头引道直线长度/m | 100 | 80 | 60 | 40 | 20 | 10 |

（6）桥上纵坡不宜超过 4%，桥头引道纵坡不宜大于 5%，位于城市混合交通繁忙处，桥上纵坡和桥头引道纵坡不宜大于 3%。桥上线型及其与公路的衔接，可按路线要求布置。

（7）桥附近的路肩标高均须高于桥梁壅水水位至少 0.5 m。

（8）桥面铺装可采用多种碎石、沥青表面处置、混凝土和沥青混凝土等。装配式桥梁的混凝土铺装层内宜配置钢筋网。木桥面铺装可采用沥青表面处置或多种碎（砾）石面层。

（9）为了便于桥面排水，桥面应根据不同类型的桥面铺装设置 1.5%～3.0% 的横坡，并在行车道两侧适当长度内设置排水管，人行道设置向行车道倾斜的 1% 横坡。

（10）桥面宽度应根据道路的等级确定，四级和四级以上的道路，桥面净宽可按表 8-3 选用。

**表 8-3　桥面净宽**

| 公路等级 | 桥面净宽/m | 公路等级 | 桥面净宽/m |
|---|---|---|---|
| 一 | 净-15 或 2 净-7.5+分车带 | 三 | 净-7 |
| 二 | 净-9 或净-7 | 四 | 净-7 或净-4.5 |

## 8.1.2　桥梁孔径计算

### 1. 出流状态

（1）自由出流状态：桥下游水深 $h_t$ 等于或小于 1.3 倍的桥下临界水深 $h_c$，即 $h_t \leqslant h_c$。此时，在桥的下游出口处渠道水面不会影响桥下的水面标高，如图 8-1 所示。这种状态也称为临界状态。

（2）非自由出流状态：桥下游水深 $h_t$ 大于 1.3 倍的桥下临界水深 $h_c$，即 $h_t > h_c$。此时，桥下水面将被淹没，桥下水深等于下游河道或排洪沟渠的水深 $h_t$，如图 8-2 所示。桥下流速显然降低，过桥流量就要比自由出流状态减少。这种状态也称为淹没出流状态。桥梁一般以自由出流状态居多。

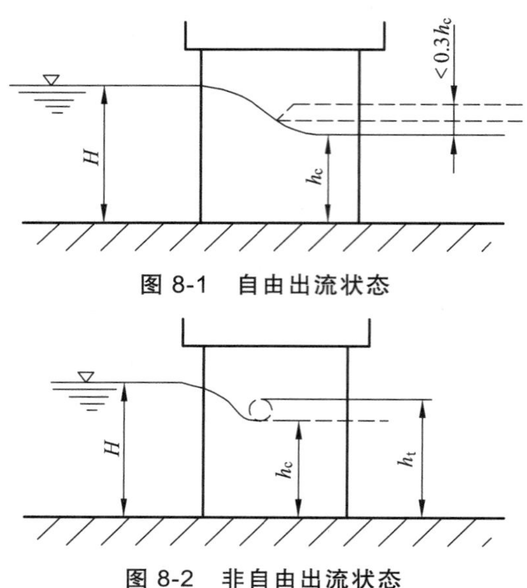


图 8-1　自由出流状态

图 8-2　非自由出流状态

## 2. 判别出流状态

1）桥下游水深 $h_t$ 和流速 $v_t$ 的确定

设在河道或排洪沟渠上的桥梁，其下游水深 $h_t$ 和流速 $v_t$，一般是已知的，若 $h_t$ 和 $v_t$ 为未知时，可根据已知设计流量，河道或排洪沟渠的断面、糙率、纵坡用试算法求出 $h_t$ 和 $v_t$。即先假定 $h_t$，则 $v_t = C\sqrt{R_t}$，由 $Q = \omega v_t$ 求出流量。若所得流量与设计流量相符或误差不大于 5% 时，则 $h_t$，$v_t$ 即为所求，否则重新假定 $h_t$，重复上述计算，直到符合要求为止。

2）桥下临界水深计算

在计算桥孔径时，必须使桥下临界流速 $v_c$ 不大于容许不冲流速 $v_m$。对于矩形桥孔断面，平均临界水深 $h_c$ 与最大临界水深相等；对于宽的梯形桥孔断面，两者相差不大，亦可视为相等。如临界流速 $v_c$ 等于容许不冲流速 $v_m$，则桥下的平均临界水深为

$$h_c = \frac{\alpha v_c^2}{g} = \frac{\alpha v_m^2}{g} \tag{8-1}$$

流速不均匀系数 $\alpha$，一般可采用 1.0。容许不冲流速 $v_m$ 可根据河道或排洪沟渠的土质或护砌类型选用。

3）判别出流状态

在确定了桥下临界水深 $h_c$ 后，即可判别出流状态。

当 $h_t \leqslant h_c$ 时，桥下水流为自由出流状态。

当 $h_t > h_c$ 时，桥下水流为非自由出流状态，一般桥下过流最好不出现非自由出流状态。

### 3. 桥孔径 *b* 的计算

1）自由出流状态

（1）桥孔为矩形断面：

单孔　$$b=\frac{Qg}{\varepsilon v_m^3} \tag{8-2}$$

多孔　$$B=b+Nd \tag{8-3}$$

式中　$b$——桥孔净宽（m）；

$B$——桥孔总宽（m）；

$Q$——设计流量（$m^3/s$）；

$\varepsilon$——挤压系数，按表 8-4 选用；

$N$——中墩个数；

$d$——中墩宽度（m）。

**表 8-4　桥梁 $\varepsilon$，$\varphi$ 值**

| 桥台形式 | 挤压系数 $\varepsilon$ | 流速系数 $\varphi$ | 桥台形式 | 挤压系数 $\varepsilon$ | 流速系数 $\varphi$ |
|---|---|---|---|---|---|
| 单孔桥<br>锥坡填土 | 0.90 | 0.90 | 多孔桥<br>无锥坡 | 0.80 | 0.85 |
| 单孔桥<br>八字翼墙 | 0.85 | 0.90 | 拱桥之拱脚<br>被淹没 | 0.75 | 0.80 |

（2）桥孔为梯形断面：

单孔　$$b=\frac{\sqrt{Q^2g^2-4\varepsilon n v_m^5 Q}}{\varepsilon v_m^3} \tag{8-4}$$

多孔　$$B=b+Nd=\frac{\sqrt{Q^2g^2-4\varepsilon n v_m^5 Q}}{\varepsilon v_m^3}+Nd \tag{8-5}$$

式中　$n$——梯形断面的边坡系数。

2）非自由出流状态

（1）桥孔为矩形断面：

单孔　$$b=\frac{Q}{\varepsilon v_m h_t} \tag{8-6}$$

多孔 $$B = b + Nd = \frac{Q}{\varepsilon v_{\mathrm{m}} h_{\mathrm{t}}} + Nd \tag{8-7}$$

（2）桥孔为梯形断面：

单孔 $$b = \frac{\sqrt{Q^2 g^2 - 4n\varepsilon v_{\mathrm{t}}^5 Q}}{\varepsilon v_{\mathrm{t}}^3} \tag{8-8}$$

多孔 $$B = b + Nd = \frac{\sqrt{Q^2 g^2 - 4\varepsilon n v_{\mathrm{t}}^5 Q}}{\varepsilon v_{\mathrm{t}}^3} + Nd \tag{8-9}$$

式中 $v_{\mathrm{t}}$——桥下水深为 $h_{\mathrm{t}}$ 时的流速（m/s）。

### 4. 桥前壅水高度 *H* 计算

1）自由出流状态

$$H = h_{\mathrm{c}} + \frac{v_{\mathrm{c}}^2}{2g\varphi^2} - \frac{v_0^2}{2g} \tag{8-10}$$

式中 $v_0$——桥前行进流速（m/s）；

$\varphi$——流速系数，按表 8-4 选用。

其他符号意义同前。

2）非自由出流状态

$$H = h_t + \frac{v_{\mathrm{t}}^2}{2g\varphi^2} - \frac{v_0^2}{2g} \tag{8-11}$$

若选用标准孔径，应先计算与孔径 $b$ 相近的标准孔径，再按标准孔径复核桥下设计流速，看是否满足自由出流。

$$v_{\mathrm{c}} = \sqrt{\frac{Qg}{\varepsilon b_1}} \tag{8-12}$$

$$h_{\mathrm{c}} = \frac{v_{\mathrm{c}}^2}{g} \tag{8-13}$$

式中 $b_1$——标准孔径（m）。

### 5. 桥孔净高

$$H_1 = H + \Delta h \tag{8-14}$$

式中 $\Delta H$——桥下净空值（m），可按表 8-1 选用。

# 8.2　涵洞及涵闸

## 8.2.1　涵洞布置和构造要求

涵洞由进口段、洞身、出口段三部分组成，如图 8-3 所示。

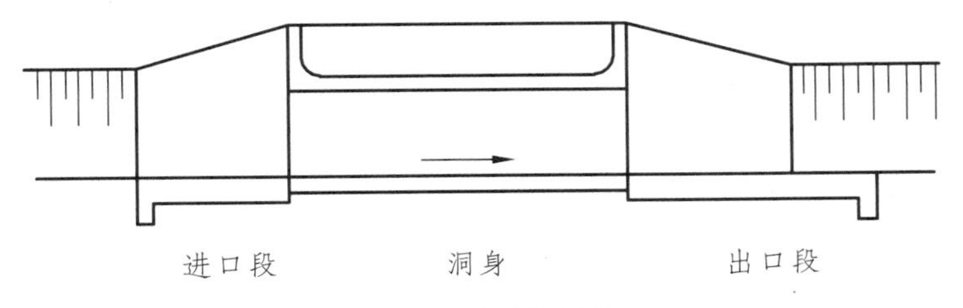


图 8-3　涵洞布置

### 1. 进口段

（1）涵洞进口段主要起导流作用，为使水流从渠道中平顺通常地流进洞身，一般设置导流翼墙，导流翼墙有喇叭口性状（扭曲面或直立面）或八字墙形状，以便水流逐渐缩窄，平顺而均匀地流入洞身，并起到保护渠岸不受水流冲刷。

（2）为防止洞口前产生冲刷，除在进口段进行护底外，还要根据水流速度的大小，向上游护砌一段距离。

（3）若流速较大时，在导流翼墙起点设置一道垂直渠道断面的防冲齿墙，其最小埋深为 0.5 m，如图 8-4 所示。

（4）导流翼墙的扩散角 $\beta$（导流翼墙与涵洞轴线夹角），一般为 15°～20°，如图 8-5 所示。

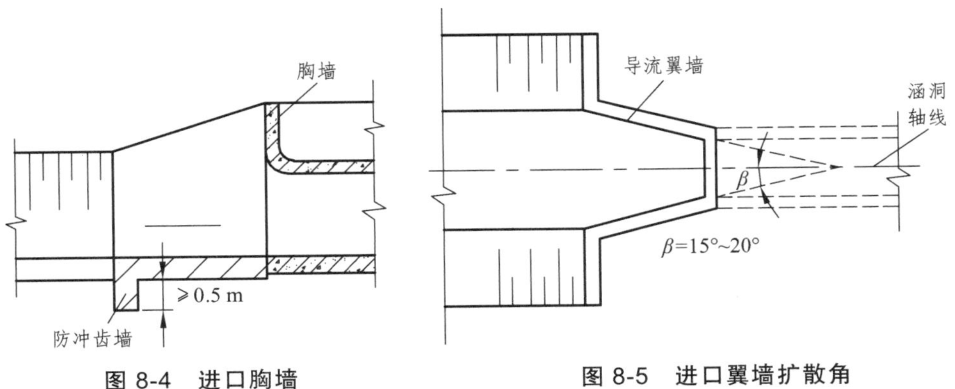


图 8-4　进口胸墙

图 8-5　进口翼墙扩散角

（5）导流翼墙长度不宜小于洞高的 3 倍。

（6）为挡住洞口顶部土壤，在洞身进口处设置胸墙，与洞口相连的迎水面做成圆弧形，如图 8-4 所示。

## 2. 洞 身

（1）洞身中轴线要与上下游排洪渠道中轴线在一条直线上，以避免产生偏流，造成洞口处冲刷、淤积和壅水等现象。

（2）在排洪渠道穿越公路、铁路和堤防等构筑物时，为了便于涵洞的平面布置和缩短长度尽量选择正交。如果上游流速较大，或水流含砂量很大时，宜顺原渠道水流方向设置涵洞，不宜强求正交。

（3）为防止洞内产生淤积，洞身的纵向坡度一般均比排洪渠道稍陡。在地形较平坦处，洞底纵坡不应小于 0.4%；但在地形较陡的山坡上涵洞洞底纵坡应根据地形确定。

（4）若洞身纵坡大于 5% 时，洞底基础可作成齿坎形状，如图 8-6 所示，以增加抗滑力。

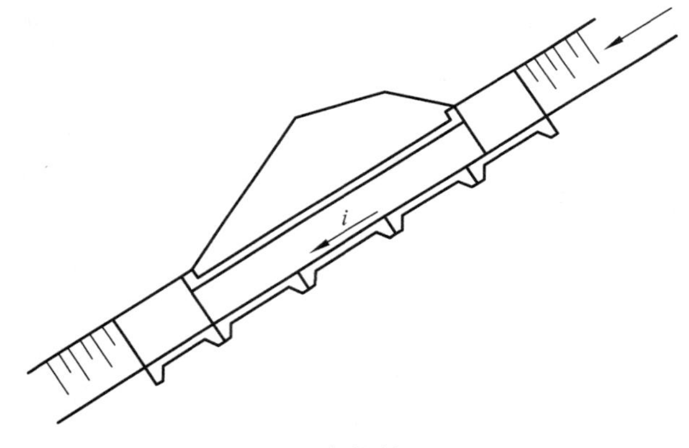


图 8-6 齿状基础涵洞

（5）山坡很陡时，应在出口处设置支撑墩，以防涵洞下滑，如图 8-7 所示。

（6）无压涵洞内顶面至设计洪水位净空值，可按表 8-5 采用。

（7）当涵洞长度为 15～30 m 时，其内径（或净高）不宜小于 1.0 m；当大于 30 m 时，其内径不宜小于 1.25 m。

（8）洞身与进出口导流翼墙和闸室连接处应设变形缝。设在软土地基上的涵洞，洞身较长时，应考虑纵向变形的影响。

（9）建在季节冻土地区的涵洞，进出口和洞身两端基底的埋深，应考虑地基冻胀的影响。

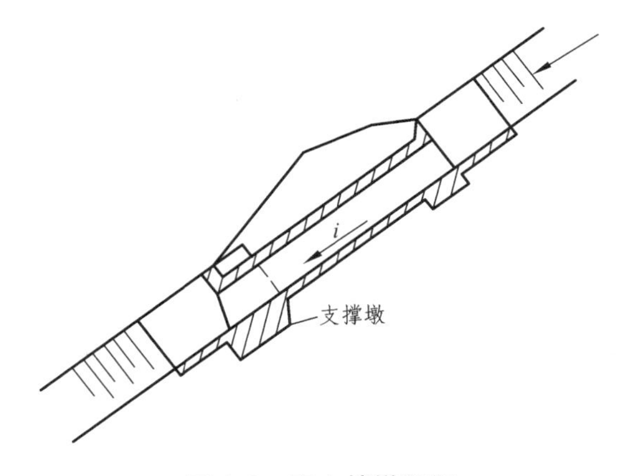


图 8-6　有支撑墩涵洞

表 8-5　无压涵洞净空值（单位：m）

| 进口净高或内径/m | 圆管涵 | 拱　涵 | 箱　涵 |
|---|---|---|---|
| $h\leqslant3$ | $>h/4$ | $>h/4$ | $\geqslant h/6$ |
| $h>3$ | $>0.75$ | $\geqslant0.75$ | $\geqslant0.5$ |

### 3. 出口段

（1）出口段主要是使水流出涵洞后，尽可能地在全部宽度上均匀分布，故在出口处一般要设置导流翼墙，使水流逐渐扩散。

（2）导流翼墙的扩散角度一般采用 10° ~ 15°。

（3）为防止水流冲刷渠底，应根据出口流速大小及扩散后的流速来确定护砌长度，但至少护砌到导流翼墙的末端。

（4）当出口流速较大时，除加长护砌外，在导流翼墙末端设置齿墙，深度应不小于 0.5 m。

（5）若出口流速很大，护砌已不能保证下游不发生冲刷或护砌长度过长，可在出口段设置消力池，消除多余能量，如图 8-7 所示。

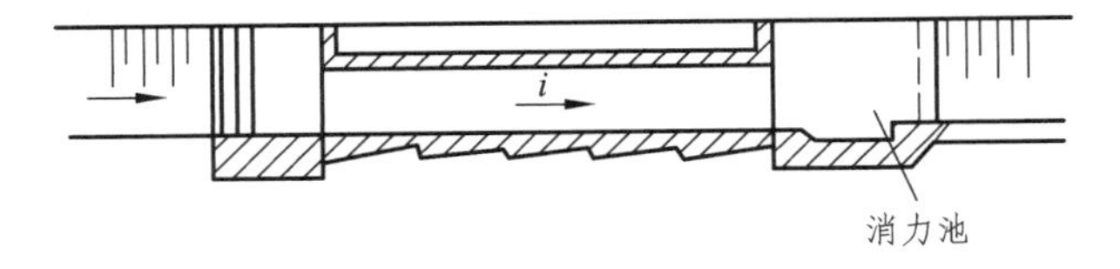


图 8-7　涵洞出口设消力池

注：$i$ 为坡度

## 8.2.2 涵洞水力计算

### 1. 涵洞水流状态的判别

判别水流通过涵洞的状态，可以起到正确选用各种水流状态的计算公式的作用，但由于涵洞水流状态的因素比较复杂，要做到精确地确定各种水流状态之间的界限是比较困难的。一般是根据实验按近似的经验数值来判别。

水流状态的判别，可根据涵洞进口水头 $H$ 和洞身净高 $h_T$ 的比值来确定，其判别条件如下：

1）具有各式翼墙的进口

（1）洞身为矩形或接近矩形断面时：

$$\left.\begin{array}{l}\text{当}H/h_T \leqslant 1.2\text{时，为无压流}\\ \text{当}1.5 > H/h_T > 1.2\text{时，为半有压流}\\ \text{当}H/h_T \geqslant 1.5\text{时，为有压流}\end{array}\right\} \tag{8-15}$$

（2）洞身为圆形或接近圆形断面时：

$$\left.\begin{array}{l}\text{当}H/h_T \leqslant 1.1\text{时，为无压流}\\ \text{当}1.5 > H/h_T > 1.1\text{时，为半有压流}\\ \text{当}H/h_T \geqslant 1.5\text{时，为有压流}\end{array}\right\} \tag{8-16}$$

2）无翼墙进口

$$\left.\begin{array}{l}\text{当}H/h_T \leqslant 1.25\text{时，为无压流}\\ \text{当}1.5 > H/h_T > 1.25\text{时，为半有压流}\\ \text{当}H/h_T \geqslant 1.5\text{时，为有压流}\end{array}\right\} \tag{8-17}$$

当涵洞坡度 $i$ 大于临界坡度 $i_c$ 时，出口水流形成均匀流动的正常水深；当涵洞坡度 $i$ 小于或等于临界坡度 $i_c$ 时，且洞身又较长，则出口的水流形成临界水深 $h_c$。

### 2. 涵洞出流状态判别

涵洞出流分为自由出流和淹没出流，当下游水深 $h_t$ 对设计流量下泄无影响时，为自由出流；当下游水深 $h_t$ 对设计流量下泄产生影响时，为淹没出流，其判别条件如下：

$$\left.\begin{array}{l}\text{对无压涵洞：}h_t/H < 0.75\\ \text{对有压涵洞：}h_t/h_T > 0.75\end{array}\right\}\text{时，为淹没出流} \tag{8-18}$$

式中　$H$——洞前水深（m）；

$h_T$——洞身净高（m）；

$h_t$——下游水深（m）。

### 3. 自由出流时的排洪能力计算

1）无压涵洞的排洪能力计算

排洪流量公式为

$$Q = \varphi\omega_1\sqrt{2g(H_0 - h_1)} \tag{8-19}$$

$$\varphi = \sqrt{\frac{1}{1+\xi}} \tag{8-20}$$

$$H_0 = H + \frac{v_0^2}{2g} \tag{8-21}$$

或

$$H_0 = h_1 + \frac{v_1^2}{2g} + \xi\frac{v_1^2}{2g} = h_1 + \frac{v_1^2}{2g\varphi^2}$$

$$v_1 = \varphi\sqrt{2g(H_0 - h_1)} \tag{8-22}$$

式中　$Q$——涵洞排洪流量（$m^3/s$）；

$\omega_1$——收缩水深断面处的过水面积（$m^2$）；

$\varphi$——流速系数，按表 8-6 查得；

$v_0$——洞前行进流速（m/s）；

$H_0$——洞前总水头（m）；

$h_1$——收缩断面水深（m），$h_1 = 0.9h_c$；

$v_1$——收缩断面处流速（m/s）。

式（8-22）为自由出流情况下的排洪能力，当为淹没出流时，应乘以淹没系数$\sigma$，可由表 8-7 查得。

表 8-6　$\varepsilon$，$\varphi$，$\xi$，$k$ 值

| 进口特征 | 收缩系数 $\varepsilon$ | 流速系数 $\varphi$ | 进口损失系数 $\xi$ | $k$ |
|---|---|---|---|---|
| 流线型进口 | 1.00 | 0.95 | 0.10 | 0.64 |
| 八字翼墙进口 | 0.90 | 0.85 | 0.38 | 0.59 |
| 门式端墙进口 | 0.85 | 0.80 | 0.56 | 0.56 |

表 8-7　无压涵洞淹没系数值

| $h_t/H$ | $\sigma$ | $h_t/H$ | $\sigma$ | $h_t/H$ | $\sigma$ |
|---|---|---|---|---|---|
| < 0.750 | 1.000 | 0.900 | 0.739 | 0.980 | 0.360 |
| 0.750 | 0.974 | 0.920 | 0.676 | 0.990 | 0.257 |
| 0.800 | 0.928 | 0.940 | 0.598 | 0.995 | 0.183 |
| 0.830 | 0.889 | 0.950 | 0.552 | 0.997 | 0.142 |
| 0.850 | 0.855 | 0.960 | 0.499 | 0.998 | 0.116 |
| 0.870 | 0.815 | 0.970 | 0.436 | 0.999 | 0.082 |

在设计流量 $Q$ 及涵洞底坡为已知的条件下，先假定一个临界流速 $v_c$，然后确定涵洞尺寸；或者假定一个涵洞尺寸，然后验算其水流速度是否合理。无论矩形或圆形涵洞的计算，都应当先从临界水深开始计算。

2）水力特性计算

（1）箱型涵洞：先假定涵洞宽度为 $B$，则临界水深为

$$h_c = \sqrt[3]{\frac{\alpha Q^2}{gB^2}} = \sqrt[3]{\frac{\alpha q^2}{g}} \tag{8-23}$$

式中　$\alpha$——流速修正系数，$\alpha = 1.0 \sim 1.1$；

$q$——单宽流量[$m^3/(s \cdot m)$]；

$B$——涵洞宽度（m）；

$Q$——设计流量（$m^3/s$）；

$g$——重力加速度（$m/s^2$）。

根据 $q$ 及 $\alpha$ 值由表 8-7 查得 $h_c$ 值。

若先假定临界流速 $v_c$，则临界水深 $h_c$ 可由式（8-24）求得：

$$\frac{Q^2}{g} = \frac{\omega_c^3}{B_c} \tag{8-24}$$

或

$$\frac{Q^2}{g\omega_c^2} = \frac{\omega_c}{B_c}$$

$$v_c^2 = \frac{Q^2}{\omega_c^2}$$

$$h_c = \frac{\omega_c}{B_c} \tag{8-25}$$

则 $$h_c = \frac{v_c^2}{g} \tag{8-26}$$

在求得临界水深 $h_c$ 值后，即可计算下列各值：

① 收缩水深 $h_1$：

$$h_1 = 0.9h_c \tag{8-27}$$

② 临界水深时的过水断面面积 $\omega_c$：

$$\omega_c = Bh_c$$

③ 临界流速 $v_c$：

$$v_c = \frac{Q}{\omega_c}$$

④ 收缩水深处的过水断面面积 $\omega_1$：

$$\omega_1 = \frac{Q}{v_1}$$

⑤ 涵洞前水深 $H$：

$$H = h_c + \frac{v_c^2}{2g\varphi}$$

或 $$H = h_c + \frac{h_c}{2\varphi^2} = \left(\frac{2\varphi^2 + 1}{2\varphi^2}\right)h_c$$

令 $$h = \frac{2\varphi^2}{2\varphi^2 + 1} \tag{8-28}$$

则 $$H = \frac{h_c}{k} \tag{8-29}$$

式中　$\varphi$——流速系数，由表 8-6 查得；

$k$——系数，由表 8-6 查得。

⑥ 涵洞临界坡度 $i_c$：

$$i_c = \frac{v_c^2}{C_c^2 R_c}$$

式中　$R_c$——临界水深处的水力半径（m）；

$C_c$——临界水深处流量系数。

⑦ 收缩断面处的坡度 $i_1$：

$$i_1 = \frac{v_1^2}{C_1^2 R_1}$$

（2）圆形涵洞：

① 表格法：根据已知设计流量$Q$和涵洞直径$d$，由$Q^2/gd^5$值从表 8-8 可求得$h_c$值。

**表 8-8　圆形涵洞水力特征值**

| 充满度 | 水力特征值 | | | |
|---|---|---|---|---|
| $\frac{h_0}{d}$或$\frac{h_c}{d}$ | $\frac{\omega^3}{B_c d^5}=\frac{Q^2}{gd^5}$ | 比值$\frac{K_0}{K_d}$ | 比值$\frac{\omega_0}{\omega_d}$ | 总比值$\frac{K_0}{K_d}<\frac{\omega_0}{\omega_d}$ |
| 0.00 | 0.00 | 0.00 | 0.00 | 0.00 |
| 0.05 | 0.00 | 0.004 | 0.184 | 0.022 |
| 0.10 | 0.00 | 0.017 | 0.333 | 0.051 |
| 0.15 | 0.00 | 0.043 | 0.457 | 0.094 |
| 0.20 | 0.00 | 0.084 | 0.565 | 0.141 |
| 0.25 | 0.005 | 0.129 | 0.661 | 0.195 |
| 0.30 | 0.009 | 0.188 | 0.748 | 0.251 |
| 0.35 | 0.016 | 0.256 | 0.821 | 0.312 |
| 0.40 | 0.025 | 0.332 | 0.889 | 0.374 |
| 0.45 | 0.040 | 0.414 | 0.948 | 0.436 |
| 0.50 | 0.060 | 0.500 | 1.000 | 0.500 |
| 0.55 | 0.088 | 0.589 | 1.045 | 0.564 |
| 0.60 | 0.121 | 0.678 | 1.083 | 0.626 |
| 0.65 | 0.166 | 0.765 | 1.113 | 0.680 |
| 0.70 | 0.220 | 0.850 | 1.137 | 0.748 |
| 0.75 | 0.294 | 0.927 | 1.152 | 0.805 |
| 0.80 | 0.382 | 0.994 | 1.159 | 0.857 |
| 0.85 | 0.500 | 1.048 | 1.157 | 0.905 |
| 0.90 | 0.685 | 1.082 | 1.142 | 0.948 |
| 0.95 | 1.035 | 1.089 | 1.103 | 0.980 |
| 1.00 | 1.000 | 1.000 | 1.000 | 1.000 |

注：① 流量$Q=K_0\sqrt{i}$（$m^3/s$）；$v_0=\omega_0\sqrt{i}$（m/s）。

② 对于全部充满水的钢筋混凝土圆形涵洞的满流特征流量$K_d=24d^8/s$（$m^3/s$）；$\omega_d=30.5d^2/s$（$d$以 m 计）。

② 图解法：图 8-8 为各种涵洞新断面的 $Q^2/r^5$ - $B_c/r$ 关系曲线，可根据设计流量 $Q$ 及半径 $r$ 查得 $B_c/r$ 。求得 $P_c$ ，则 $h_c$ 即可求得。

$B_c$ 为临界水深时涵洞过水断面面积的平均水面宽度。

求得临界水深 $h_c$ 值后，就可以计算其他各值。

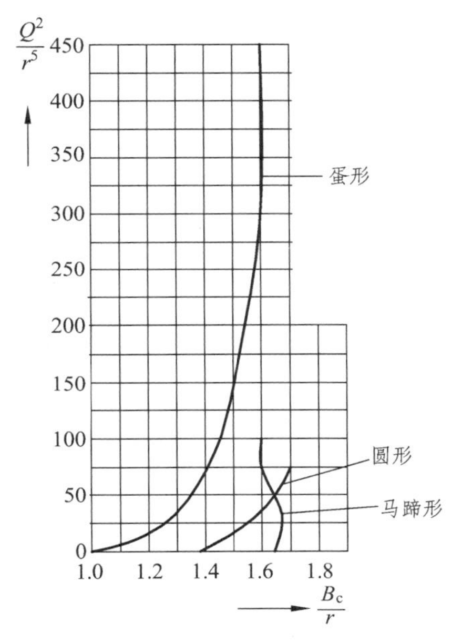


**图 8-8　涵洞断面的 $Q^2/r^5$ - $B_c/r$ 关系曲线**

a. 收缩断面水深 $h_1$ 为

$$h_1 = 0.9h_c$$

b. 临界水深及收缩断面水深的过水断面面积 $\omega_c$ 和 $\omega_1$，可分别根据 $h_c/d$ 及 $h_1/d$ 的比值，从表 8-8 中查出相应的 $X$ 值。根据下式求算 $\omega_c$ 和 $\omega_1$。

$$\omega_c = X_c d^2$$

$$\omega_1 = X_1 d^2$$

c. 临界流速 $v_c$，收缩断面流速 $v_1$，涵洞前水深 $H$ 和临界坡度 $i_c$ 的计算与箱形涵洞相同。但水力半径 $R = Yd$ ，可查表 8-9 计算。

（3）出口流速计算：

① 当 $i > i_c$：涵洞底坡大于临界坡度时，出口水深等于该坡度下的正常水深 $h_0$，此时 $h_0 < h_c$， $v_0 > v_c$ 用等速流公式计算。

表 8-9　X，Y 值

| $\frac{h_1}{d}$ 或 $\frac{h_c}{d}$ | $X(X=\omega/d^2)$ | $Y(Y=R/d)$ | $\frac{h_1}{d}$ 或 $\frac{h_c}{d}$ | $X(X=\omega/d^2)$ | $Y(Y=R/d)$ |
|---|---|---|---|---|---|
| 0.30 | 0.198 17 | 0.171 2 | 0.65 | 0.540 42 | 0.286 7 |
| 0.35 | 0.244 98 | 0.195 1 | 0.70 | 0.587 23 | 0.295 7 |
| 0.40 | 0.293 37 | 0.214 3 | 0.75 | 0.631 55 | 0.301 6 |
| 0.45 | 0.342 78 | 0.233 8 | 0.80 | 0.673 57 | 0.303 1 |
| 0.50 | 0.392 70 | 0.250 0 | 0.85 | 0.711 52 | 0.302 2 |
| 0.55 | 0.442 62 | 0.264 2 | 0.90 | 0.744 52 | 0.297 7 |
| 0.60 | 0.492 43 | 0.277 5 | 0.95 | 0.770 72 | 0.286 1 |

矩形涵洞可采用试算法，先求得 $h_0$，再用下式计算出口流速：

$$v_0=\frac{Q}{\omega_0}$$

圆形涵洞计算比较复杂，一般可采用较简单的查表法，具体计算步骤如下：

a. 首先求出流量模数 $K_0=\frac{Q}{\sqrt{i}}$ 和满流特征流量 $K_d=24d^{8/3}$。

b. 计算 $\frac{K_0}{K_d}$ 值。

c. 根据 $\frac{K_0}{K_d}$ 值，从表 8-8 查出相应的 $\frac{h_0}{d}$ 和 $\frac{\omega_0}{\omega_d}$，则

$$v_0=\frac{\omega_0}{\omega_d}30.5d^{2/3}i^{1/2}$$

或根据查得的 $\frac{h_0}{d}$ 值，求得 $h_0$，然后根据 $h_0$ 值由表 8-9 查得 $X$ 值，按下式求出 $v_0$：

$$v_0=\frac{Q}{\omega_0}=\frac{Q}{Xd^2}\ （m/s）$$

② 当 $i\leqslant i_c$：涵洞底坡等于或小于临界坡度，出口处的水深形成临界水深 $h_c$ 或接近临界水深。流速大约等于临界流速 $v_c$。即当采取比临界坡度更小的坡度时，也不至于使出口流速降低很多，因此，当涵洞 $i=i_c$ 时，出口水深可按临界水深 $h_c$ 计算，相应的流速就是临界流速 $v_c$。

为了让涵洞出口处水深，能达到 $h_c$ 的值，则需要涵洞有个最小的长度，这个长度就是从水深 $h_1$ 增大 $h_c$ 到时所需要的距离，取涵洞坡度等于 $i_c$，自 $h_0$ 以后的自由水面时水平线，则

$$L_{min}=\frac{h_c-h_1}{i_c}=\frac{h_c-0.9h_c}{i_c}=\frac{0.1h_c}{i_c} \tag{8-30}$$

若涵洞实际长度 $L<L_{min}$，则出口水深将小于 $h_c$，大于 $h_0$；出口流速 $v_0$ 则大于临界流速 $v_c$，小于收缩断面处的流速 $v_1$。现将出口流速分布状况，汇列于表 8-10 和图 8-9。

**表 8-10　涵洞出口流速**

| 涵洞长度 | $i\leqslant i_c$ | $i_c<i<i$ | $i=i_1$ | $i_1<i<i_{max}$ | $i=i_{max}$ |
|---|---|---|---|---|---|
| $L<L_{min}$ | $v_c<v_0<v_1$ | $v_c<v_0<v_1$ | $v_0=v_1$ | $v_1<v_0<4.5\sim6$ | $v_0=4.5\sim6$ |
| $L\geqslant L_{min}$ | $v_0=v_c$ | $v_c<v_0<v_1$ | $v_0=v_1$ | $v_1<v_0<4.5\sim6$ | $v_0=4.5\sim6$ |

注：$i$ 为涵洞坡度；$i_{max}$ 为出口流速 $v_0$ 达 4.0 ~ 6 m/s 时的坡度。

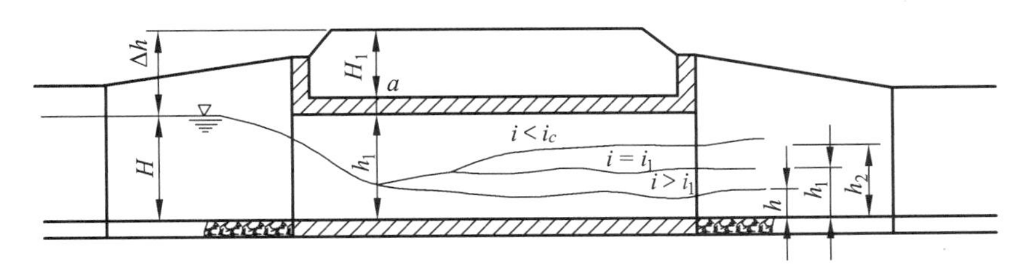


**图 8-9　涵洞出口水深**

（4）最小路堤高度计算：无压涵洞处的路堤最小高度 $H_{min}$，按式（8-31）、式（8-32）计算，并取其中一个较大值作为路堤高度。

$$H_{min}=h_T+a+H_1 \tag{8-31}$$

或

$$H_{min}=H+\delta \tag{8-32}$$

式中　$H_{min}$——最小路堤高度，即从涵洞进口处洞底到路肩的高度（m）；

$h_T$——涵洞净高（m）；

$a$——洞身顶板厚度（m）；

$H_1$——涵洞洞身顶板外皮至路肩高度（m）；

$H$——涵洞前水深（m）；

$\delta$——安全超高，一般为在涵洞前水位以上加 0.2 ~ 0.5 m。

3）半有压流涵洞的排泄流量计算

（1）排洪流量公式。

① 箱形涵洞：

$$Q = \varphi\omega_1\sqrt{2g(H_0 - h_1)}$$

$$H_0 = H + \frac{v_0^2}{2g}$$

$$h_1 = \varepsilon h_T$$

② 圆形涵洞：

$$h_1 = \varepsilon d$$

式中 $Q$——涵洞排洪流量（$m^3/s$）；
$H_0$——涵洞前总水头（m）；
$h_T$——涵洞净高（m）；
$d$——圆形涵洞内直径（m）；
$\omega_1$——收缩断面面积（$m^2$）；
$h_1$——收缩水深（m）；
$v_0$——涵洞前水流行进流速（m/s）；
$\varepsilon$——挤压系数，可由表 8-11 查得；
$\varphi$——流速系数，可由表 8-11 查得。

**表 8-11 $\varepsilon$，$\varphi$ 值（半有压涵洞）**

| 进口类型 | 挤压系数 $\varepsilon$ | | 流速系数 $\varphi$ |
|---|---|---|---|
| | 箱形断面 | 圆形断面 | |
| 喇叭口式端墙（翼墙高程两端相等者） | 0.67 | 0.60 | 0.90 |
| 喇叭口式端墙（翼墙高程靠近建筑物一端较高，另一端较低者） | 0.64 | 0.60 | 0.85 |
| 端墙式 | 0.60 | 0.60 | 0.80 |

（2）水力特征计算：箱形涵洞。

① 先假定涵洞宽度 $B$ 和净高 $h_T$，则

$$h_c = \sqrt{\frac{Q^2}{gB^2}}$$

$$h_1 = \varepsilon h_T$$
$$\omega_1 = Bh_1$$

② 求涵前水深 $H$：

$$H = H_0 - \frac{v_0^2}{2g}$$

$$H_0 = \frac{Q^2}{\varphi^2 \omega_1^2 2g} + h_1$$

若 $\frac{v_0^2}{2g}$ 忽略不计，则 $H \approx H_0$。

③ 判别水流状态：根据进口翼墙形式，洞身断面形状及值，用式（8-15）、式（8-16）、式（8-17），判别是否属于半有压流涵洞。

④ 临界流速和临界坡度计算方法与无压涵洞相同。圆形涵洞计算与箱形涵洞相同，只是将箱形涵洞净高 $h_T$ 换成圆形涵洞直径 $d$。

（3）出口流速 $v$：

当 $i \leqslant i_c$ 时，$v = v_c$；

当 $i > i_c$ 时，$v = v_0$。

4）有压流涵洞的排洪能力计算

（1）排洪流量公式。

① 箱形涵洞：

$$Q = \varphi\omega\sqrt{2g(H_0 - h_T)} \tag{8-33}$$

式中　$Q$——涵洞的排洪流量（$m^3/s$）；

$\varphi$——流速系数，$\varphi$=0.95；

$\omega$——涵洞的面面积（$m^2$）；

$h_T$——涵洞净高（m）；

$H_0$——涵洞前总水头（m）；

② 圆形涵洞：将矩形涵净高 $h_T$ 换成圆形涵洞内径 $d$。

（2）水力特征计算。

① 涵洞出口流速：

$$v_0 = \frac{Q}{\omega}$$

② 涵洞坡度不应大于摩阻力坡度 $i_f$：

$$i_{\mathrm{f}}=\frac{Q}{\omega^2 C^2 R^2}$$

### 4. 淹没出流排洪能力计算

涵洞出流为淹没状态，如图 8-9 所示，其排洪流量为

$$Q=\varphi\omega\sqrt{2g(H_0+iL)-h_{\mathrm{t}}} \tag{8-34}$$

式中 $i$——涵洞底坡。

$L$——涵洞水平长度（m）。

$h_{\mathrm{t}}$——出口下游水深（m）。

$C$——流速系数。

$R$——水力半径（m）。

$H_0$——涵洞前总水头（m）。

$\varphi$——流速系数，按下式确定：

$$\varphi=\sqrt{\frac{1}{\xi_1+\xi_2+\xi_2}}$$

其中 $\xi_1$——入口损失系数，$\xi_1=0.5$；

$\xi_2$——沿程损失系数，$\xi_2=\dfrac{2gL}{C^2R}$；

$\xi_3$——出口损失系数，$\xi_3=1.0$；

## 8.2.3 涵 闸

排洪渠道穿越堤防时，为防止河水倒灌，在涵洞出口设置闸门，称为涵闸。

### 1. 涵闸布置和构造要求

1）直升式平板闸门涵闸

涵闸主要由闸门、闸室、工作桥、出口段组成，如图 8-10 所示。

（1）直升式平板闸门：应用极为广泛，如图 8-11 所示。闸门启闭设备多采用手动或电动固定式启闭机，闸门多为钢木混合结构，也有采用钢结构或钢筋混凝土结构。

（2）闸室：闸室设置在涵洞末端，与涵洞相连接处，一般设置变形缝，以防止由于地基不均匀沉降或温度产生裂缝。闸室包括底板、闸墩及闸墙三部分。底板基础埋深，一般要比涵洞基础深。底板通常采用钢筋混凝土或混凝土结构。

闸墩是用来分隔闸孔，安装闸门和支承工作桥，墩头一般做成半圆型或流线型。

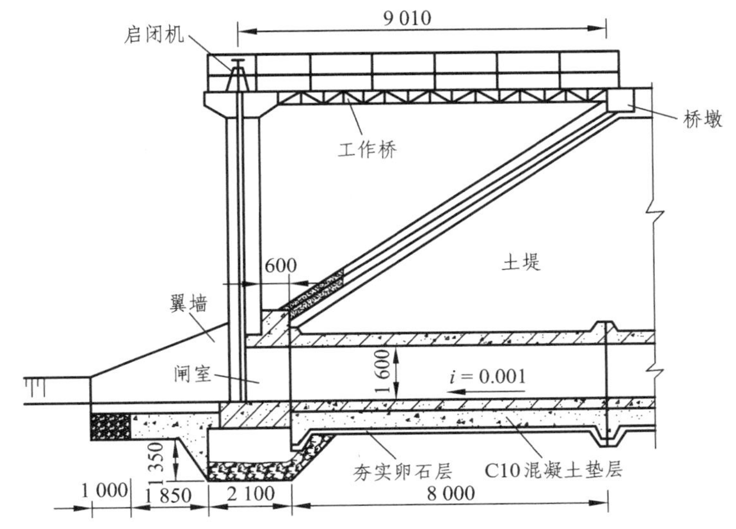


图 8-10　涵闸

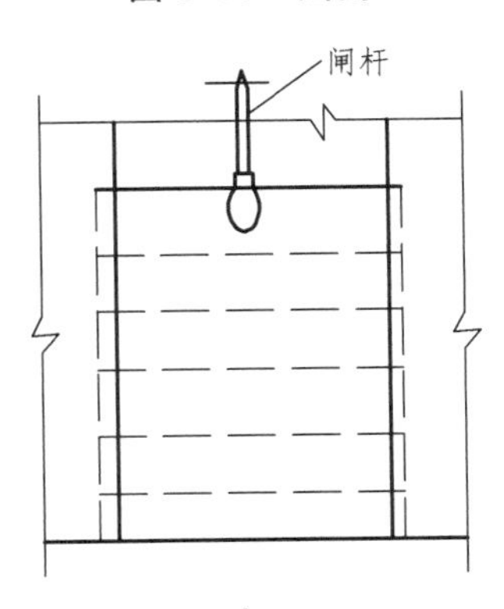


图 8-11　直升式平板闸门

闸墙位于闸室两侧，其作用是构成流水范围的水槽，并支撑墙后土壤不坍塌，因此闸墙可按挡土墙的要求布置，为减少墙后水压力，可在墙上设置排水孔，排水孔处设置反滤层。

（3）工作桥：用来安装闸门启闭设备、闸门启闭操作以及管理人员通行。桥面标高应不低于设计洪水位加波浪和安全超高，并满足闸门检修要求。

（4）出口段：

① 出口段是使水流在涵闸后，尽可能地在全部宽度上均匀分布，因此在

出口处设置导流翼墙，使水流逐渐扩散。

② 导流翼墙的扩散角度一般采用 10° ~ 15° 为宜。

③ 为防止水流冲刷渠底，应根据出口流速大小及扩散后的流速来确定护砌长度，一般都护砌到导流翼墙的末端。

④ 当出口流速较大时，除加长护砌外，在导流翼墙末端设置齿墙，深度应不小于 0.5 m。

⑤ 若出口流速很大，护砌已不能保证下游不发生冲刷或护砌长度过长，可在出口段设置消力池以消除多余能量。

2）横轴拍门式闸门涵闸

这种涵闸，是将闸门安装在涵洞出口处，门轴安装在闸门顶部。在涵洞出口顶对称部位安装两个铰座，在闸门上相对位置安装两个支座，以门轴和铰座相连，使闸门能绕水平轴上下移动，如图 8-12 所示。

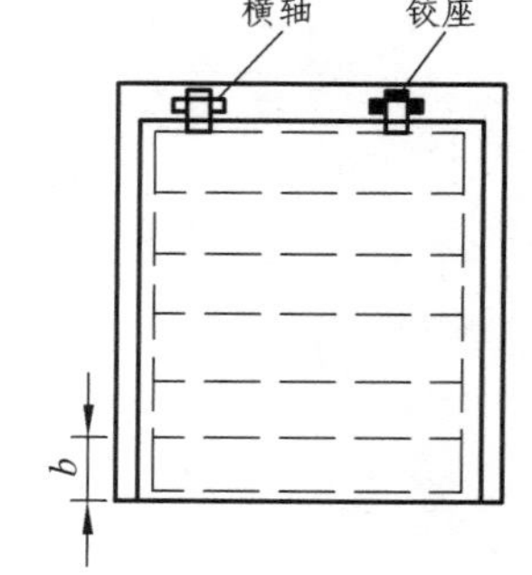

图 8-12 横轴拍门式闸门

闸门的支座应对称布置在闸门中线的两侧，闸门高度和宽度，以满足闸门支撑长度要求和安装止水要求，支撑长度不应小于 50 mm。由于闸门开启和关闭是靠水压力完成，闸门的重量不能过大，使配重后的密度略大于水的密度。

横轴拍门式闸门是不用启闭设备的简易闸门。多用于尺寸较小的涵闸工程上。这种闸门可利用内外水压差迅速升起或关闭，但不易关严，可采取将闸门向外稍倾斜，闸门易关严。

## 2. 闸门设计

1）闸门板厚度计算

闸门板按受弯构件计算，其厚度公式为

$$t=\left(\frac{6M}{[\sigma]b}\right)^{\frac{1}{2}} \tag{8-35}$$

式中 $t$——闸板厚度（m）。

$[\sigma]$——木板抗弯容许应力，一般采用松木，$[\sigma]=7\times10^{6}\sim8\times10^{6}\ \text{kN/m}^2$。

$b$——闸门板高度（m），一般取 1 m 进行计算。

$M$——闸门板承受的最大弯矩：

$$M=\frac{1}{8}qL_0^2$$

其中　$L_0$——闸门计算跨度，$L_0=1.05L$；

$L$——闸门净宽度（m）；

$q$——作用在闸门计算高度 $b$ 的水压力：

$$q=\gamma Hb \quad (10\ \text{kN/m})$$

其中　$H$——闸板两侧最大水位差（m）。

将 $M$ 和 $[\sigma]$ 值代入式（8-35），得

$$i=0.034\ 3LH^{1/2} \tag{8-36}$$

2）启门拉力和闭门压力计算

（1）启门拉力 $P_1$：

$$P_1=\left[\frac{1}{2}\gamma Bf(h_1^2-h_2^2)+G-W\right]K \tag{8-37}$$

式中　$P_1$——启门拉力（10 kN）；

$\gamma$——水重力密度（10 kN/m$^3$）；

$f$——闸门与闸槽的摩擦系数，可参照表 8-12 选用；

$B$——闸门宽度（m）；

$h_1$——闸门前水深（m）；

$h_2$——闸门后水深（m）；

$G$——闸门自重，湿松木可采用 8 000 kN/m$^3$；

$W$——水对闸门的浮力（10 kN）；

$K$——安全系数 $K=1.2\sim1.5$。

**表 8-12　摩擦系数值**

| 材料名称 | 摩擦系数（$f$） | 材料名称 | 摩擦系数（$f$） |
|---|---|---|---|
| 木与钢（水中） | 0.3 ~ 0.65 | 钢与钢（水中） | 0.15 ~ 0.5 |
| 橡胶与钢（水中） | 0.65 | | |

（2）闭门压力 $P_2$：

$$P_2=\left[\frac{1}{2}\gamma Bf(h_1^2-h_2^2)-G+W\right]K \tag{8-38}$$

（3）闸门螺杆计算：在启闭闸门时，螺杆受到拉、压力及扭力，要分别算出，再假定螺杆直径，并核算其容许应力。

① 螺杆扭力矩：

$$T=\frac{P_1 r(\tan\alpha+\tan\beta)}{1-\tan\alpha\tan\beta} \tag{8-39}$$

式中 $T$——扭力矩（10 kN · mm）。

$P_1$——启门拉力（10 kN）。

$r$——螺杆平均半径（mm）。

$\beta$——螺杆旋面的摩擦角，一般采用 5°～7°，$\tan\beta=0.087\sim0.122$。

$\alpha$——螺杆螺旋的斜角，一般采用 3°～5°：

$$\tan\alpha=\frac{p}{2\pi r}$$

其中 $p$——螺距（mm）。

② 螺杆扭应力：

$$S_{\mathrm{t}}=\frac{16T}{\pi d^3} \tag{8-40}$$

式中 $S_{\mathrm{t}}$——扭应力（$10\mathrm{kN/mm^2}$）；

$d$——螺杆净直径（mm）。

闸门螺杆一般为 I 级钢或 5 号钢，其容许应力可按表 8-13 选用。

**表 8-13 由钢材和轧制钢锻造闸门机械零件的容许应力（MPa）**

| 应力种类 | I 级钢 | | 5 号钢 | |
|---|---|---|---|---|
| | 主要荷载 | 主要荷载和附加荷载 | 主要荷载 | 主要荷载和附加荷载 |
| 拉、压、弯曲应力 | 100 | 110 | 145 | 170 |
| 剪应力 | 65 | 70 | 95 | 105 |
| 局部承压应力 | 150 | 165 | 220 | 250 |
| 局部紧接挤压应力 | 80 | 90 | 120 | 135 |
| 孔眼受拉应力 | 120 | 140 | 170 | 195 |

注：局部紧接挤压应力，是对不常转动的铰接触表面投影面积而言。

③ 闸门螺杆安全压力：

$$P = \frac{1}{4}P_c \tag{8-41}$$

$$P_c = \frac{\pi^2 EI}{L_0^2} \tag{8-42}$$

式中　$P_c$——螺杆临界荷载（10 kN）。

$E$——钢的弹性模量，$E = 2\ 000\ kN/mm^2$。

$I$——螺杆惯性矩，$I = \frac{1}{64}\pi d^4$（$mm^4$）。

$L_0$——螺杆的计算长度（mm），$L_0 = 0.7L$。

其中　$L$——螺杆的实际长度（mm）。

$d$——螺杆净直径（mm）。

将式（8-42）代入（8-41）得：

$$P = \frac{1}{4}P_c = 4\ 936\frac{d^4}{L^2} \tag{8-43}$$

式（8-43）适用于 $L_0/R = 0.7L \cdot 4/d > 100$；若 $L_0/R < 100$，则式（8-43）不能应用，应按表 8-14 求螺杆的容许应力折减系数 $\varphi$，再求螺杆直径。

**表 8-14　压杆的许可应力折减系数 $\varphi$ 值**

| $\frac{L_0}{R}$ | $\varphi$ | $\frac{L_0}{R}$ | $\varphi$ | $\frac{L_0}{R}$ | $\varphi$ |
|---|---|---|---|---|---|
| 10 | 0.99 | 50 | 0.89 | 90 | 0.69 |
| 20 | 0.96 | 60 | 0.86 | 100 | 0.60 |
| 30 | 0.94 | 70 | 0.81 | 110 | 0.52 |
| 40 | 0.92 | 80 | 0.75 | 120 | 0.45 |

④ 启门时扭应力与拉应力联合作用：

$$\sigma = (S_t^2 + S_\tau^2)^{\frac{1}{2}} < 9\ 000 \quad (MPa) \tag{8-44}$$

式中　$S_t$——拉应力，$S_t = \frac{4P_1}{\pi d^2}$（MPa）；

$S_\tau$——扭应力（MPa）。

### 3. 启闭设备

1）平轮式启闭机

平轮式启闭机结构较为简单，闸门螺杆的下端固定于闸门时，上端有螺丝穿过平轮，平轮放于座架上，如图 8-13 所示。闸门螺杆螺距为 6～12.5 mm，多采用矩形螺纹。

闸门启闭力为

$$F=\frac{PS}{2\pi R\eta} \tag{8-45}$$

式中 $F$——闸门启闭力（10 kN）；

$P$——闸门重加上门在槽内的摩擦力（10 kN）；

$S$——闸门螺杆的螺距（mm）；

$R$——平轮半径（mm）；

$\eta$——螺丝对螺杆传力的效率，矩形螺纹为 15%～35%。

2）蜗轮蜗杆式启闭机

这种启闭机由蜗轮和蜗杆组成，蜗轮和蜗杆的关系与上述平轮式启闭机一样，摇柄上的力由蜗杆传到蜗轮，再传到螺杆，如图 8-14 所示。

（1）闸门开启力为

$$F=\frac{SS_1P}{4\pi^2RR_1\eta_1\eta_2} \tag{8-46}$$

式中 $F$——闸门启闭力（10 kN）；

$P$——闸门重加上门在槽内的摩擦力（10 kN）；

$S$——螺杆的螺距（mm）；

$S_1$——蜗杆的螺距（mm）；

$R$——摇柄的长度（mm）；

$R_1$——蜗轮的半径（mm）；

$\eta_1$——蜗杆与蜗轮之间的效率约 40%；

$\eta_2$——蜗轮与螺杆之间效率，矩形螺纹为 15%～35%。

（2）机械效益为

$$\frac{P}{F}=\frac{4\pi^2RR_1\eta_1\eta_2}{SS_1} \tag{8-47}$$

此种形式启闭机适用于开启重量较大的闸门，速度较慢，亦可改装成电动启动。

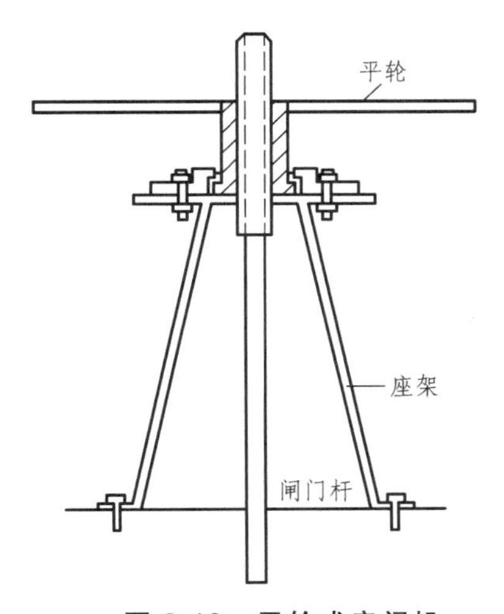


图 8-13　平轮式启闭机

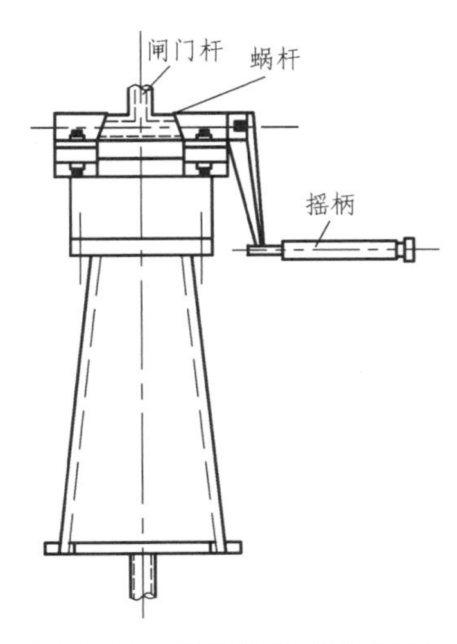


图 8-14　蜗轮蜗杆式启闭机

3）八字轮式启闭机

这种启闭机启门速度较蜗轮蜗杆式快，启门力较平轮式大，故广泛应用于小型涵闸上，其构造由一组互相垂直的八字轮构成如图 8-15 所示。

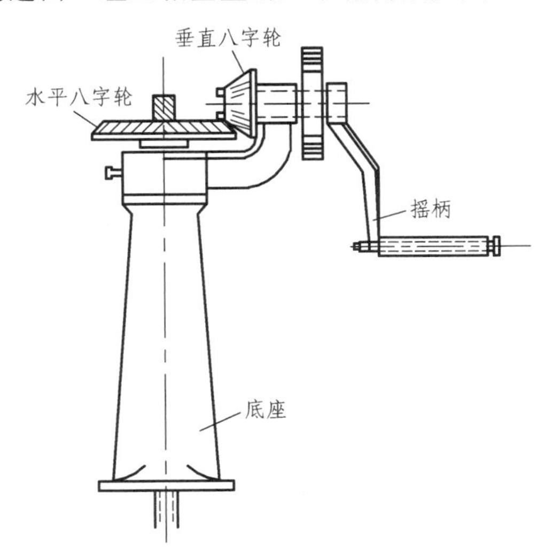


图 8-15　八字轮式启闭机

闸门启门力为

$$F = \frac{SrP}{2\pi RR_1\eta_2\eta_3} \tag{8-48}$$

式中 $F$——闸门启闭力（10 kN）；
$P$——闸门重加上门在槽内的摩擦力（10 kN）；
$S$——螺杆的螺距（mm）；
$r$——小轮的半径（mm）；
$R$——摇柄的长度（mm）；
$R_1$——平轮的半径（mm）；
$\eta_2$——平轮与螺杆间传力效率，矩形螺纹约 $\eta_2 = 15\% \sim 35\%$；
$\eta_3$——小轮和平轮间传力效率，铸造齿 $\eta_3 = 90\%$。

## 8.3 引道及通行闸

### 8.3.1 引　道

当土堤与道路交叉时，多采用引道从堤顶逐渐坡向道路，引道有直交和斜交两种，如图 8-16 ~ 图 8-18 所示。

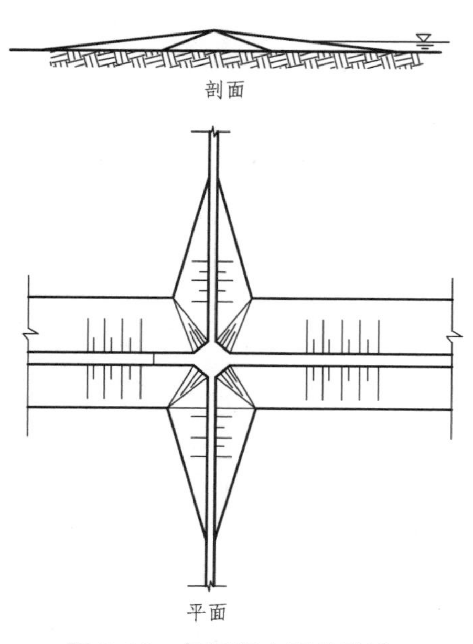


图 8-16　与堤顶齐平的引道

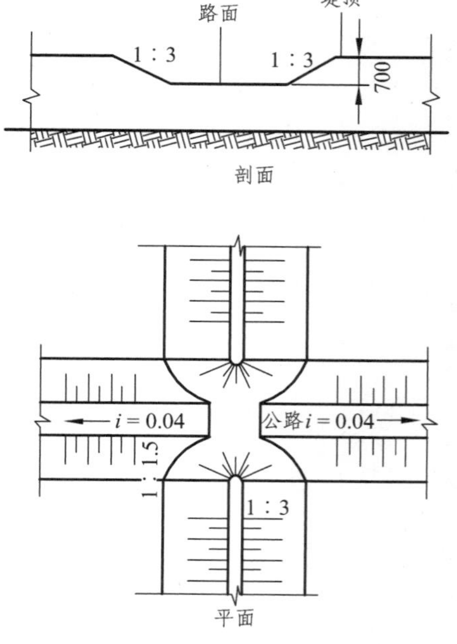


图 8-17　土堤与公路正交引道

引道一般与土堤顶齐平，有时为了节省土方或道路坡度要求，引道顶低于堤顶，但过堤顶处的路面不低于设计洪水位。安全超高部分可在洪水期临时堵上。图 8-17、图 8-18 为某地防洪堤与公路交叉的引道，堤高为 3 m，堤顶宽为 3 m，边坡为 1∶3，道路宽为 5 m，公路路面与校核洪水位齐平，低于堤顶 0.7 m，引道纵坡为 0.04。

堤顶作为道路时，可作侧向引道上堤，如图 8-19 所示。

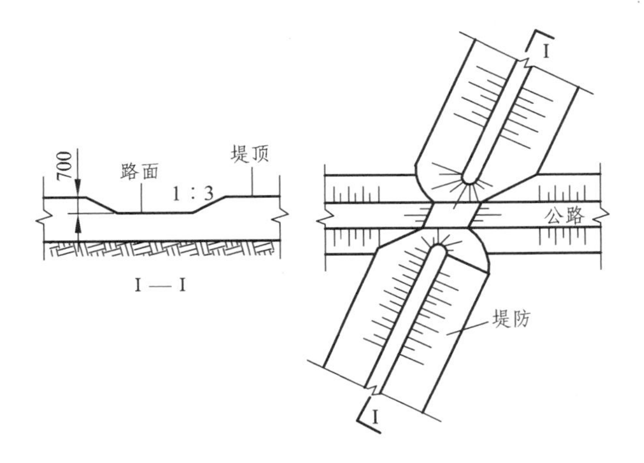


图 8-18　土堤与公路斜交引道

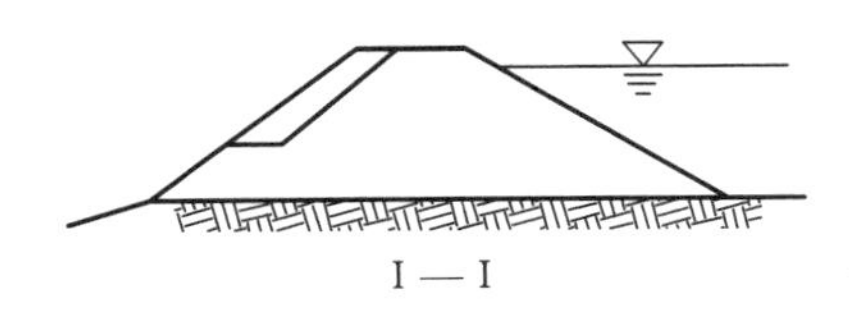


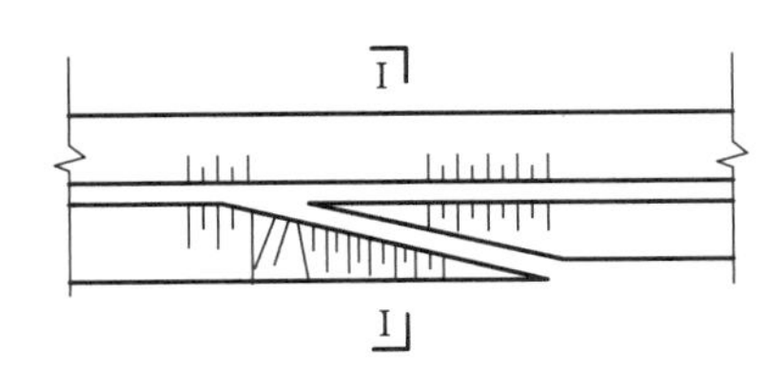


图 8-19　土堤的侧向引道

引道应保持平顺，使车辆能平稳通过，引道一般为直线，如必须设计成曲线时，其各项指标符合公路部门规定。引道的纵坡应满足公路的要求，一般应不大于 5%。引道的构造应与道路同级。

## 8.3.2 通行闸

为了满足港口码头运输和寒冷地区冬季冰上运输的要求，在堤防上留闸口，作为车辆通行的道路。为防止洪水期进水，在闸口处设闸挡水，这种闸称为通行闸，若上部设置桥梁，则为桥闸。通行闸在枯水期和平水期间闸门是开着的，车辆可以正常通行。只有在洪水期，当水位达到关门控制水位时，才关闭闸门挡水；当水位退至开门水位时，开始开门。通行闸的关门和开门控制水位均在闸底板以下，因此，通行闸的闸门开关运行是在没水压力的情况下进行的。通行闸闸门形式有人字式闸门、横拉式闸门和叠梁式闸门。

### 1. 人字式闸门

它通常用于闸门较宽、水头较高、关门次数较多的通行闸上。人字式闸门是由两扇绕垂直轴转动的平面门扇构成的闸门，闸门关闭挡水时，两门扇构成“人”字形，如图 8-20 所示。

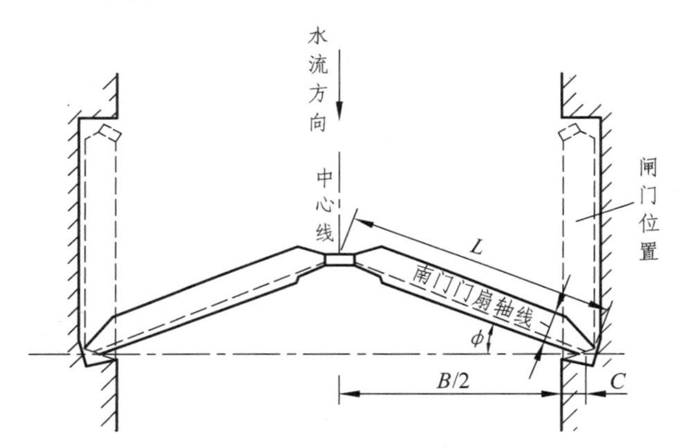


图 8-20 人字式闸门示意

人字式闸门由门扇、支承部和止水装置所组成。门扇是由面板、主横梁、次梁、门轴柱及斜接柱所构成的挡水结构；支承部分包括支垫座、枕垫座、顶框和底框等支承闸门的设备。

闸门关闭挡水后，闸门所受的水压力是由相互支承的两扇门构成的三铰拱所承受。闸门多为钢木混合结构或钢结构，构造简单、自重轻、操作方便、运行可靠。

平面人字式闸门可分为横梁式和立柱式两种，横梁式闸门的主要受力构件为横梁；立柱式闸门的主要受力构件为立柱（纵梁）。

人字式闸门的基本尺寸决定月闸口尺寸和设计水位以及关闭时门扇轴线

与闸室横轴线间夹角的大小等。

（1）门扇计算长度：门扇计算长度系指门扇支垫座的支承面至两扇门相互支承的斜接面的距离，可按式（8-49）计算：

$$L=\frac{B+2C}{2\cos\phi} \tag{8-49}$$

式中　$L$——门扇计算长度（m）；

$B$——闸首边墩墙面之间的口门宽度（m）；

$C$——门扇支垫座的支承面至门龛外缘的距离（m），一般取（0.05 ~ 0.07）$B$；

$\phi$——闸门关闭时，门扇轴线与闸室横轴线间的夹角（°）。

（2）门扇厚度：门扇厚度系指主横梁的中部高度，可按式（8-50）计算：

$$t=(0.1\sim0.125)L \tag{8-50}$$

式中　$t$——门扇厚度（m）；

$L$——门扇计算长度（m）。

（3）门扇高度：门扇高度系指面板底至顶的距离，可按式（8-51）计算：

$$h=H_1-H_2+\Delta h\pm S \tag{8-51}$$

式中　$h$——门扇高度（m）；

$H_1$——设计水位（m）；

$H_2$——闸底板面标高（m）；

$\Delta h$——设计水位以上安全超高；

$S$——闸门面板底部与闸底板面或闸槛顶面的高差，与止水布置有关。

（4）门扇轴线与闸室轴线间的夹角 $\theta$：夹角 $\theta$ 取值的大小关系到门扇结构承受的轴向压力与传递到闸首边墩上水平推力的大小及门扇长度，因此要通过方案比较来确定。

### 2. 横拉式闸门

横拉式闸门适用于闸门较宽、水头较高、关门次数较多的通行闸上。它是沿通行闸闸口横向移动的单扇平面闸门，如图 8-21 所示。横拉式闸门一般由门扇、支承移动设备和止水装置所组成。门扇由面板、主横梁、纵梁、端架及连接系统所构成的挡水结构；闸门一侧设有闸库和启闭设备工作台。横拉式闸门一般采用钢木混合结构，制造安装简单，操作方便，运行可靠。

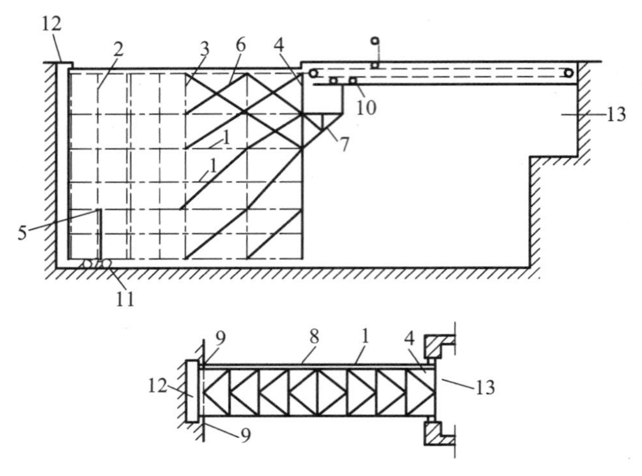


图 8-21 横拉式闸门构造示意

1—主横梁；2—次梁；3—竖立桁架；4—端柱；5—加强桁架；6—连接系统；7—三角桁架；8—面板；9—支承木；10—顶轮小车；11—底轮小车；12—门槽；13—门库

### 3. 叠梁式闸门

它是通行闸采用最早的闸门形式，也是使用最普遍的，如图 8-22 所示。这种闸门适用于闸门宽度较小、水头较低、关闭次数较少的通行闸上。一般可根据水头高低，设置一道闸门二道闸门。在洪水位上涨至关门控制水位时，将叠梁闸放入闸槽内，并在背水面培土夯实，或在二道闸门之间，填夯实黏性土，以防止渗漏。叠梁一般采用钢筋混凝土结构或木材制成。

若通行闸的闸口较宽，可采用多孔通行闸。

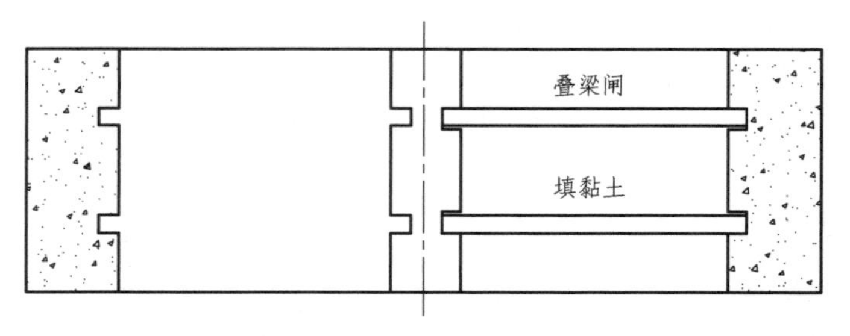


图 8-22 叠梁闸门平面

# 第 9 章
# 城市泥石流防治

## 9.1　泥石流及其危害

泥石流是指在山区或者其他沟谷深壑，地形险峻的地区，因为暴雨、暴雪或其他自然灾害引发的山体滑坡并携带有大量泥沙以及石块的特殊洪流。泥石流具有突然性以及流速快，流量大，物质容量大和破坏力强等特点。发生泥石流常常会冲毁公路铁路等交通设施甚至村镇等，造成巨大损失。

泥石流常常具有暴发突然、来势凶猛、迅速之特点，并兼有崩塌、滑坡和洪水破坏的双重作用，其危害程度比单一的崩塌、滑坡和洪水的危害更为广泛和严重。它对人类的危害具体表现在四个方面。据统计，我国有 29 个省（区）、771 个县（市）正遭受泥石流的危害，平均每年泥石流灾害发生的频率为 18 次/县，近 40 年来，每年因泥石流直接造成的死亡人数达 3 700 余人。据不完全统计，1949 年后的 50 多年中，我国县级以上城镇因泥石流而致死的人数已约 4 400 人，并威胁上万亿财产，由此可见泥石流对山区城镇的危害之重。目前我国已查明受泥石流危害或威胁的县级以上城镇有 138 个，主要分布在甘肃（45 个）、四川（34 个）、云南（23 个）和西藏（13 个）等西部省区，受泥石流危害或威胁的乡镇级城镇数量更大。

### 1. 对居民点的危害

泥石流最常见的危害之一，是冲进乡村、城镇，摧毁房屋、工厂、企事业单位及其他场所设施。淹没人畜、毁坏土地，甚至造成村毁人亡的灾难。如 1969 年 8 月云南省大盈江流域弄璋区南拱泥石流，使新章金、老章金两村被毁，97 人丧生，经济损失近百万元。还有 2010 年 8 月 7 日至 8 日，甘肃省舟曲暴发特大泥石流，造成 1 270 人遇难，474 人失踪，舟曲 5 km 长、500 m 宽区域被夷为平地。

### 2. 对交通的危害

泥石流可直接埋没车站、铁路、公路，摧毁路基、桥涵等设施，致使交通中断，还可引起正在运行的火车翻车，造成公路堵车、汽车颠覆，导致重大的人身伤亡事故。有时泥石流汇入河道，引起河道大幅度变迁，间接毁坏公路、铁路及其他构筑物，甚至迫使道路改线，造成巨大的经济损失。如甘川公路 394 km 处对岸的石门沟，1978 年 7 月暴发泥石流，堵塞白龙江，公路因此被淹 1 km，白龙江改道使长约 2 km 的路基变成了主河道，公路、护岸及渡槽全部被毁。该段线路自 1962 年以来，由于受对岸泥石流的影响已 3 次被迫改线。新中国成立以来，泥石流给我国铁路和公路造成了无法估计的巨大损失。

### 3. 对水利工程的危害

泥石流对水利工程的危害主要是冲毁水电站、引水渠道及过沟建筑物，淤埋水电站尾水渠，并淤积水库、磨蚀坝面等。

### 4. 对矿山的危害

泥石流对矿山的危害主要是摧毁矿山及其设施，淤埋矿山坑道，伤害矿山工作人员，造成停工停产，甚至使矿山报废。

## 9.2 一般规定

泥石流作用强度，根据形成条件、作用性质和对建筑物的破坏程度等因素按表 9-1 的规定分级。

表 9-1 泥石流作用强度分级

| 级别 | 规模 | 形成区特征 | 泥石流性质 | 可能出现最大流量 /($m^3$/s) | 年平均单位面积物质冲出量 /($m^3$/$km^2$) | 破坏作用 | 破坏程度 |
|---|---|---|---|---|---|---|---|
| 1 | 大型 | 大型滑坡、坍塌堵塞沟道，坡陡、沟道比降大 | 黏性，容重 $\gamma_c$ 大于 18 kN/$m^3$ | > 200 | > 5 | 以冲击和淤埋为主，危害严重、破坏强烈，可淤埋整个村镇或部分区域，治理困难 | 严重 |

续表

| 级别 | 规模 | 形成区特征 | 泥石流性质 | 可能出现最大流量/($m^3/s$) | 年平均单位面积物质冲出量/($m^3/km^2$) | 破坏作用 | 破坏程度 |
|---|---|---|---|---|---|---|---|
| 2 | 中型 | 沟坡上中小型滑坡、坍塌较多，局部淤塞，沟底堆积物厚 | 稀性或黏性，容重 16 kN/m³ $\leqslant \gamma_c \leqslant$ 18 kN/m³ | 50 ~ 200 | 1 ~ 5 | 有冲有淤，以淤为主，破坏作用大，可冲毁淤埋部分平房及桥涵，治理比较容易 | 中等 |
| 3 | 小型 | 沟岸有零星滑坍，有部分沟床质稀性或黏性 | 稀性或黏性，容重 14 kN/m³ $\leqslant \gamma_c \leqslant$ 16 kN/m³ | < 50 | < 1 | 以冲刷和淹没为主，破坏作用较小，治理容易 | 轻微 |

# 9.3 泥石流防治原则

（1）泥石流防治应贯彻以防为主，防、避、治相结合的方针，应根据当地条件采取综合防治措施。

（2）位于泥石流多发区的城市，应根据泥石流分布、形成特点和危害，突出重点，因地制宜，因害设防。

（3）防治泥石流应开展山洪沟汇流区的水土保持，建立生物防护体系，改善自然环境。

（4）新建城市或城区、城市居民区应避开泥石流发育区。

（5）泥石流防治工程设计标准，应根据泥石流作用强度选定。泥石流防治应以大中型泥石流为重点。泥石流防治应进行流域勘查，勘查重点是判定泥石流规模级别和确定设计参数。

（6）泥石流流量计算宜采用配方法和形态调查法，两种方法应互相验证。也可采用地方经验公式。

（7）城市防治泥石流，应根据泥石流特点和规模制订防治规划，建设工程体系、生物体系、预警预报体系相协调的综合防治体系。

（8）泥石流防治工程设计，应预测可能发生的泥石流流量、流速及总量，沿途沉积过程，并研究冲击力及摩擦力对建筑物的影响。

（9）泥石流防治，应根据泥石流特点和当地条件采用综合治理措施。在泥石流上游宜采用生物措施和截流沟、小水库调蓄径流；泥沙补给区宜采用固沙措施；中下游宜采用拦截、停淤措施；通过市区段宜修建排导沟。

（10）城市泥石流防治应以预防为主，主要城区应避开严重的泥石流沟；对已发生泥石流的城区宜以拦为主，将泥石流拦截在流域内，减少泥石流进入城市，对于重点防护对象应建设有效的预警预报体系。

## 9.4 泥石流防治工程安全等级及设计标准

### 9.4.1 泥石流灾害防治工程安全等级标准

根据泥石流灾害的受灾对象、死亡人数、直接经济损失、期望经济损失和防治工程投资等五个因素，可将泥石流灾害防治安全等级划分为四个级别（见表 9-2）。

表 9-2 泥石流灾害防治工程安全等级标准

| 地质灾害 | 防治工程安全等级 | | | |
|---|---|---|---|---|
| | 一级 | 二级 | 三级 | 四级 |
| 受灾对象 | 省会级城市 | 地、市级城市 | 县级城市 | 乡、镇及重要居民点 |
| | 铁道、国道、航道主干线及大型桥梁隧道 | 铁道、国道、航道及中型桥梁、隧道 | 铁道、省道及小型桥梁、隧道 | 乡镇间的道路桥梁 |
| | 大型的能源、水利、通信、邮电、矿山、国防工程等专项设施 | 中型的能源、水利、通信、邮电、矿山、国防工程等专项设施 | 小型的能源、水利、通讯、邮电、矿山、国防工程等专项设施 | 乡、镇级能源、水利、通信、邮电、矿山等专项设施 |
| | 一级建筑物 | 二级建筑物 | 三级建筑物 | 普通建筑物 |
| 死亡人数 | >1 000 | 100～1 000 | 10～100 | <10 |
| 直接经济损失/万元 | >1 000 | 500～1 000 | 100～500 | <100 |
| 期望经济损失/（万元/年） | >1 000 | 500～1 000 | 100～500 | <100 |
| 防治工程投资/万元 | >1 000 | 500～1 000 | 100～500 | <100 |

### 9.4.2 泥石流灾害防治工程设计标准

泥石流灾害防治工程设计标准的确定，应进行充分的技术经济比选，既要安全可靠，也要经济合理。应使其整体稳定性满足抗滑（抗剪或抗剪断）和抗倾覆安全系数的要求（见表 9-3）。

表 9-3　泥石流灾害防治工程设计标准

| 防治工程安全等级 | 降雨强度 | 拦挡坝抗滑安全系数 | | 拦挡坝抗倾覆安全系数 | |
|---|---|---|---|---|---|
| | | 基本荷载组合 | 特殊荷载组合 | 基本荷载组合 | 特殊荷载组合 |
| 一级 | 100 年一遇 | 1.25 | 1.08 | 1.60 | 1.15 |
| 二级 | 50 年一遇 | 1.20 | 1.07 | 1.50 | 1.14 |
| 三级 | 30 年一遇 | 1.15 | 1.06 | 1.40 | 1.12 |
| 四级 | 10 年一遇 | 1.10 | 1.05 | 1.30 | 1.10 |

## 9.5 泥石流计算

作用于拦挡坝的基本荷载有：坝体自重、泥石流压力、堆积物的土压力、过坝泥石流的动水压力、水压力、扬压力、冲击力等。

（1）坝体自重 $W_b$ 取决于单宽坝体体积 $V_b$ 和筑坝材料重度 $\gamma_b$，即

$$W_b = V_b \cdot \gamma_b \tag{9-1}$$

一般浆砌块石坝的 $\gamma_b$ 可取 24 kN/m$^3$。

（2）泥石流竖向压力包括土体重 $W_s$ 和溢流重 $W_f$。土体重 $W_s$ 是指拦挡坝溢流面以下垂直作用于坝体斜面上的泥石流体积重量，重度有差别的互层堆积物的 $W_s$ 应分层计算。

溢流重 $W_f$ 是泥石流过坝时作用于坝体上的重量，按下式计算：

$$W_f = h_d \cdot \gamma_d \tag{9-2}$$

式中　$h_d$——设计溢流体厚度（m）;

$\gamma_d$——设计溢流重度（kN/m$^3$）。

（3）作用于拦挡坝近水面上的水平压力有水石流体水平压力 $F_{dl}$、泥石流体水平压力 $F_{vl}$ 以及水平水压力 $F_{wl}$。

$$F_{\rm dl}=\frac{1}{2}\gamma_{\rm ys}h_{\rm s}^2\tan^2\left(45°-\frac{\varphi_{\rm ys}}{2}\right) \tag{9-3}$$

式中　$\gamma_{\rm ys}$——浮砂重度：$\gamma_{\rm ys}=\gamma_{\rm ds}-(1-n)\gamma_{\rm w}$；

$\gamma_{\rm ds}$——干砂重度；

$\gamma_{\rm w}$——水的重度；

$n$——孔隙率；

$h_{\rm s}$——水石流体堆积厚度；

$\varphi_{\rm ys}$——浮砂内摩擦角。

$F_{\rm v1}$也采用朗肯主动土压力计算：

$$F_{\rm v1}=\frac{1}{2}\gamma_{\rm c}H_{\rm c}^2\tan^2\left(45°-\frac{\varphi_{\rm a}}{2}\right) \tag{9-4}$$

式中　$\gamma_{\rm c}$——泥石流重度；

$H_{\rm c}$——泥石流体泥深；

$\varphi_{\rm a}$——泥石流体内摩擦角（一般取值 4°～10°）。

$F_{\rm w1}$按式（9-5）计算：

$$F_{\rm wl}=\frac{1}{2}\gamma_{\rm w}H_{\rm w}^2 \tag{9-5}$$

式中　$\gamma_{\rm w}$——水体的重度；

$H_{\rm w}$——水的深度。

（4）过坝泥石流的动水压力为过坝泥石流水平作用在坝体上泥石流动压力，按式（9-6）计算：

$$\sigma=(\gamma_{\rm c}/g)V_{\rm c}^2 \tag{9-6}$$

式中　$V_{\rm c}$——泥石流的平均流速（m/s）；

$g$——重力加速度，$g=9.8\ {\rm m/s^2}$；

$\gamma_{\rm c}$——泥石流的重度。

（5）作用在迎水面坝踵处的扬压力$F_{\rm y}$按式（9-7）计算：

$$F_{\rm y}=K\frac{H_1+H_2}{2}B\gamma_{\rm w} \tag{9-7}$$

式中　$F_{\rm y}$——扬压力（kPa）；

$H_1$——坝上游水深（m）；

$H_2$——坝下游水深（m）；

$B$——坝底宽度（m）；

$K$——折减系数，可根据坝基渗透性参见有关规范而定。

（6）泥石流冲击力计算。冲击力 $F_c$ 包括泥石流整体冲压力 $F_\delta$ 和泥石流中大块石的冲击力 $F_b$。

泥石流整体冲击力用式（9-8）计算：

$$F_\delta = \lambda \frac{\gamma_c}{g} V_c^2 \sin\alpha \tag{9-8}$$

式中　$F_\delta$——泥石流整体冲击压力（kPa）；

$\gamma_c$——泥石流容重（$kN/m^3$）；

$V_c$——泥石流流速（m/s）；

$g$——重力加速度（$m/s^2$），$g = 9.8\ m/s^2$；

$\alpha$——建筑物受力面与冲压方向的夹角（°）；

$\lambda$——建筑物形状系数，圆形 $\lambda = 1.0$，矩形 $\lambda = 1.33$，方形 $\lambda = 1.47$。

若受冲击工程建筑物为墩、台或柱时，泥石流大块石冲击力计算公式为

$$F_b = \sqrt{\frac{3EJV^2W}{gL^3}} \sin\alpha \tag{9-9}$$

式中　$F_b$——大块石冲击力（kPa）；

$E$——构件弹性模量（kPa）；

$J$——构件截面中心轴的惯性摸量（$m^4$）；

$L$——构件长度（m）；

$V$——石块运动速度（m/s）；

$W$——块石重量（kN）。

其余符号意义同前。

若受冲击建筑物为坝、闸或拦栅等，$F_b$ 按式（9-10）计算：

$$F_b = \sqrt{\frac{48EJV^2W}{gL^3}} \sin\alpha \tag{9-10}$$

式中符号意义同前。

（7）荷载组合。

对于稀性泥石流，作用于拦砂坝上的荷载组合应如下考虑：

① 空库过流时，作用荷载有：坝体自重 $W_d$、稀性泥石流土体重 $W_s$、溢流体重 $W_f$、水平水压力 $F_{wl}$、过坝泥石流的动水压力 $\sigma$、稀性流石流水平压力 $F_{dl}$ 以及扬压力 $F_y$（未折减），以及与地震力的组合。

② 未满库过流时，作用荷载有：坝体自重 $W_d$、土体重 $W_s$、溢流体重 $W_f$、稀性泥石流水平压力 $F_{dl}$、水平水压力 $F_{w1}$、过坝泥石流的动水压力 $\sigma$ 和扬压力 $F_y$（考虑了折减），以及与地震力的组合。

对于黏性泥石流，作用在拦沙坝的荷载组合，只将稀性泥石流产生的水平压力 $F_{dl}$ 换为黏性泥石流的 $F_{vl}$。在满库过流计算 $W_s$ 时应分层考虑。

空库运行时，拦沙坝的稳定性最差，坝后淤积越高，拦沙坝稳定性越好。

（8）稳定性验算。

① 抗滑稳定性验算。

$$k_c = \frac{f\sum N}{\sum P} \tag{9-11}$$

式中 $k_c$——抗滑安全系数，可根据防治工程安全等级及荷载组合取值；

$\sum N$——垂直方向作用力的总和（kN）；

$\sum P$——水平方向作用力的总和（kN）。

② 抗倾覆验算。

$$k_0 = \frac{\sum M_N}{\sum M_p} \tag{9-12}$$

式中 $k_0$——抗倾覆安全系数，可根据防治工程安全等级及荷载组合取值；

$\sum M_N$——抗倾力矩的总和（kN · m）；

$\sum M_p$——倾覆力矩的总和（kN · m）。

③ 地基承载力满足式（9-13）：

$$\left.\begin{aligned}\sigma_{max} &\leqslant [\sigma] \\ \sigma_{min} &\geqslant 0\end{aligned}\right\} \tag{9-13}$$

式中

$$\sigma_{max} = \frac{\sum N}{B}\left(1+\frac{6e_0}{B}\right)$$

$$\sigma_{min} = \frac{\sum N}{B}\left(1-\frac{6e_0}{B}\right)$$

其中　$\sigma_{max}$——最大地基应力（kN）；

$\sigma_{min}$——最小地基应力（$kN/m^2$）；

$\sum N$——垂直力的总和（kN）；

$B$——坝底宽度（m）；

$e_0$——偏心矩；

$[\sigma]$——地基容许承载力。

④ 坝身强度计算，可按结构力学公式计算。

（9）泥石流流速测算采用经验公式。

① 西南地区稀性泥石流流速测算可采用铁二院推荐公式：

$$V_c = \frac{1}{a} \cdot \frac{1}{n} \cdot R_c^{2/3} I^{1/2} \tag{9-14}$$

式中　$V_c$——泥石流断面流速（m/s）。

$R_c$——泥石流流体水力半径（m），可近似取泥位深度。

$I$——泥石流流面纵坡（‰）。

$a$——阻力系数：

$$a = \left( \frac{\gamma_c - \gamma_w}{\gamma_s - \gamma_c} \cdot \gamma_s + 1 \right)^{1/2}$$

其中　$\gamma_c$——泥石流容重；

$\gamma_w$——水的容重；

$\gamma_s$——固体物质容重。

② 西南地区黏性泥石流流速测算可采用成都山地灾害与环境研究所推荐公式：

$$V_c = K H_c^{2/3} I_c^{1/5} \tag{9-15}$$

式中　$K$——流速系数；

$H_c$——计算断面的平均泥深（m）；

$I_c$——泥石流水力坡度（‰），可用沟床坡度代替。

③ 西北地区稀性泥石流流速测算可采用铁一院（现名中铁第一勘察设计院有限公司）推荐的公式：

$$V_c = \frac{1.53}{a} \cdot R_c^{2/3} I^{2/3} \tag{9-16}$$

式中符号意义同前。

④ 西北地区黏性泥石流流速公式：

$$V_c = M_c H_c^{2/3} I_c^{1/2} \tag{9-17}$$

式中　$M_c$——沟床糙率系数。
其余符号意义同前。

⑤ 华北地区稀性泥石流流速测算可采用北京市政设计院推荐公式：

$$V_c = \frac{M_w}{a} \cdot R_c^{2/3} I^{1/10} \tag{9-18}$$

式中　$M_w$——沟床外阻力系数。
其余符号意义同前。

⑥ 弗莱施曼推荐的泥石流中块体运动速度公式：

$$V = a\sqrt{d_{max}} \tag{9-19}$$

式中　$V$——块体运动速度（m/s）；
$a$——综合系数，取 3.5 ~ 4.5；
$d_{max}$——最大块径（m）。

# 9.6　泥石流防治工程措施

## 9.6.1　拦挡坝

泥石流拦挡坝的坝型和规模，应根据地形、地质条件和泥石流的规模等因素经综合分析确定。拦挡坝应能溢流，可选用重力坝、格栅坝等。

拦挡坝坝址应选择在沟谷宽敞段下游卡口处，可单级或多级设置。多级坝坝间距可根据回淤坡度确定。

拦挡坝的坝高和库容应根据以下不同情况分析确定：

（1）以拦挡泥石流固体物质为主的拦挡坝，对间歇性泥石流沟，其库容不宜小于拦蓄一次泥石流固体物质总量；对常发性泥石流沟，其库容不得小于拦蓄一年泥石流固体物质总量。

（2）以依靠淤积增宽沟床、减缓沟岸冲刷为主的拦挡坝，坝高宜按淤积后的沟床宽度大于原沟床宽度的 2 倍确定。

（3）以拦挡泥石流淤积物稳固滑坡为主的拦挡坝，其坝高应满足拦挡的淤积物所产生的抗滑力大于滑坡的剩余下滑力。

拦挡坝基础埋深，应根据地基土质、泥石流性质和规模以及土壤冻结深度等因素确定。

拦挡坝的泄水口应有较好的整体性和抗磨性，坝体应设排水孔。

拦挡坝稳定计算，其计算工况和稳定系数应符合相关标准的规定。

拦挡坝下游应设消能设施，可采用消力槛，消力槛高度应高出沟床 0.5 ~ 1.0 m，消力池长度可取坝高的 2 ~ 4 倍。

拦挡含有较多大块石的泥石流时，宜修建格栅坝。栅条间距可按公式（9-20）计算：

$$D=(1.4\sim2.0)d \tag{9-20}$$

式中　$D$——栅条间的净距离（m）；

$d$——计划拦截的大石块直径（m）。

## 9.6.2　停淤场

根据泥石流运动堆积特点，利用天然有利地形，将泥石流引入选定的宽阔滩地或跨流域低地，使其自然减速后淤积；或者修建拦蓄工程，迫使其停淤的工程设施。停淤场宜布置在坡度小、地面开阔的沟口扇形地带，并应利用拦挡坝和导流堤引导泥石流在不同部位落淤。停淤场应有较大的场地，使一次泥石流的淤积量不小于总量的 50%，设计年限内总预计高度不宜超过 5 ~ 10 m。

停淤场内的拦挡坝和导流坝的布置，应根据泥石流规模、地形等条件确定。

停淤场拦挡坝的高度宜为 1 ~ 3 m。坝体可直接利用泥石流冲击物。对冲刷严重或受泥石流直接冲击的坝，宜采用混凝土、浆砌石、铅丝石笼护面。坝体应设溢流口排泄泥水。

为了增大停淤量，停淤场场地要开阔，并且要有合适的纵向坡度。根据泥石流运动特征和地形条件，有时采用逐级加高的办法进行修建。停淤场一般施工容易，造价不高，是比较简单而又实用的泥石流防治工程措施。

## 9.6.3　排导沟

排导沟又称排导槽。通过人工修建或改造的沟道引导泥石流顺畅通过防护区（段），排向下游泄入主河道的工程，是防治泥石流的常用措施。

排导沟宜布置在沟道顺直、长度短、坡降大和出口处具有停淤堆积泥石场地的地带，其进口可利用天然沟岸，也可设置八字形导流堤，单侧平面收缩角宜为 10° ~ 15°；横断面宜窄深，坡度宜较大，宽度可按天然流通段沟槽宽度确定，沟口应避免洪水倒灌和受堆积场淤积的影响。

排导沟设计深度可按式（9-21）计算，沟口还应计算扇形体的堆高及对排导沟的影响。

$$H = H_c + H_i + \Delta H \tag{9-21}$$

式中 $H$ ——排导沟设计深度（m）；

$H_c$ ——泥石流设计流深（m），其值不宜小于泥石流波峰高度和可能通过最大块石尺寸的 1.2 倍；

$H_i$ ——泥石流淤积高度（m）；

$\Delta H$ ——安全加高（m），采用相关标准的数值，在弯曲段另加由于弯曲而引起的壅高值。

城市泥石流排导沟的侧壁应护砌，护砌材料可根据泥石流流速选择，采用浆砌块石、混凝土或钢筋混凝土结构。护底结构形式可根据泥石流特点确定。

通过市区的泥石流沟，当地形条件允许时，可将泥石流导向指定的落淤区。

# 第 10 章 “海绵城市”低影响开发（LID）技术

## 10.1 海绵城市

海绵城市是指城市能够像海绵一样，在适应环境变化和应对自然灾害等方面具有良好的“弹性”，下雨时吸水、蓄水、渗水、净水，需要时将蓄存的水“释放”并加以利用。海绵城市建设应遵循生态优先等原则，将自然途径与人工措施相结合，在确保城市排水防涝安全的前提下，最大限度地实现雨水在城市区域的积存、渗透和净化，促进雨水资源的利用和生态环境保护。建设“海绵城市”并不是推倒重来，取代传统的排水系统，而是对传统排水系统的一种“减负”和补充，最大限度地发挥城市本身的作用。在海绵城市建设过程中，应统筹自然降水、地表水和地下水的系统性，协调给水、排水等水循环利用各环节，并考虑其复杂性和长期性。

海绵城市的建设途径主要有以下几方面：一是对城市原有生态系统的保护。最大限度地保护原有的河流、湖泊、湿地、坑塘、沟渠等水生态敏感区，留有足够涵养水源、应对较大强度降雨的林地、草地、湖泊、湿地，维持城市开发前的自然水文特征，这是海绵城市建设的基本要求。二是生态恢复和修复。对传统粗放式城市建设模式下，已经受到破坏的水体和其他自然环境，运用生态的手段进行恢复和修复，并维持一定比例的生态空间。三是低影响开发。按照对城市生态环境影响最低的开发建设理念，合理控制开发强度，在城市中保留足够的生态用地，控制城市不透水面积比例，最大限度地减少对城市原有水生态环境的破坏，同时，根据需求适当开挖河湖沟渠、增加水域面积，促进雨水的积存、渗透和净化。

海绵城市建设应统筹低影响开发雨水系统、城市雨水管渠系统及超标雨水径流排放系统。低影响开发雨水系统可以通过对雨水的渗透、储存、调节、转输与截污净化等功能，有效控制径流总量、径流峰值和径流污染；城市雨水管渠系统即传统排水系统，应与低影响开发雨水系统共同组织径流雨水的收集、转输与排放。超标雨水径流排放系统，用来应对超过雨水管渠系统设计标准的雨水径流，一般通过综合选择自然水体、多功能调蓄水体、行泄通道、调蓄池、深层隧道等自然途径或人工设施构建。以上三个系统并不是孤立的，也没有严格的界限，三者相互补充、相互依存，是海绵城市建设的重要基础元素。

建设海绵城市，要扭转观念。传统城市建设模式，处处是硬化路面。每逢大雨，主要依靠管渠、泵站等“灰色”设施来排水，以“快速排除”和“末端集中”控制为主要规划设计理念，往往造成逢雨必涝，旱涝急转。根据《海绵城市建设技术指南》，今后城市建设将强调优先利用植草沟、雨水花园、下沉式绿地等“绿色”措施来组织排水，以“慢排缓释”和“源头分散”控制为主要规划设计理念。

## 10.2 基本原则

海绵城市建设——低影响开发雨水系统构建的基本原则是规划引领、生态优先、安全为重、因地制宜、统筹建设。

**规划引领** 城市各层级、各相关专业规划以及后续的建设程序中，应落实海绵城市建设、低影响开发雨水系统构建的内容，先规划后建设，体现规划的科学性和权威性，发挥规划的控制和引领作用。

**生态优先** 城市规划中应科学划定蓝线和绿线。城市开发建设应保护河流、湖泊、湿地、坑塘、沟渠等水生态敏感区，优先利用自然排水系统与低影响开发设施，实现雨水的自然积存、自然渗透、自然净化和可持续水循环，提高水生态系统的自然修复能力，维护城市良好的生态功能。

**安全为重** 以保护人民生命财产安全和社会经济安全为出发点，综合采用工程和非工程措施提高低影响开发设施的建设质量和管理水平，消除安全隐患，增强防灾减灾能力，保障城市水安全。

**因地制宜** 各地应根据本地自然地理条件、水文地质特点、水资源禀赋状况、降雨规律、水环境保护与内涝防治要求等，合理确定低影响开发控制目标与指标，科学规划布局和选用下沉式绿地、植草沟、雨水湿地、透水铺装、多功能调蓄等低影响开发设施及其组合系统。

**统筹建设** 地方政府应结合城市总体规划和建设，在各类建设项目中严格落实各层级相关规划中确定的低影响开发控制目标、指标和技术要求，统筹建设。低影响开发设施应与建设项目的主体工程同时规划设计、同时施工、同时投入使用。

## 10.3 低影响开发雨水系统

低影响开发（Low Impact Development，LID）指在场地开发过程中采用源头、分散式措施维持场地开发前的水文特征，也称为低影响设计（Low Impact Design，LID）或低影响城市设计和开发（Low Impact Urban Design and Development，LIUDD）。其核心是维持场地开发前后水文特征不变，包括径流总量、峰值流量、峰现时间等（见图 10-1）。从水文循环角度，要维持径流总量不变，就要采取渗透、储存等方式，实现开发后一定量的径流量不外排；要维持峰值流量不变，就要采取渗透、储存、调节等措施削减峰值、延缓峰值时间。发达国家人口少，一般土地开发强度较低，绿化率较高，在场地源头有充足空间来消纳场地开发后径流的增量（总量和峰值）。我国大多数城市土地开发强度普遍较大，仅在场地采用分散式源头削减措施，难以实现开发前后径流总量和峰值流量等维持基本不变，所以还必须借助于中途、末端等综合措施，来实现开发后水文特征接近于开发前的目标。

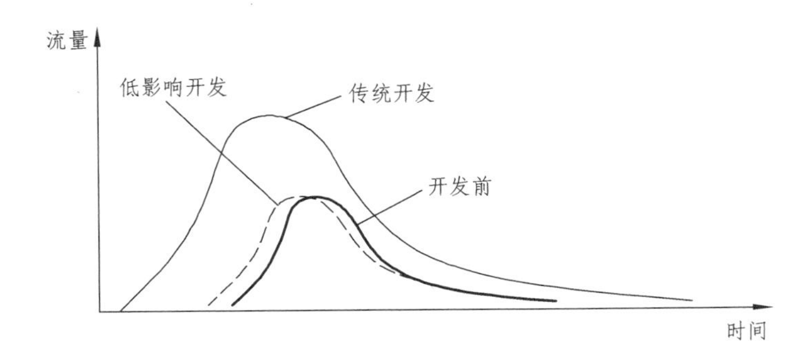


图 10-1 低影响开发水文原理示意图

从上述分析可知，低影响开发理念的提出，最初是强调从源头控制径流，但随着低影响开发理念及其技术的不断发展，加之我国城市发展和基础设施建设过程中面临的城市内涝、径流污染、水资源短缺、用地紧张等突出问题的复杂性，在我国，低影响开发的含义已延伸至源头、中途和末端不同尺度的控制措施。城市建设过程应在城市规划、设计、实施等各环节纳入低影响开发内容，并统筹协调城市规划、排水、园林、道路交通、建筑、水文等专业，共同落实低影响开发控制目标。因此，广义来讲，低影响开发指在城市开发建设过程中采用源头削减、中途转输、末端调蓄等多种手段，通过渗、滞、蓄、净、用、排等多种技术，实现城市良性水文循环，提高对径流雨水的渗透、调蓄、净化、利用和排放能力，维持或恢复城市的“海绵”功能。

## 10.4 海绵城市——低影响开发雨水系统构建途径

海绵城市——低影响开发雨水系统构建需统筹协调城市开发建设各个环节。在城市各层级、各相关规划中均应遵循低影响开发理念，明确低影响开发控制目标，结合城市开发区域或项目特点确定相应的规划控制指标，落实低影响开发设施建设的主要内容。设计阶段应对不同低影响开发设施及其组合进行科学合理的平面与竖向设计，在建筑与小区、城市道路、绿地与广场、水系等规划建设中，应统筹考虑景观水体、滨水带等开放空间，建设低影响开发设施，构建低影响开发雨水系统。低影响开发雨水系统的构建与所在区域的规划控制目标、水文、气象、土地利用条件等关系密切，因此，选择低影响开发雨水系统的流程、单项设施或其组合系统时，需要进行技术经济分析和比较，优化设计方案。低影响开发设施建成后应明确维护管理责任单位，落实设施管理人员，细化日常维护管理内容，确保低影响开发设施运行正常。低影响开发雨水系统构建途径示意图如图 10-2 所示。

## 10.5 低影响开发雨水系统规划

### 10.5.1 基本要求

城市人民政府应作为落实海绵城市——低影响开发雨水系统构建的责任主体，统筹协调规划、国土、排水、道路、交通、园林、水文等职能部门，在各相关规划编制过程中落实低影响开发雨水系统的建设内容。

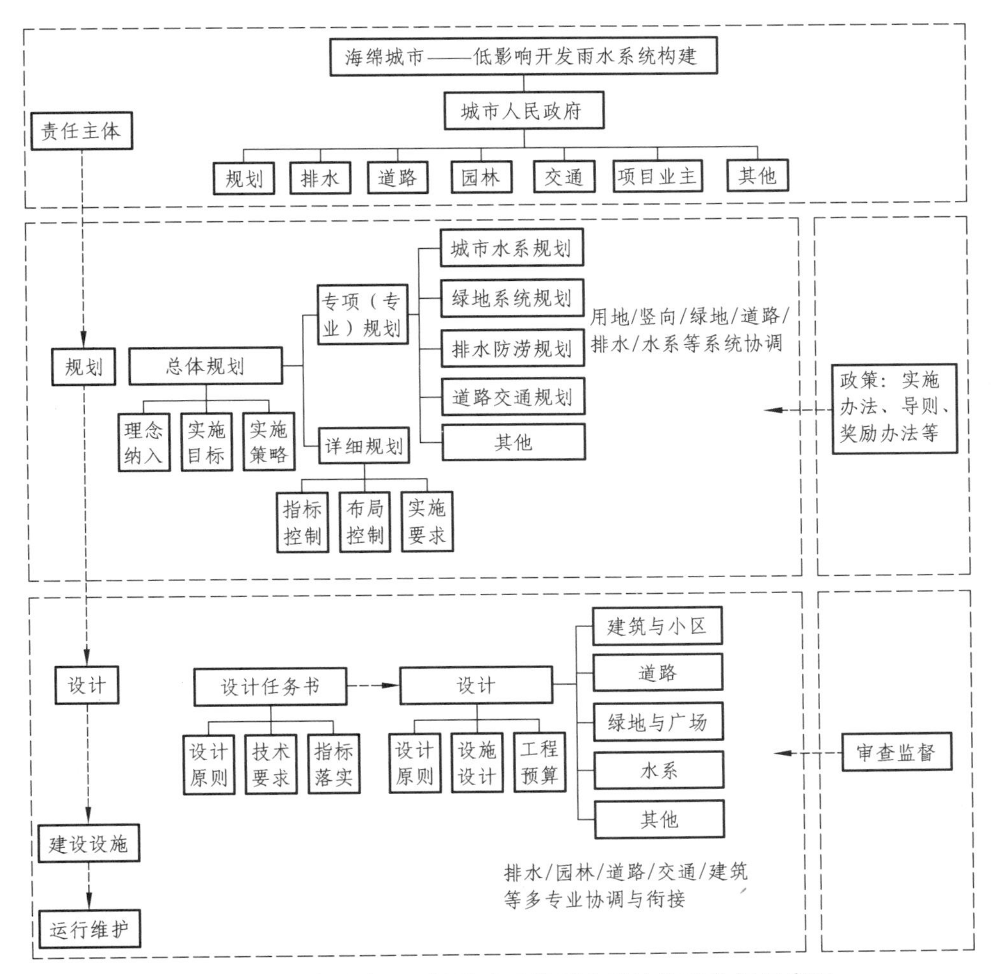


**图 10-2 海绵城市——低影响开发雨水系统构建途径示意图**

城市总体规划应创新规划理念与方法，将低影响开发雨水系统作为新型城镇化和生态文明建设的重要手段。应开展低影响开发专题研究，结合城市生态保护、土地利用、水系、绿地系统、市政基础设施、环境保护等相关内容，因地制宜地确定城市年径流总量控制率及其对应的设计降雨量目标，制定城市低影响开发雨水系统的实施策略、原则和重点实施区域，并将有关要求和内容纳入城市水系、排水防涝、绿地系统、道路交通等相关专项（专业）规划。编制分区规划的城市应在总体规划的基础上，按低影响开发的总体要求和控制目标，将低影响开发雨水系统的相关内容纳入其分区规划。

详细规划（控制性详细规划、修建性详细规划）应落实城市总体规划及相关专项（专业）规划确定的低影响开发控制目标与指标，因地制宜，落实涉及雨水渗、滞、蓄、净、用、排等用途的低影响开发设施用地；并结合用地功能和布局，分解和明确各地块单位面积控制容积、下沉式绿地率及其下沉深度、透水铺装率、绿色屋顶率等低影响开发主要控制指标，指导下层级规划设计或地块出让与开发。

有条件的城市（新区）可编制基于低影响开发理念的雨水控制与利用专项规划，兼顾径流总量控制、径流峰值控制、径流污染控制、雨水资源化利用等不同的控制目标，构建从源头到末端的全过程控制雨水系统；利用数字化模型分析等方法分解低影响开发控制指标，细化低影响开发规划设计要点，供各级城市规划及相关专业规划编制时参考；落实低影响开发雨水系统建设内容、建设时序、资金安排与保障措施。也可结合城市总体规划要求，积极探索将低影响开发雨水系统作为城市水系统规划的重要组成部分。

生态城市和绿色建筑作为国家绿色城镇化发展战略的重要基础内容，对我国未来城市发展及人居环境改善有长远影响，应将低影响开发控制目标纳入生态城市评价体系、绿色建筑评价标准，通过单位面积控制容积、下沉式绿地率及其下沉深度、透水铺装率、绿色屋顶率等指标进行落实。

### 10.5.2 规划控制目标

构建低影响开发雨水系统，规划控制目标一般包括径流总量控制、径流峰值控制、径流污染控制、雨水资源化利用等（见图 10-3）。各地应结合水环境现状、水文地质条件等特点，合理选择其中一项或多项目标作为规划控制目标。鉴于径流污染控制目标、雨水资源化利用目标大多可通过径流总量控制实现，各地低影响开发雨水系统构建可选择径流总量控制作为首要的规划控制目标。

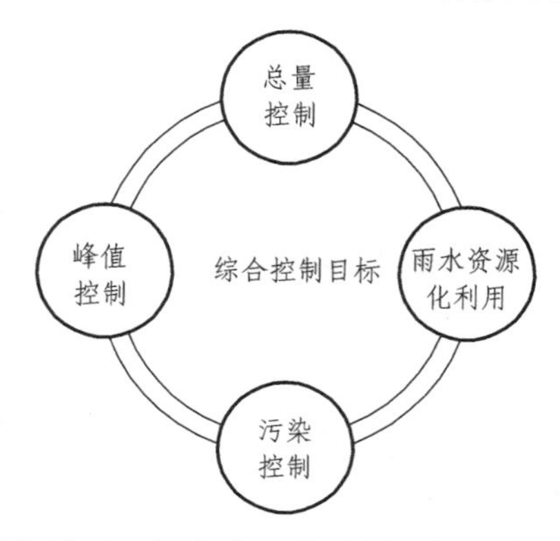


图 10-3 低影响开发控制目标示意图

### 1. 径流总量控制目标

1）目标确定方法

低影响开发雨水系统的径流总量控制一般采用年径流总量控制率作为控制目标。年径流总量控制率与设计降雨量为一一对应关系，年径流总量控制率概念示意图如图 10-4 所示。

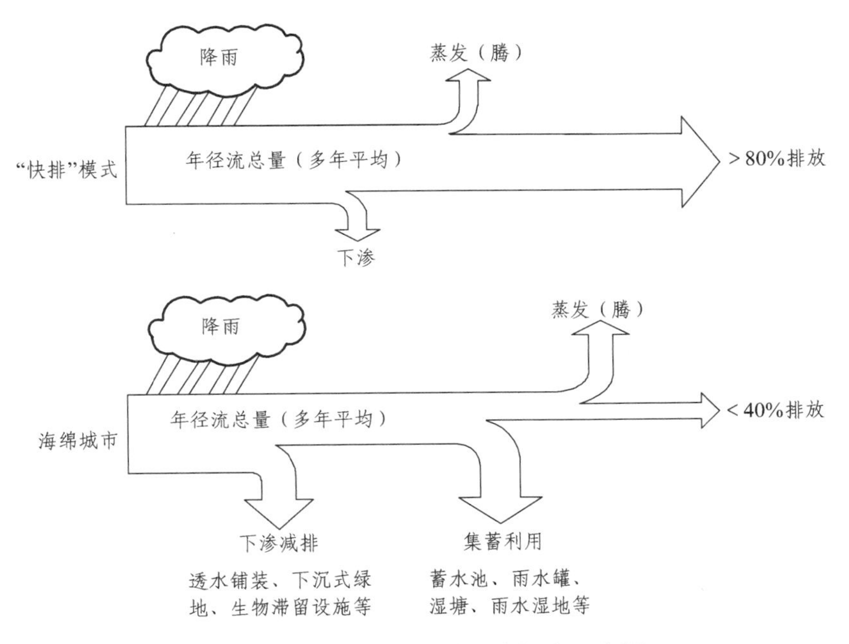


**图 10-4 年径流总量控制率概念示意图**

理想状态下，径流总量控制目标应以开发建设后径流排放量接近开发建设前自然地貌时的径流排放量为标准。自然地貌往往按照绿地考虑，一般情况下，绿地的年径流总量外排率为 15% ~ 20%（相当于年雨量径流系数为 0.15 ~ 0.20），因此，借鉴发达国家实践经验，年径流总量控制率最佳为 80% ~ 85%。这一目标主要通过控制频率较高的中、小降雨事件来实现。以北京市为例，当年径流总量控制率为 80% 和 85% 时，对应的设计降雨量为 27.3 mm 和 33.6 mm，分别对应约 0.5 年一遇和 1 年一遇的 1 h 降雨量。

实践中，各地在确定年径流总量控制率时，需要综合考虑多方面因素。一方面，开发建设前的径流排放量与地表类型、土壤性质、地形地貌、植被覆盖率等因素有关，应通过分析综合确定开发前的径流排放量，并据此确定适宜的年径流总量控制率。另一方面，要考虑当地水资源禀赋情况、降雨规律、开发强度、低影响开发设施的利用效率以及经济发展水平等因素；具体到某个地块或建设项目的开发，要结合本区域建筑密度、绿地率及土地利用布局等因素确定。

因此，综合考虑以上因素基础上，当不具备径流控制的空间条件或者经济成本过高时，可选择较低的年径流总量控制目标。同时，从维持区域水环境良性循环及经济合理性角度出发，径流总量控制目标也不是越高越好，雨水的过量收集、减排会导致原有水体的萎缩或影响水系统的良性循环；从经济性角度出发，当年径流总量控制率超过一定值时，投资效益会急剧下降，造成设施规模过大、投资浪费的问题。

2）年径流总量控制率分区

我国地域辽阔，气候特征、土壤地质等天然条件和经济条件差异较大，径流总量控制目标也不同。在雨水资源化利用需求较大的西部干旱半干旱地区，以及有特殊排水防涝要求的区域，可根据经济发展条件适当提高径流总量控制目标；对于广西、广东及海南等部分沿海地区，由于极端暴雨较多导致设计降雨量统计值偏差较大，造成投资效益及低影响开发设施利用效率不高，可适当降低径流总量控制目标。

因此，对我国近 200 个城市 1983—2012 年日降雨量统计分析，分别得到各城市年径流总量控制率及其对应的设计降雨量值关系。基于上述数据分析，将我国大陆地区大致分为五个区，并给出了各区年径流总量控制率 $\alpha$ 的最低和最高限值，即 Ⅰ 区（ $85\% \leqslant \alpha \leqslant 90\%$ ）、Ⅱ 区（ $80\% \leqslant \alpha \leqslant 85\%$ ）、Ⅲ 区（ $75\% \leqslant \alpha \leqslant 85\%$ ）、Ⅳ 区（ $70\% \leqslant \alpha \leqslant 85\%$ ）、Ⅴ 区（ $60\% \leqslant \alpha \leqslant 85\%$ ），如图 10-5 所示。各地应参照此限值，因地制宜地确定本地区径流总量控制目标。

3）目标落实途径

各地城市规划、建设过程中，可将年径流总量控制率目标分解为单位面积控制容积，以其作为综合控制指标来落实径流总量控制目标。

径流总量控制途径包括：雨水的下渗减排和直接集蓄利用。缺水地区可结合实际情况制定基于直接集蓄利用的雨水资源化利用目标。雨水资源化利用一般应作为落实径流总量控制目标的一部分。实施过程中，雨水下渗减排和资源化利用的比例需依据实际情况，通过合理的技术经济比较来确定。

### 2. 径流峰值控制目标

径流峰值流量控制是低影响开发的控制目标之一。低影响开发设施受降雨频率与雨型、低影响开发设施建设与维护管理条件等因素的影响，一般对中、小降雨事件的峰值削减效果较好，对特大暴雨事件，虽仍可起到一定的错峰、延峰作用，但其峰值削减幅度往往较低。因此，为保障城市安全，在低影响开发设施的建设区域，城市雨水管渠和泵站的设计重现期、径流系数等设计参数仍然应当按照《室外排水设计规范》（GB 50014）中的相关标准执行。

同时，低影响开发雨水系统是城市内涝防治系统的重要组成，应与城市雨水管渠系统及超标雨水径流排放系统相衔接，建立从源头到末端的全过程雨水控制与管理体系，共同达到内涝防治要求，城市内涝防治设计重现期应按《室外排水设计规范》（GB 50014）中内涝防治设计重现期的标准执行。

### 10.5.3 城市排水防涝综合规划

低影响开发雨水系统是城市内涝防治综合体系的重要组成，应与城市雨水管渠系统、超标雨水径流排放系统同步规划设计。城市排水系统规划、排水防涝综合规划等相关排水规划中，应结合当地条件确定低影响开发控制目标与建设内容，并满足《城市排水工程规划规范》（GB 50318）、《室外排水设计规范》（GB 50014）等相关要求，要点如下：

（1）明确低影响开发径流总量控制目标与指标。通过对排水系统总体评估、内涝风险评估等，明确低影响开发雨水系统径流总量控制目标，并与城市总体规划、详细规划中低影响开发雨水系统的控制目标相衔接，将控制目标分解为单位面积控制容积等控制指标，通过建设项目的管控制度进行落实。

（2）确定径流污染控制目标及防治方式。应通过评估、分析径流污染对城市水环境污染的贡献率，根据城市水环境的要求，结合悬浮物（SS）等径流污染物控制要求确定年径流总量控制率，同时明确径流污染控制方式并合理选择低影响开发设施。

（3）明确雨水资源化利用目标及方式。应根据当地水资源条件及雨水回用需求，确定雨水资源化利用的总量、用途、方式和设施。

（4）与城市雨水管渠系统及超标雨水径流排放系统有效衔接。应最大限度地发挥低影响开发雨水系统对径流雨水的渗透、调蓄、净化等作用，低影响开发设施的溢流应与城市雨水管渠系统或超标雨水径流排放系统衔接。城市雨水管渠系统、超标雨水径流排放系统应与低影响开发系统同步规划设计，应按照《城市排水工程规划规范》（GB 50318）、《室外排水设计规范》（GB 50014）等规范相应重现期设计标准进行规划设计。

（5）优化低影响开发设施的竖向与平面布局。应利用城市绿地、广场、道路等公共开放空间，在满足各类用地主导功能的基础上合理布局低影响开发设施；其他建设用地应明确低影响开发控制目标与指标，并衔接其他内涝防治设施的平面布局与竖向，共同组成内涝防治系统。

## 10.6 低影响开发技术

### 10.6.1 技术类型

低影响开发技术按主要功能一般可分为渗透、储存、调节、转输、截污净化等几类。通过各类技术的组合应用，可实现径流总量控制、径流峰值控制、径流污染控制、雨水资源化利用等目标。实践中，应结合不同区域水文地质、水资源等特点及技术经济分析，按照因地制宜和经济高效的原则选择低影响开发技术及其组合系统。

### 10.6.2 单项设施

各类低影响开发技术又包含若干不同形式的低影响开发设施，主要有透水铺装、绿色屋顶、下沉式绿地、生物滞留设施、渗透塘、渗井、湿塘、雨水湿地、蓄水池、雨水罐、调节塘、调节池、植草沟、渗管/渠、植被缓冲带、初期雨水弃流设施、人工土壤渗滤等。 低影响开发单项设施往往具有多个功能，如生物滞留设施的功能除渗透补充地下水外，还可削减峰值流量、净化雨水，实现径流总量、径流峰值和径流污染控制等多重目标。因此应根据设计目标灵活选用低影响开发设施及其组合系统，根据主要功能按相应的方法进行设施规模计算，并对单项设施及其组合系统的设施选型和规模进行优化。

#### 1. 透水铺装

**概念与构造**　透水铺装按照面层材料不同可分为透水砖铺装、透水水泥混凝土铺装和透水沥青混凝土铺装，嵌草砖、园林铺装中的鹅卵石、碎石铺装等也属于渗透铺装。 透水铺装结构应符合《透水砖路面技术规程》(CJJ/T 188)、《透水沥青路面技术规程》(CJJ/T 190)和《透水水泥混凝土路面技术规程》(CJJ/T 135)的规定。透水铺装还应满足以下要求：

(1) 透水铺装对道路路基强度和稳定性的潜在风险较大时，可采用半透水铺装结构。

（2）土地透水能力有限时，应在透水铺装的透水基层内设置排水管或排水板。

（3）当透水铺装设置在地下室顶板上时，顶板覆土厚度不应小于 600 mm，并应设置排水层。透水砖铺装典型构造如图 10-5 所示。

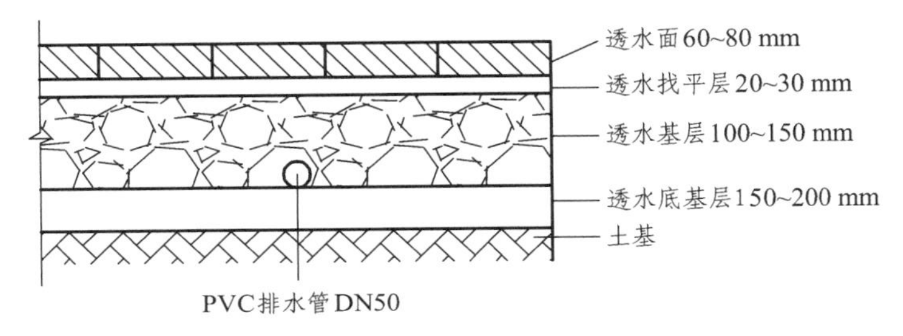


**图 10-5 透水砖铺装典型结构示意图**

**适用性** 透水砖铺装和透水水泥混凝土铺装主要适用于广场、停车场、人行道以及车流量和荷载较小的道路，如建筑与小区道路、市政道路的非机动车道等，透水沥青混凝土路面还可用于机动车道。透水铺装应用于以下区域时，还应采取必要的措施防止次生灾害或地下水污染的发生：

（1）可能造成陡坡坍塌、滑坡灾害的区域，湿陷性黄土、膨胀土和高含盐土等特殊土壤地质区域。

（2）使用频率较高的商业停车场、汽车回收及维修点、加油站及码头等径流污染严重的区域。

**优缺点** 透水铺装适用区域广、施工方便，可补充地下水并具有一定的峰值流量削减和雨水净化作用，但易堵塞，寒冷地区有被冻融破坏的风险。

### 2. 绿色屋顶

**概念与构造** 绿色屋顶也称种植屋面、屋顶绿化等，根据种植基质深度和景观复杂程度，绿色屋顶又分为简单式和花园式，基质深度根据植物需求及屋顶荷载确定，简单式绿色屋顶的基质深度一般不大于 150 mm，花园式绿色屋顶在种植乔木时基质深度可超过 600 mm，绿色屋顶的设计可参考《种植屋面工程技术规程》（JGJ 155）。绿色屋顶的典型构造如图 10-6 所示。

**适用性** 绿色屋顶适用于符合屋顶荷载、防水等条件的平屋顶建筑和坡度≤15°的坡屋顶建筑。

**优缺点** 绿色屋顶可有效减少屋面径流总量和径流污染负荷，具有节能减排的作用，但对屋顶荷载、防水、坡度、空间条件等有严格要求。

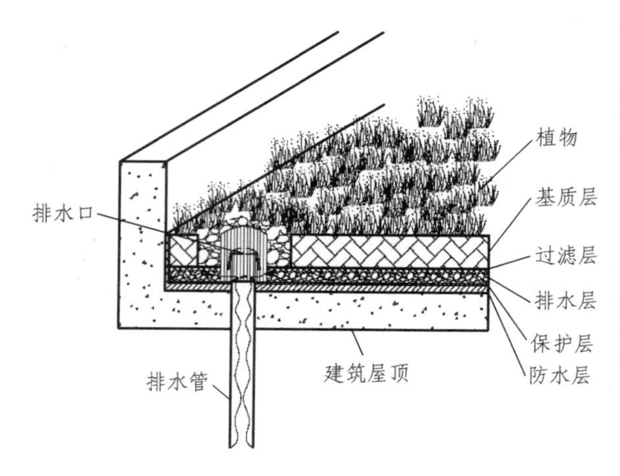


图 10-6 绿色屋顶典型构造示意图

### 3. 下沉式绿地

**概念与构造** 下沉式绿地具有狭义和广义之分，狭义的下沉式绿地指低于周边铺砌地面或道路在 200 mm 以内的绿地；广义的下沉式绿地泛指具有一定的调蓄容积（在以径流总量控制为目标进行目标分解或设计计算时，不包括调节容积），且可用于调蓄和净化径流雨水的绿地，包括生物滞留设施、渗透塘、湿塘、雨水湿地、调节塘等。

狭义的下沉式绿地应满足以下要求：

（1）下沉式绿地的下凹深度应根据植物耐淹性能和土壤渗透性能确定，一般为 100 ~ 200 mm。

（2）下沉式绿地内一般应设置溢流口（如雨水口），保证暴雨时径流的溢流排放，溢流口顶部标高一般应高于绿地 50 ~ 100 mm。狭义的下沉式绿地典型构造如图 10-7 所示。

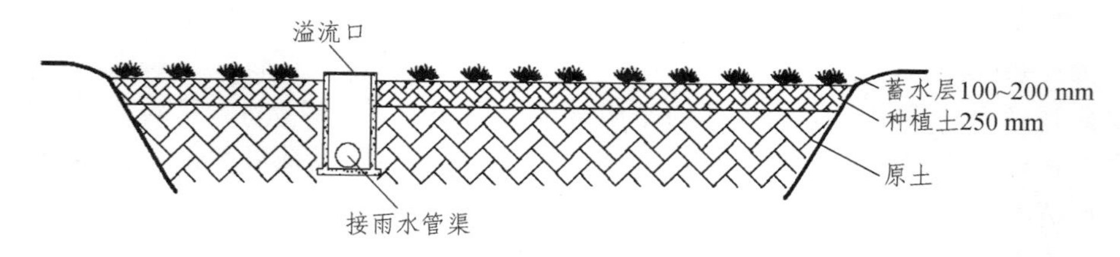


图 10-7 狭义的下沉式绿地典型构造示意图

**适用性** 下沉式绿地可广泛应用于城市建筑与小区、道路、绿地和广场内。对于径流污染严重、设施底部渗透面距离季节性最高地下水位或岩石层小于

1 m 及距离建筑物基础小于 3 m（水平距离）的区域，应采取必要的措施防止次生灾害的发生。

**优缺点** 狭义的下沉式绿地适用区域广，其建设费用和维护费用均较低，但大面积应用时，易受地形等条件的影响，实际调蓄容积较小。

#### 4. 生物滞留设施

**概念与构造** 生物滞留设施指在地势较低的区域，通过植物、土壤和微生物系统蓄渗、净化径流雨水的设施。生物滞留设施分为简易型生物滞留设施和复杂型生物滞留设施，按应用位置不同又称作雨水花园、生物滞留带、高位花坛、生态树池等。生物滞留设施应满足以下要求：

（1）对于污染严重的汇水区应选用植草沟、植被缓冲带或沉淀池等对径流雨水进行预处理，去除大颗粒的污染物并减缓流速；应采取弃流、排盐等措施防止融雪剂或石油类等高浓度污染物侵害植物。

（2）屋面径流雨水可由雨落管接入生物滞留设施，道路径流雨水可通过路缘石豁口进入，路缘石豁口尺寸和数量应根据道路纵坡等经计算确定。

（3）生物滞留设施应用于道路绿化带时，若道路纵坡大于 1%，应设置挡水堰/台坎，以减缓流速并增加雨水渗透量；设施靠近路基部分应进行防渗处理，防止对道路路基稳定性造成影响。

（4）生物滞留设施内应设置溢流设施，可采用溢流竖管、盖篦溢流井或雨水口等，溢流设施顶一般应低于汇水面 100 mm。

（5）生物滞留设施宜分散布置且规模不宜过大，生物滞留设施面积与汇水面面积之比一般为 5%～10%。

（6）复杂型生物滞留设施结构层外侧及底部应设置透水土工布，防止周围原土侵入。如经评估认为下渗会对周围建（构）筑物造成塌陷风险，或者拟将底部出水进行集蓄回用时，可在生物滞留设施底部和周边设置防渗膜。

（7）生物滞留设施的蓄水层深度应根据植物耐淹性能和土壤渗透性能来确定，一般为 200～300 mm，并应设 100 mm 的超高；换土层介质类型及深度应满足出水水质要求，还应符合植物种植及园林绿化养护管理技术要求；为防止换土层介质流失，换土层底部一般设置透水土工布隔离层，也可采用厚度不小于 100 mm 的砂层（细砂和粗砂）代替；砾石层起到排水作用，厚度一般为 250～300 mm，可在其底部埋置管径为 100～150 mm 的穿孔排水管，砾石应洗净且粒径不小于穿孔管的开孔孔径；为提高生物滞留设施的调蓄作用，在穿孔管底部可增设一定厚度的砾石调蓄层。简易型和复杂型生物滞留设施典型构造如图 10-8、图 10-9 所示。

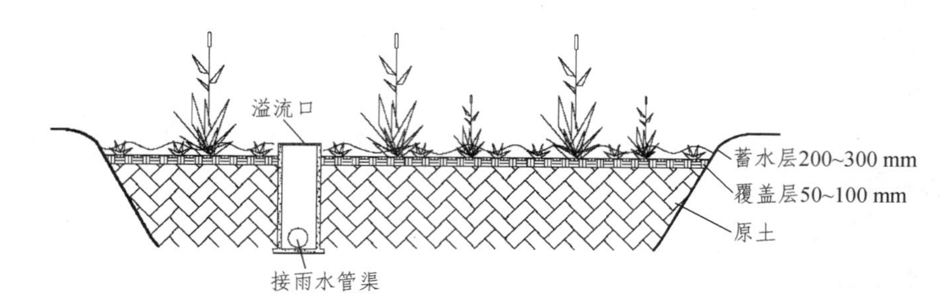


图 10-8　简易型生物滞留设施典型构造示意图

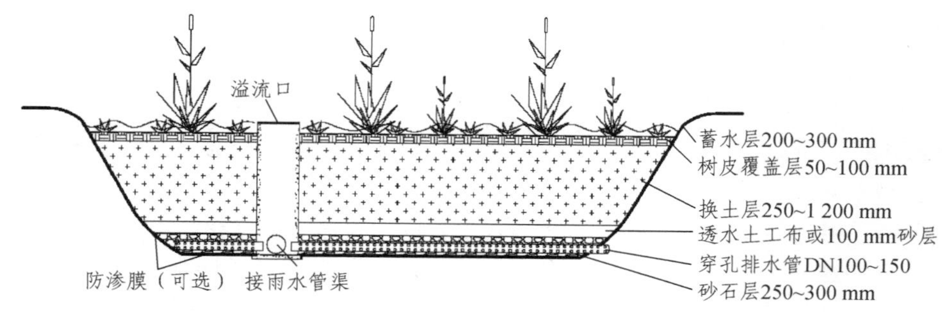


图 10-9　复杂型生物滞留设施典型构造示意图

**适用性**　生物滞留设施主要适用于建筑与小区内建筑、道路及停车场的周边绿地，以及城市道路绿化带等城市绿地内。对于径流污染严重、设施底部渗透面距离季节性最高地下水位或岩石层小于 1 m 及距离建筑物基础小于 3 m（水平距离）的区域，可采用底部防渗的复杂型生物滞留设施。

**优缺点**　生物滞留设施形式多样、适用区域广、易与景观结合，径流控制效果好，建设费用与维护费用较低；但地下水位与岩石层较高、土壤渗透性能差、地形较陡的地区，应采取必要的换土、防渗、设置阶梯等措施避免次生灾害的发生，将增加建设费用。

### 5. 渗透塘

**概念与构造**　渗透塘是一种用于雨水下渗补充地下水的洼地，具有一定的净化雨水和削减峰值流量的作用。渗透塘应满足以下要求：

（1）渗透塘前应设置沉砂池、前置塘等预处理设施，去除大颗粒的污染物并减缓流速；有降雪的城市，应采取弃流、排盐等措施防止融雪剂侵害植物。

（2）渗透塘边坡坡度（垂直：水平）一般不大于 1：3，塘底至溢流水位一般不小于 0.6 m。

（3）渗透塘底部构造一般为 200 ~ 300 mm 的种植土、透水土工布及 300 ~ 500 mm 的过滤介质层。

（4）渗透塘排空时间不应大于 24 h。

（5）渗透塘应设溢流设施，并与城市雨水管渠系统和超标雨水径流排放系统衔接，渗透塘外围应设安全防护措施和警示牌。

渗透塘典型构造如图 10-10 所示。

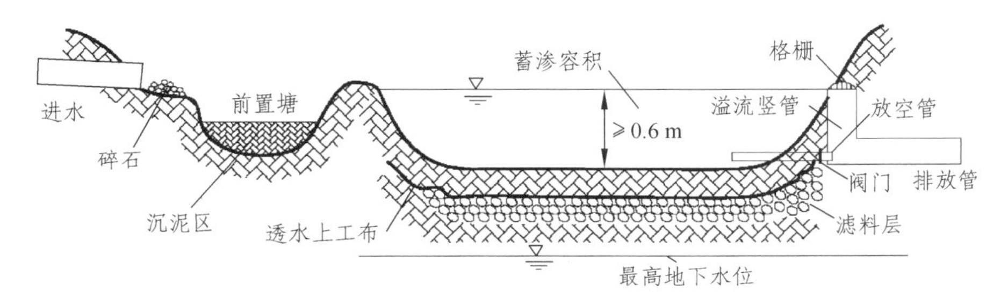


**图 10-10 渗透塘典型构造示意图**

**适用性** 渗透塘适用于汇水面积较大（大于 1 $hm^2$）且具有一定空间条件的区域，但应用于径流污染严重、设施底部渗透面距离季节性最高地下水位或岩石层小于 1 m 及距离建筑物基础小于 3 m（水平距离）的区域时，应采取必要的措施防止发生次生灾害。

**优缺点** 渗透塘可有效补充地下水、削减峰值流量，建设费用较低，但对场地条件要求较严格，对后期维护管理要求较高。

## 6. 渗 井

**概念与构造** 渗井指通过井壁和井底进行雨水下渗的设施，为增大渗透效果，可在渗井周围设置水平渗排管，并在渗排管周围铺设砾（碎）石。渗井应满足下列要求：

（1）雨水通过渗井下渗前应通过植草沟、植被缓冲带等设施对雨水进行预处理。

（2）渗井的出水管的内底高程应高于进水管管内顶高程，但不应高于上游相邻井的出水管管内底高程。渗井调蓄容积不足时，也可在渗井周围连接水平渗排管，形成辐射渗井。

辐射渗井的典型构造如图 10-11 所示。

**适用性** 渗井主要适用于建筑与小区内建筑、道路及停车场的周边绿地内。渗井应用于径流污染严重、设施底部距离季节性最高地下水位或岩石层小于 1 m 及距离建筑物基础小于 3 m（水平距离）的区域时，应采取必要的措施防止发生次生灾害。

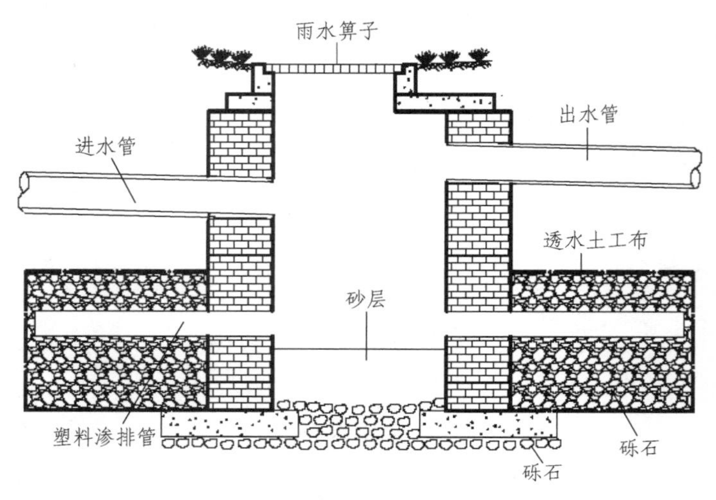


图 10-11　辐射渗井构造示意图

**优缺点**　渗井占地面积小，建设和维护费用较低，但其水质和水量控制作用有限。

### 7. 湿　塘

**概念与构造**　湿塘指具有雨水调蓄和净化功能的景观水体，雨水同时作为其主要的补水水源。湿塘有时可结合绿地、开放空间等场地条件设计为多功能调蓄水体，即平时发挥正常的景观及休闲、娱乐功能，暴雨发生时发挥调蓄功能，实现土地资源的多功能利用。湿塘一般由进水口、前置塘、主塘、溢流出水口、护坡及驳岸、维护通道等构成。湿塘应满足以下要求：

（1）进水口和溢流出水口应设置碎石、消能坎等消能设施，防止水流冲刷和侵蚀。

（2）前置塘为湿塘的预处理设施，起到沉淀径流中大颗粒污染物的作用；池底一般为混凝土或块石结构，便于清淤；前置塘应设置清淤通道及防护设施，驳岸形式宜为生态软驳岸，边坡坡度（垂直：水平）一般为 1∶2～1∶8；前置塘沉泥区容积应根据清淤周期和所汇入径流雨水的 SS 污染物负荷确定。

（3）主塘一般包括常水位以下的永久容积和储存容积，永久容积水深一般为 0.8～2.5 m；储存容积一般根据所在区域相关规划提出的“单位面积控制容积”确定；具有峰值流量削减功能的湿塘还包括调节容积，调节容积应在 24～48 h 内排空；主塘与前置塘间宜设置水生植物种植区（雨水湿地），主塘驳岸宜为生态软驳岸，边坡坡度（垂直：水平）不宜大于 1∶6。

（4）溢流出水口包括溢流竖管和溢洪道，排水能力应根据下游雨水管渠或超标雨水径流排放系统的排水能力确定。

（5）湿塘应设置护栏、警示牌等安全防护与警示措施。

湿塘的典型构造如图 10-12 所示。

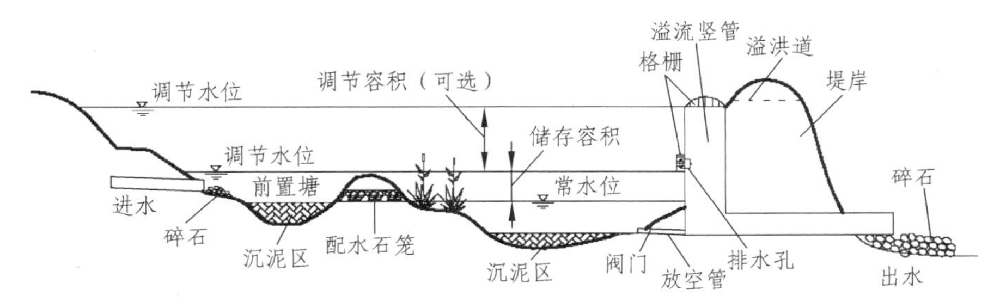


图 10-12 湿塘典型构造示意图

**适用性** 湿塘适用于建筑与小区、城市绿地、广场等具有空间条件的场地。

**优缺点** 湿塘可有效削减较大区域的径流总量、径流污染和峰值流量，是城市内涝防治系统的重要组成部分；但对场地条件要求较严格，建设和维护费用高。

### 8. 雨水湿地

**概念与构造** 雨水湿地利用物理、水生植物及微生物等作用净化雨水，是一种高效的径流污染控制设施，雨水湿地分为雨水表流湿地和雨水潜流湿地，一般设计成防渗型以便维持雨水湿地植物所需要的水量，雨水湿地常与湿塘合建并设计一定的调蓄容积。雨水湿地与湿塘的构造相似，一般由进水口、前置塘、沼泽区、出水池、溢流出水口、护坡及驳岸、维护通道等构成。雨水湿地应满足以下要求：

（1）进水口和溢流出水口应设置碎石、消能坎等消能设施，防止水流冲刷和侵蚀。

（2）雨水湿地应设置前置塘对径流雨水进行预处理。

（3）沼泽区包括浅沼泽区和深沼泽区，是雨水湿地主要的净化区，其中浅沼泽区水深范围一般为 0 ~ 0.3 m，深沼泽区水深范围为一般为 0.3 ~ 0.5 m，根据水深不同种植不同类型的水生植物。

（4）雨水湿地的调节容积应在 24 h 内排空。

（5）出水池主要起防止沉淀物的再悬浮和降低温度的作用，水深一般为 0.8 ~ 1.2 m，出水池容积约为总容积（不含调节容积）的 10%。

雨水湿地典型构造如图 10-13 所示。

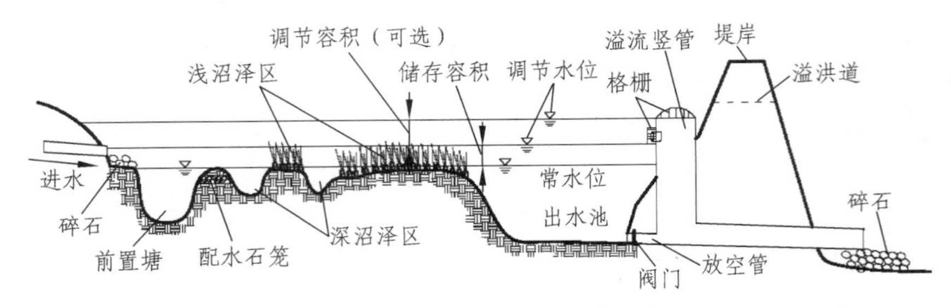


图 10-13　雨水湿地典型构造示意图

**适用性**　雨水湿地适用于具有一定空间条件的建筑与小区、城市道路、城市绿地、滨水带等区域。

**优缺点**　雨水湿地可有效削减污染物，并具有一定的径流总量和峰值流量控制效果，但建设及维护费用较高。

### 9. 蓄水池

**概念与构造**　蓄水池指具有雨水储存功能的集蓄利用设施，同时也具有削减峰值流量的作用，主要包括钢筋混凝土蓄水池，砖、石砌筑蓄水池及塑料蓄水模块拼装式蓄水池，用地紧张的城市大多采用地下封闭式蓄水池。蓄水池典型构造可参照国家建筑标准设计图集《雨水综合利用》（10SS705）。

**适用性**　蓄水池适用于有雨水回用需求的建筑与小区、城市绿地等，根据雨水回用用途（绿化、道路喷洒及冲厕等）不同需配建相应的雨水净化设施；不适用于无雨水回用需求和径流污染严重的地区。

**优缺点**　蓄水池具有节省占地、雨水管渠易接入、避免阳光直射、防止蚊蝇滋生、储存水量大等优点，雨水可回用于绿化灌溉、冲洗路面和车辆等，但建设费用高，后期需重视维护管理。

### 10. 雨水罐

**概念与构造**　雨水罐也称雨水桶，为地上或地下封闭式的简易雨水集蓄利用设施，可用塑料、玻璃钢或金属等材料制成。

**适用性**　适用于单体建筑屋面雨水的收集利用。

**优缺点**　雨水罐多为成型产品，施工安装方便，便于维护，但其储存容积较小，雨水净化能力有限。

### 11. 调节塘

**概念与构造**　调节塘也称干塘，以削减峰值流量功能为主，一般由进水口、调节区、出口设施、护坡及堤岸构成，也可通过合理设计使其具有渗透功能，起到一定的补充地下水和净化雨水的作用。调节塘应满足以下要求：

（1）进水口应设置碎石、消能坎等消能设施，防止水流冲刷和侵蚀。

（2）应设置前置塘对径流雨水进行预处理。

（3）调节区深度一般为 0.6 ~ 3 m，塘中可以种植水生植物以减小流速、增强雨水净化效果。塘底设计成可渗透时，塘底部渗透面距离季节性最高地下水位或岩石层不应小于 1 m，距离建筑物基础不应小于 3 m（水平距离）。

（4）调节塘出水设施一般设计成多级出水口形式，以控制调节塘水位，增加雨水水力停留时间（一般不大于 24 h），控制外排流量。

（5）调节塘应设置护栏、警示牌等安全防护与警示措施。 调节塘典型构造如图 10-14 所示。

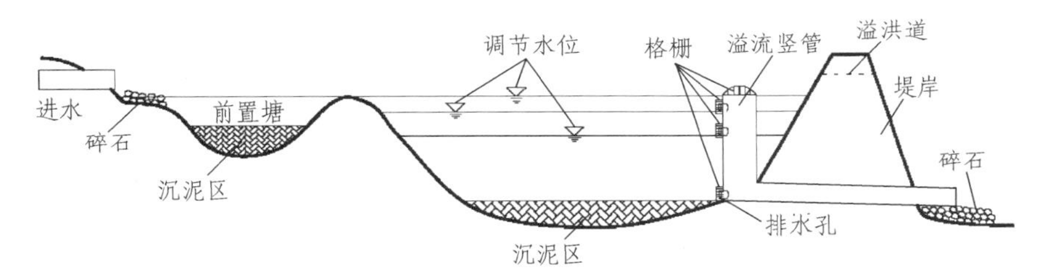


**图 10-14 调节塘典型构造示意图**

**适用性** 调节塘适用于建筑与小区、城市绿地等具有一定空间条件的区域。

**优缺点** 调节塘可有效削减峰值流量，建设及维护费用较低，但其功能较为单一，宜利用下沉式公园及广场等与湿塘、雨水湿地合建，构建多功能调蓄水体。

### 12. 调节池

**概念与构造** 调节池为调节设施的一种，主要用于削减雨水管渠峰值流量，一般常用溢流堰式或底部流槽式，可以是地上敞口式调节池或地下封闭式调节池，其典型构造可参见《给水排水设计手册》(第 5 册)。

**适用性** 调节池适用于城市雨水管渠系统中，削减管渠峰值流量。

**优缺点** 调节池可有效削减峰值流量，但其功能单一，建设及维护费用较高，宜利用下沉式公园及广场等与湿塘、雨水湿地合建，构建多功能调蓄水体。

### 13. 植草沟

**概念与构造** 植草沟指种有植被的地表沟渠，可收集、输送和排放径流雨水，并具有一定的雨水净化作用，可用于衔接其他各单项设施、城市雨水管渠系统和超标雨水径流排放系统。除转输型植草沟外，还包括渗透型的干式植草沟及常有水的湿式植草沟，可起到提高径流总量和控制径流污染的效果。植草沟应满足以下要求：

（1）浅沟断面形式宜采用倒抛物线形、三角形或梯形。

（2）植草沟的边坡坡度（垂直：水平）不宜大于 1：3，纵坡不应大于 4%。纵坡较大时宜设置为阶梯型植草沟或在中途设置消能台坎。

（3）植草沟最大流速应小于 0.8 m/s，曼宁系数宜为 0.2 ~ 0.3。

（4）转输型植草沟内植被高度宜控制在 100 ~ 200 mm。

转输型三角形断面植草沟的典型构造如图 10-15 所示。

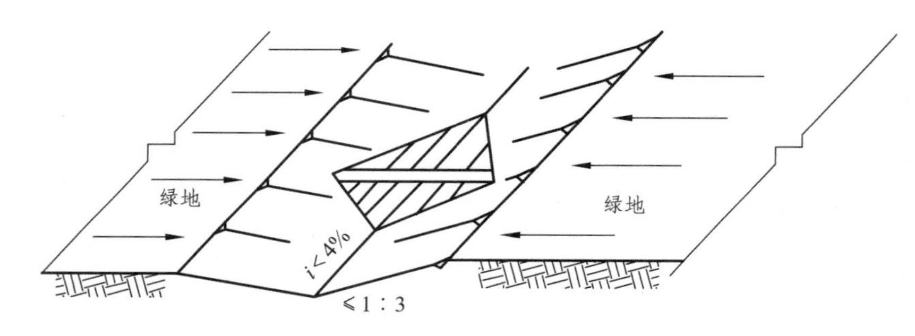


图 10-15　转输型三角形断面植草沟典型构造示意图

**适用性**　植草沟适用于建筑与小区内道路，广场、停车场等不透水面的周边，城市道路及城市绿地等区域，也可作为生物滞留设施、湿塘等低影响开发设施的预处理设施。植草沟也可与雨水管渠联合应用，场地竖向允许且不影响安全的情况下也可代替雨水管渠。

**优缺点**　植草沟具有建设及维护费用低，易与景观结合的优点，但已建城区及开发强度较大的新建城区等区域易受场地条件制约。

### 14. 渗管/渠

**概念与构造**　渗管/渠指具有渗透功能的雨水管/渠，可采用穿孔塑料管、无砂混凝土管/渠和砾（碎）石等材料组合而成。渗管/渠应满足以下要求：

（1）渗管/渠应设置植草沟、沉淀（砂）池等预处理设施。

（2）渗管/渠开孔率应控制在 1% ~ 3%，无砂混凝土管的孔隙率应大于 20%。

（3）渗管/渠的敷设坡度应满足排水的要求。

（4）渗管/渠四周应填充砾石或其他多孔材料，砾石层外包透水土工布，土工布搭接宽度不应少于 200 mm。

（5）渗管/渠设在行车路面下时覆土深度不应小于 700 mm。渗管/渠典型构造如图 10-16 所示。

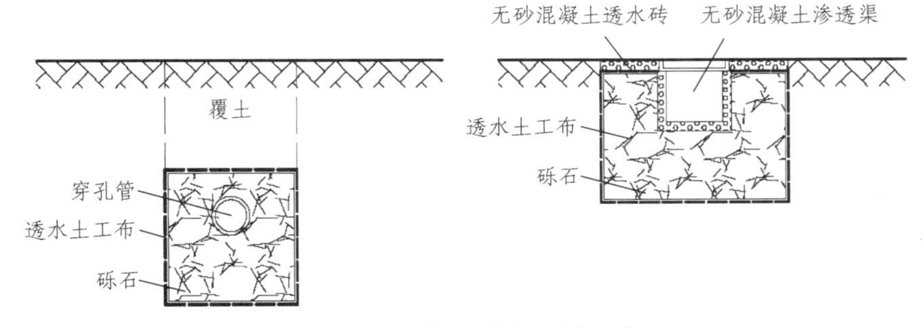


图 10-16 渗管/渠典型构造示意图

**适用性** 渗管/渠适用于建筑与小区及公共绿地内转输流量较小的区域，不适用于地下水位较高、径流污染严重及易出现结构塌陷等不宜进行雨水渗透的区域（如雨水管渠位于机动车道下等）。

**优缺点** 渗管/渠对场地空间要求小，但建设费用较高，易堵塞，维护较困难。

## 15. 植被缓冲带

**概念与构造** 植被缓冲带为坡度较缓的植被区，经植被拦截及土壤下渗作用减缓地表径流流速，并去除径流中的部分污染物，植被缓冲带坡度一般为 2%～6%，宽度不宜小于 2 m。植被缓冲带典型构造如图 10-17 所示。

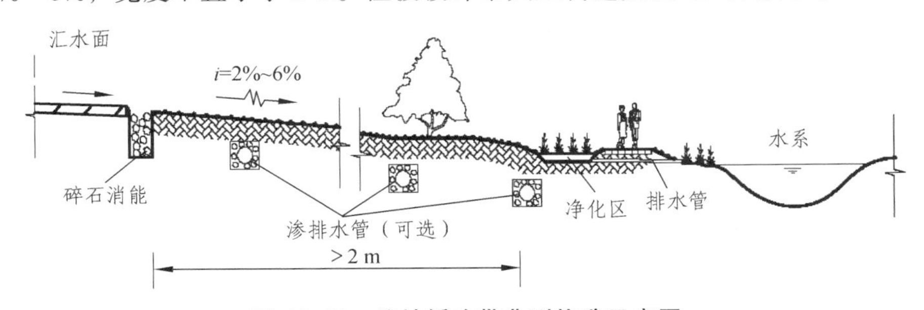


图 10-17 植被缓冲带典型构造示意图

**适用性** 植被缓冲带适用于道路等不透水面周边，可作为生物滞留设施等低影响开发设施的预处理设施，也可作为城市水系的滨水绿化带，但坡度较大（大于 6%）时其雨水净化效果较差。

**优缺点** 植被缓冲带建设与维护费用低，但对场地空间大小、坡度等条件要求较高，且径流控制效果有限。

### 16. 初期雨水弃流设施

**概念与构造**　初期雨水弃流指通过一定方法或装置将存在初期冲刷效应、污染物浓度较高的降雨初期径流予以弃除，以降低雨水的后续处理难度。弃流雨水应进行处理，如排入市政污水管网（或雨污合流管网）由污水处理厂进行集中处理等。常见的初期弃流方法包括容积法弃流、小管弃流（水流切换法）等，弃流形式包括自控弃流、渗透弃流、弃流池、雨落管弃流等。初期雨水弃流设施典型构造如图 10-18 所示。

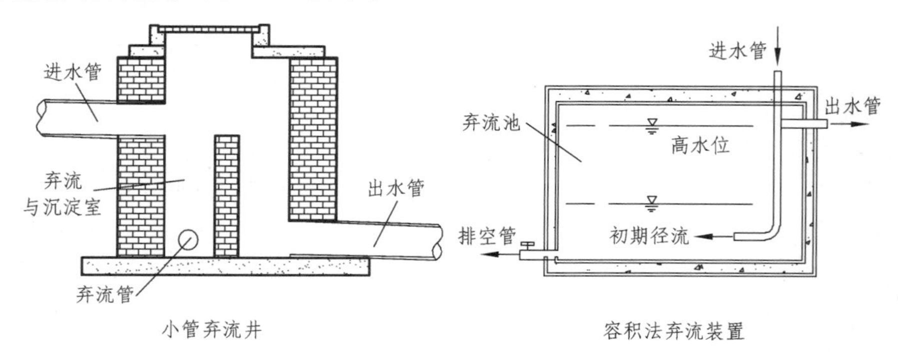


图 10-18　初期雨水弃流设施示意图

**适用性**　初期雨水弃流设施是其他低影响开发设施的重要预处理设施，主要适用于屋面雨水的雨落管、径流雨水的集中入口等低影响开发设施的前端。

**优缺点**　初期雨水弃流设施占地面积小，建设费用低，可降低雨水储存及雨水净化设施的维护管理费用，但径流污染物弃流量一般不易控制。

### 17. 人工土壤渗滤

**概念与构造**　人工土壤渗滤主要作为蓄水池等雨水储存设施的配套雨水设施，以达到回用水水质指标。人工土壤渗滤设施的典型构造可参照复杂型生物滞留设施。

**适用性**　人工土壤渗滤适用于有一定场地空间的建筑与小区及城市绿地。

**优缺点**　人工土壤渗滤雨水净化效果好，易与景观结合，但建设费用较高。

## 10.6.3　设施功能选择

低影响开发设施往往具有补充地下水、集蓄利用、削减峰值流量及净化雨水等多个功能，可实现径流总量、径流峰值和径流污染等多个控制目标，因此应根据城市总规、专项规划及详规明确的控制目标，结合汇水区特征和设施的主要功能、经济性、适用性、景观效果等因素灵活选用低影响开发设施及其组合系统。

# 10.7 设施规模计算

## 10.7.1 计算原则

（1）低影响开发设施的规模应根据控制目标及设施在具体应用中发挥的主要功能，选择容积法、流量法或水量平衡法等方法通过计算确定；按照径流总量、径流峰值与径流污染综合控制目标进行设计的低影响开发设施，应综合运用以上方法进行计算，并选择其中较大的规模作为设计规模；有条件的可利用模型模拟的方法确定设施规模。

（2）当以径流总量控制为目标时，地块内各低影响开发设施的设计调蓄容积之和，即总调蓄容积（不包括用于削减峰值流量的调节容积），一般不应低于该地块“单位面积控制容积”的控制要求（详见第 3 章第 3.4 节）。计算总调蓄容积时，应符合以下要求：

① 顶部和结构内部有蓄水空间的渗透设施（如复杂型生物滞留设施、渗管/渠等）的渗透量应计入总调蓄容积。

② 调节塘、调节池对径流总量削减没有贡献，其调节容积不应计入总调蓄容积；转输型植草沟、渗管/渠、初期雨水弃流、植被缓冲带、人工土壤渗滤等对径流总量削减贡献较小的设施，其调蓄容积也不计入总调蓄容积。

③ 透水铺装和绿色屋顶仅参与综合雨量径流系数的计算，其结构内的空隙容积一般不再计入总调蓄容积。

④ 受地形条件、汇水面大小等影响，设施调蓄容积无法发挥径流总量削减作用的设施（如较大面积的下沉式绿地，往往受坡度和汇水面竖向条件限制，实际调蓄容积远远小于其设计调蓄容积），以及无法有效收集汇水面径流雨水的设施具有的调蓄容积不计入总调蓄容积。

## 10.7.2 一般计算

1）容积法

低影响开发设施以径流总量和径流污染为控制目标进行设计时，设施具有的调蓄容积一般应满足“单位面积控制容积”的指标要求。设计调蓄容积一般采用容积法进行计算，如式（10-1）所示。

$$V=10H\varphi F \tag{10-1}$$

式中 $V$——设计调蓄容积（$m^3$）；

$H$——设计降雨量（mm）；

$\varphi$——综合雨量径流系数，可参照表 10-1 进行加权平均计算；

$F$——汇水面积（$hm^2$）。

用于合流制排水系统的径流污染控制时，雨水调蓄池的有效容积可参照《室外排水设计规范》（GB 50014）进行计算。

**表 10-1 径流系数**

| 汇水面种类 | 雨量径流系数 $\varphi$ | 流量径流系数 $\psi$ |
|---|---|---|
| 绿化屋面（绿色屋顶，基质层厚度≥300 mm） | 0.30～0.40 | 0.40 |
| 硬屋面、未铺石子的平屋面、沥青屋面 | 0.80～0.90 | 0.85～0.95 |
| 铺石子的平屋面 | 0.60～0.70 | 0.80 |
| 混凝土或沥青路面及广场 | 0.80～0.90 | 0.85～0.95 |
| 大块石等铺砌路面及广场 | 0.50～0.60 | 0.55～0.65 |
| 沥青表面处理的碎石路面及广场 | 0.45～0.55 | 0.55～0.65 |
| 级配碎石路面及广场 | 0.40 | 0.40～0.50 |
| 干砌砖石或碎石路面及广场 | 0.40 | 0.35～0.40 |
| 非铺砌的土路面 | 0.30 | 0.25～0.35 |
| 绿地 | 0.15 | 0.10～0.20 |
| 水面 | 1.00 | 1.00 |
| 地下建筑覆土绿地（覆土厚度≥500 mm） | 0.15 | 0.25 |
| 地下建筑覆土绿地（覆土厚度＜500 mm） | 0.30～0.40 | 0.40 |
| 透水铺装地面 | 0.08～0.45 | 0.08～0.45 |
| 下沉广场（50 年及以上一遇） | | 0.85～1.00 |

注：以上数据参照《室外排水设计规范》（GB 50014）和《雨水控制与利用工程设计规范》（DB 11/685）。

2）流量法

植草沟等转输设施，其设计目标通常为排除一定设计重现期下的雨水流量，可通过推理公式来计算一定重现期下的雨水流量，如式（10-2）所示。

$$Q = \psi qF \tag{10-2}$$

式中 $Q$——雨水设计流量（L/s）；

$\psi$——流量径流系数，可参见表 10-1；

$q$——设计暴雨强度[L/(s · hm²)]；

$F$——汇水面积（hm²）。

城市雨水管渠系统设计重现期的取值及雨水设计流量的计算等还应符合《室外排水设计规范》（GB50014）的有关规定。

3）水量平衡法

水量平衡法主要用于湿塘、雨水湿地等设施储存容积的计算。设施储存容积应首先按照“容积法”进行计算，同时为保证设施正常运行（如保持设计常水位），再通过水量平衡法计算设施每月雨水补水水量、外排水量、水量差、水位变化等相关参数，最后通过经济分析确定设施设计容积的合理性并进行调整，水量平衡计算过程可参照表 10-2。

表 10-2 水量平衡计算表

| 项目 | 汇流雨水量 | 补水量 | 蒸发量 | 用水量 | 渗漏量 | 水量差 | 水体水深 | 剩余调蓄高度 | 外排水量 | 额外补水量 |
| --- | --- | --- | --- | --- | --- | --- | --- | --- | --- | --- |
| 单位 | $m^3$/月 | $m^3$/月 | $m^3$/月 | $m^3$/月 | $m^3$/月 | $m^3$/月 | m | m | $m^3$/月 | $m^3$/月 |
| 编号 | [1] | [2] | [3] | [4] | [5] | [6] | [7] | [8] | [9] | [10] |
| 1 月 | | | | | | | | | | |
| 2 月 | | | | | | | | | | |
| ⋮ | | | | | | | | | | |
| 11 月 | | | | | | | | | | |
| 12 月 | | | | | | | | | | |
| 合计 | | | | | | | | | | |

## 10.7.3 以渗透为主要功能的设施规模计算

对于生物滞留设施、渗透塘、渗井等顶部或结构内部有蓄水空间的渗透设施，设施规模应按照以下方法进行计算。对透水铺装等仅以原位下渗为主、顶部无蓄水空间的渗透设施，其基层及垫层空隙虽有一定的蓄水空间，但其蓄水能力受面层或基层渗透性能的影响很大，因此透水铺装可通过参与综合雨量径流系数计算的方式确定其规模。

（1）渗透设施有效调蓄容积按式（10-3）进行计算.

$$V_s = V - W_p \tag{10-3}$$

式中 $V_s$——渗透设施的有效调蓄容积，包括设施顶部和结构内部蓄水空间的容积（$m^3$）；

$V$——渗透设施进水量（$m^3$），参照“容积法”计算；

$W_p$——渗透量（$m^3$）。

（2）渗透设施渗透量按式（10-4）进行计算。

$$W_p = KJA_s t_s \tag{10-4}$$

式中 $W_p$——渗透量（$m^3$）；

$K$——土壤（原土）渗透系数（m/s）；

$J$——水力坡降，一般可取 $J=1$；

$A_s$——有效渗透面积（$m^2$）；

$t_s$——渗透时间（s），指降雨过程中设施的渗透历时，一般可取 2 h。

渗透设施的有效渗透面积 $A_s$ 应按下列要求确定：

① 水平渗透面按投影面积计算。

② 竖直渗透面按有效水位高度的 1/2 计算。

③ 斜渗透面按有效水位高度的 1/2 所对应的斜面实际面积计算。

④ 地下渗透设施的顶面积不计。

## 10.7.4 以储存为主要功能的设施规模计算

雨水罐、蓄水池、湿塘、雨水湿地等设施以储存为主要功能时，其储存容积应通过“容积法”及“水量平衡法”计算，并通过技术经济分析综合确定。

## 10.7.5 以调节为主要功能的设施规模计算

调节塘、调节池等调节设施，以及以径流峰值调节为目标进行设计的蓄水池、湿塘、雨水湿地等设施的容积应根据雨水管渠系统设计标准、下游雨水管道负荷（设计过流流量）及入流、出流流量过程线，经技术经济分析合理确定，调节设施容积按式（10-5）进行计算。

$$V = \max[\int_0^T (Q_{in} - Q_{out})dt] \quad (10\text{-}5)$$

式中 $V$——调节设施容积（$m^3$）；

$Q_{in}$——调节设施的入流流量（$m^3/s$）；

$Q_{out}$——调节设施的出流流量（$m^3/s$）；

$t$——计算步长（s）；

$T$——计算降雨历时（s）。

### 10.7.6 调蓄设施规模计算

具有储存和调节综合功能的湿塘、雨水湿地等多功能调蓄设施，其规模应综合储存设施和调节设施的规模计算方法进行计算。

### 10.7.7 以转输与截污净化为主要功能的设施规模计算

植草沟等转输设施的计算方法如下：

（1）根据总平面图布置植草沟并划分各段的汇水面积。

（2）根据《室外排水设计规范》（GB 50014）确定排水设计重现期，参考“流量法”计算设计流量 $Q$。

（3）根据工程实际情况和植草沟设计参数取值，确定各设计参数。

容积法弃流设施的弃流容积应按“容积法”计算；绿色屋顶的规模计算参照透水铺装的规模计算方法；人工土壤渗滤的规模根据设计净化周期和渗滤介质的渗透性能确定；植被缓冲带规模根据场地空间条件确定。

# 第11章 防洪工程经济评价

水利工程的防洪效益，主要包括经济效益、社会效益、环境效益。

经济效益是指防洪工程防御洪水泛滥，保护国民经济各部门和地区的经济发展，减免国家和人民财产损失等带来的经济利益；社会效益是指防洪工程在保障社会安定和促进社会发展中所起的作用。如果没有防洪工程，洪水泛滥可能造成人员伤亡，工厂企业停产，人民流离失所，需要救济，甚至引起社会动荡；环境效益是指防洪工程减免因洪水泛滥所带来的环境恶化，水质污染，疾病流行等所获得的效益。社会效益和环境效益，目前尚难以定量，至于减免人员伤亡，减免灾区人民精神上的痛苦及生产情绪的低落，是不易用货币表达的。

## 11.1 特点、计算原则和步骤

### 11.1.1 特　点

防洪工程的修建，其本身不能直接创造财富，而是除害。其工程效益，只有遇到原有工程不能防御的洪水出现时，才能体现出来，其所减免的洪灾损失，即为本工程的防洪效益。其特点有：

（1）社会公益性：防洪工程的防护对象是一个地区，受益的也是该地区各行各业和全体居民，属社会公益性质，一般没有财务收益。

（2）随机性与不确定性：气象预测目前还不可能做到准确的中长期雨情预报，因此防洪工程有可能很快遇上一次或几次大洪水，也可能很长时间，甚至在工程有效寿命期内都不出现。洪水的年际和年内变化很大，具有随机性特点。

（3）间接性与可变性：防洪措施的效能在于减免洪灾造成的损失和不良影响，一般无财务收益，所以获得的主要是间接效益，其中包括社会效益和环境效益，而且难以估量。一般情况下，随着时间的推移，人民和国家财富不断增加，当遇相同频率洪水时，防洪效益将逐年增长。

### 11.1.2　计算原则

防洪经济分析的计算原则：

（1）对规划设计的待建防洪工程防洪效益采用动态法计算；对已建防洪工程的当年防洪效益，一般采用静态法计算。

（2）只计算能用货币价值表示的因淹没而造成的直接经济损失和工业企业停产与电讯通信中断等原因而造成的间接经济损失。

（3）各企事业单位损失值、损失率、损失增长率，按不同地区的典型资料分析，分别计算选用。

（4）投入物和产出物价格对经济评价影响较大的部分，应采用影子价格；其余的可采用财务价格。

### 11.1.3　计算步骤

防洪经济评价的计算步骤：

（1）了解防洪保护区内历史记载发生洪灾的年份、月份，各次洪水的洪峰流量及洪水历时。根据水文分析，确定致灾洪水的发生频率。

（2）确定各频率洪水的淹没范围：根据各频率洪水的洪峰流量及区间洪水的组合情况，推求无堤情况下各频率洪水的水面线，并将水面线高程点绘在防洪保护区的地形图上，即可确定各频率洪水的淹没范围。现场调查时应对此水面线进行复核修正。

（3）历史洪水灾害调查分析：历史洪水灾害调查工作主要内容包括：

① 防洪保护区的各行业财产价值调查包括人口、房产、家庭财产、耕地、工商企业、基础设施、电力通讯、公路铁路交通、水利工程等的基本情况。应根据不同频率洪水的淹没范围分别统计。

② 调查分析洪灾损失增长率，通过对各行业历年国民经济增长情况的统计，分析防洪保护区内的综合国民经济增长率。据此，综合分析，确定洪灾损失增长率。

③ 历史洪水灾害调查：通过深入现场调查及查阅有关历史资料，分类统计各行业的直接损失、间接损失及抗洪抢险费用支出。调查工作可通过全面调查和典型调查分别进行。若防洪保护区范围小，行业单一，可进行全面调查；若防洪保护区范围较大，需调查的行业较多，调查的内容复杂，则需采

用典型调查的方法，可选择 2 ~ 3 个具有代表性的洪灾典型区进行。调查的方法可采用：

a. 调查各典型区各频率洪水的淹没水深及相应的各行业财产损失率，从而得出淹没水深与财产损失率关系曲线，用此关系曲线和调查的各行业财产值，计算保护区内各频率洪水的财产损失值。

b. 直接调查各典型区各频率洪水的财产损失值，根据各典型区的面积得出单位面积的损失值，将此作为各频率洪水的损失指标或扩大损失指标，并根据此扩大损失指标和淹没面积计算出防洪保护区内各频率洪水的财产损失值。

④ 绘制洪水频率与财产损失值关系曲线：根据洪水灾害调查成果，用致灾洪水的发生频率与相应的财产损失值，绘制不同洪水频率与财产损失值关系曲线。

（4）防洪效益计算：根据所修建防洪工程的防洪作用，在洪水频率-财产损失值关系曲线上，分析修建防洪工程后所能减免的洪水灾害，绘制出修建工程后洪水灾害损失值与洪水频率关系曲线，并依此计算多年平均防洪效益。

（5）国民经济评价：根据防洪工程的投资，年费用及多年平均防洪效益，进行防洪工程的经济评价。防洪工程的经济评价，可采用经济内部收益率、经济净现值和经济效益费用比等评价指标进行。经济内部收益率大于或等于社会折现率、经济净现值大于或等于零、经济效益费用比大于等于 1 的工程项目，是经济合理的。

## 11.2 致灾洪水淹没范围的确定

致灾洪水淹没范围的确定包括淹没范围、淹没水深的确定：

（1）淹没范围的确定：确定淹没范围常用的方法是根据防洪保护区的某一控制断面发生不同频率洪水的洪峰流量及与上、下游计算断面的相应洪峰流量，利用河道的纵横断面实测资料，运用一维恒定非均匀流方法，推求河道各计算断面的无堤水面线，并将同一频率水面成果点绘在防洪保护区的地形图上，其连线即为该频率洪水的淹没范围的淹没面积。随着计算机发展，亦可从二维非恒定流的基本理论出发，利用大容量的计算机，模拟计算洪水在洪泛区的动态演进过程，最终编制出洪泛区的洪水风险图，以确定各种频率洪水的淹没面积和程度。洪水风险图的内容，包括洪泛区的洪水历时图、等水深图、流场图及洪泛区内各重要地区水位过程线图等。水利水电科学院水力学所，在辽宁省水利水电勘测设计院、沈阳市水利建筑勘测设计院等单位配合下，利用二维非恒定流数学模型，推算了辽河下游及沈阳市遭受不同频率洪水方案的洪泛区淹没过程情况，分别制订辽河下游及沈阳市城区洪水风险图，取得了满意的成果。

（2）淹没水深的确定：根据不同频率的淹没范围线，选定几条具有代表性的断面，建立河道代表断面的水位（$H$）与流量（$Q$）关系曲线，并根据水文分析得出的各频率洪水的洪峰流量，查 $H$-$Q$ 曲线，查得相应断面的水位。此断面水位与地面高程之差，即为相应频率洪水的淹没水深。若无水位-流量关系曲线，可进行实地调查，分析各次洪水的实际淹没水深。

# 11.3　致灾年国民经济价值量的确定

## 11.3.1　洪灾损失调查

洪灾损失调查分析，是正确计算防洪效益的关键环节。防洪经济效益分析的可靠性，很大程度上取决于洪灾损失的社会经济调查资料的准确性和可靠性。

### 1. 防洪保护区社会经济调查

社会经济调查是一项涉及面广、工作量大的工作，应尽力依靠当地政府的支持，取得可靠的数据。调查方法，可全面调查、抽样调查或典型调查，也可二者结合。对防洪保护区的城郊乡镇和农村，应实地调查，以取得各项经济资料；对城区调查应以国家统计部门的有关资料为准；对铁路、交通、邮电部门，亦应取自有关部门的统计数据。

### 2. 洪灾损失调查内容

（1）洪灾损失主要包括：

① 直接损失：各行各业由于洪水直接淹没或水冲所造成的损失。

② 间接损失：由于上述直接损失带来的波及影响而造成的损失。

③ 抗洪抢险的费用支出。

调查各项财产价值与损失值时，对财产统计不要漏项。有的财产不在损失之列，也应统计。因它对损失值虽不影响，但对损失率影响很大。城市的动产，如家具衣物、商店百货、厂矿企业原材料产品、交通工具及可动生产设备等，因市区有牢固不易倒塌的高层建筑物，其中在洪水位以上的，未被水淹；有的在洪水位以下，但可临时将其一部分，特别是一部分贵重财产移至高处，或用交通工具转移。在确定损失时，对这些财务应予扣除，不能列为损失财产。

洪灾区各类财产损失，主要包括在无工程情况下，各相应频率洪水年份洪水淹没范围内的各行各业损失值，绘制出不同淹没对象平均淹没水深与损失率的关系曲线。

（2）洪灾损失调查的主要内容有：

① 工商业、机关事业单位损失：包括固定资产、流动资金，因淹没减少的正常利润和利税收入等，固定资产损失值，包括不可修复的损失和可修复的修理费和搬迁费。为维持正常生产的流动资金损失，包括燃料、辅助料及成品、半成品的损失，停产，半停厂期间的工资、车间及企业管理费、贷款利息、折旧及维持设备安全所必需的材料消耗等，减产利税应为停产（折合全停产）期间内的产值损失与利税率之积；其他损失包括因灾需建临时住房、职工救济费、医药费等。

② 交通损失：包括铁路、公路、空运和港口码头的损失部分，可分为固定资产损失、停运损失（即实际停运日计算）、间接损失及其他损失。停运损失指因铁路、公路停运所造成的对国家利润上交损失。间接损失系指因铁路、公路停运，使物资积压、客运中断对各方面所造成的损失。

③ 供电及通信损失：供电损失包括供电部门的固定资产损失和停电损失。停电损失按停电时间和日停电损失指标确定。通信线路损失，包括主干线及各支线路损失与修复所需的人员工资等费用。邮电局损失，还应计算其利润等。

④ 水利工程设施损失：根据洪水淹没和被冲毁的水利设施所造成的损失，包括水库、堤防、桥涵、穿堤建筑物、排灌站等项，应分别造册，分项计算汇总。

⑤ 城郊洪灾损失调查，包括调查农作物蔬菜损失及住户的家庭财产损失等。

以上各项损失的调查工作，可参照表 11-1 ~ 表 11-12 进行。

上述各项经济损失，均应按各频率洪水的淹没水深与损失率关系，计算出各频率洪水财产综合损失值，并绘制成洪水频率与财产综合损失值关系曲线。

### 11.3.2 洪灾损失率、财产增长率、洪灾损失增长率的确定

（1）洪灾损失率：洪灾区内各类财产的损失值与灾前或正常年份各类财产值之比。损失率不仅与降雨、洪水有关，而且有地区特性，不同地区，不同经

济类型区损失率不同。各类财产的损失率，还与洪水淹没历时、水深、季节、范围、预报期、抢救时间和措施等因素有关。

（2）财产增长率：洪灾损失或兴修工程后的减灾损失，一般应随着国民经济建设有密切关系。因此，在利用已有的各类曲线时，必须考虑逐年的洪灾损失增长率。由于国民经济各部门发展不平衡，社会各类财产的增长不同步，因此，必须对各类社会财产值的增长率及其变化趋势，进行详细分析，才能确定。

（3）洪灾损失增长率：用来表示洪灾损失随时间增加的一个参数。由于洪灾损失与各类财产值和洪灾损失率有关，因此，洪灾损失增长率与各类财产的增长率及其洪灾损失率的变化，与洪灾损失中各项损失的组成比重变化有关，在制定其各类财产的综合增长率时，应充分考虑。洪灾损失增长率时考虑有关资金的时间因素和财产值，随时间变化的一种修正及折算方法。

计算步骤：

① 预测防洪受益区的国民经济各部门、各行业的总产值的增长率。

② 测算各类财产变化趋势，分段确定各类财产洪灾损失率的变化率。

③ 计算各有关年份的财产值、洪灾损失值及各类财产损失，占总损失的比重，来推求洪灾损失增长率。

④ 计算洪灾综合损失率 $\beta$，可按式（11-1）、式（11-2）求得：

$$\beta = \sum \lambda_i \Phi_i \tag{11-1}$$

$$\Phi_i = S_i / \sum S_i \tag{11-2}$$

式中　$\lambda_i$——第 $i$ 类社会财产值的洪灾损失增长率；

$\Phi_i$——第 $i$ 类社会财产值得损失占整个洪水淹没总损失的比重；

$S_i$——第 $i$ 类财产洪灾损失值；

$i$——财产类别，参见表 11-1 ~ 表 11-12。

**表 11-1　企业事业财产损失调查表**

| 序号 | 调查区名： | 单位名称： | | 受灾年份： | 年产值： | |
|---|---|---|---|---|---|---|
| | 单位性质 | 财产项目 | 财产数目 | 财产价值/万元 | 受淹损率/% | 受淹损失/万元 |
| | | | | | | |
| | | | | | | |
| | | | | | | |

表 11-2　桥梁固定资产损失值调查表

| 桥　名 | 桥　梁 | | |
|---|---|---|---|
| | 总长度/m | 淹没长度/m | 淹没损失/万元 |
| | | | |
| | | | |
| | | | |

表 11-3　公路固定资产损失值调查表

| 路　名 | 公　路 | | |
|---|---|---|---|
| | 总长度/km | 淹没长度/km | 淹没损失/万元 |
| | | | |
| | | | |
| | | | |

表 11-4　电力设施损失值调查表

| 序号 | 固定资产/万元 | 固定资产损失/万元 | 日停电损失/（万元/d） | 停电历时/d | 停电损失/万元 | 直接损失合计/万元 | 淹　深 |
|---|---|---|---|---|---|---|---|
| | | | | | | | |
| | | | | | | | |
| | | | | | | | |

表 11-5　通信设施损失值调查表

| 序号 | 线路长度/km | 单价/万元 | 线路损失/万元 | 交换台 | | | 直接损失合计/万元 | 淹深 |
|---|---|---|---|---|---|---|---|---|
| | | | | 总数量/个 | 淹没数量/个 | 损失值/万元 | | |
| | | | | | | | | |
| | | | | | | | | |
| | | | | | | | | |

表 11-6　城镇居民家庭财产损失调查表

| 序号 | 调查区名：　洪水年份：　户主名：　淹没水深： | | | | | 备注 |
|---|---|---|---|---|---|---|
| | 财产项目 | 数目 | 价值/元 | 受灾损失率/% | 损失值/万元 | |
| 1 | | | | | | |
| 2 | | | | | | |
| 3 | | | | | | |
| 合计 | | | | | | |

表 11-7　农作物损失值调查表

| 序　号 | 调查区名：　洪灾年份： | | | | | | | 备注 |
|---|---|---|---|---|---|---|---|---|
| | 作物名称 | 播种面积/亩 | 洪灾面积/亩 | 正常年单产/（kg/亩） | 受灾后单产/（kg/亩） | 受灾减产/（万kg） | 损失率/% | |
| | | | | | | | | |
| | | | | | | | | |
| 合　计 | | | | | | | | |
| 平　均 | | | | | | | | |

注：1亩 = 1/15公顷。

表 11-8　林地损失值调查表

| 序　号 | 调查区名：　淹深：　历时： | | | | |
|---|---|---|---|---|---|
| | 总面积/亩 | 受灾面积/亩 | 总价值/万元 | 损失值/万元 | 损失率/% |
| | | | | | |
| | | | | | |
| 合　计 | | | | | |
| 平　均 | | | | | |

注：1亩 = 1/15公顷。

**表 11-9 草原损失值调查表**

| 序 号 | 淹没区名： | | 淹深： | | 淹没历时： |
|---|---|---|---|---|---|
| | 总面积/亩 | 受灾面积/亩 | 总价值/万元 | 损失值/万元 | 损失率/% |
| | | | | | |
| | | | | | |
| 合 计 | | | | | |
| 平 均 | | | | | |

注：1 亩＝1/15 公顷。

**表 11-10 水利设施损失值调查表**

| 序号 | 排灌站 | | | 机电井 | | | 涵 洞 | | | 闸（桥） | | | 合 计 | | 淹深 |
|---|---|---|---|---|---|---|---|---|---|---|---|---|---|---|---|
| | 总数量/座 | 淹没数量/座 | 损值/万元 | 总数量/座 | 淹没数量/座 | 损失值/万元 | 总数量/座 | 淹没数量/座 | 损失值/万元 | 总数量/座 | 淹没数量/座 | 损失值/万元 | 总数量/座 | 淹没数量/座 | |
| | | | | | | | | | | | | | | | |
| | | | | | | | | | | | | | | | |
| | | | | | | | | | | | | | | | |

**表 11-11 洪水淹没区经济发展预测表**

| 水平年 | | | 现状年份 | 规划年份 | | 运景年份 | |
|---|---|---|---|---|---|---|---|
| | | | 价值/万元 | 价值/万元 | 增长率/% | 价值/万元 | 增长率/% |
| 市镇统计 | 居民财产 | | | | | | |
| | 工商业 | 固定资产 | | | | | |
| | | 流动资金 | | | | | |
| | | 年产值 | | | | | |
| 乡村统计 | 农户财产 | | | | | | |
| | 工商事业 | 固定资产 | | | | | |
| | | 流动资金 | | | | | |
| | | 年产值 | | | | | |
| | 农 业 | | | | | | |
| | 畜牧业、副业 | | | | | | |

续表

| 水平年 | | 现状年份 | 规划年份 | | 运景年份 | |
|---|---|---|---|---|---|---|
| | | 价值/万元 | 价值/万元 | 增长率/% | 价值/万元 | 增长率/% |
| 专项统计 | 电　讯 | | | | | |
| | 输　电 | | | | | |
| | 交　通 | | | | | |
| | 其　它 | | | | | |
| 机关事业 | | | | | | |
| 合　计 | | | | | | |

**表 11-12　防洪保护区社会经济指标统计表**

| 项　目 | 单　位 | 淹没区： | | | | | | | | | | | |
|---|---|---|---|---|---|---|---|---|---|---|---|---|---|
| | | | | | | | | | | | | | 总计 |
| 总面积 | 万亩 | | | | | | | | | | | | |
| 耕　地 | 万亩 | | | | | | | | | | | | |
| 草　原 | 万亩 | | | | | | | | | | | | |
| 林　地 | 万亩 | | | | | | | | | | | | |
| 水　面 | 万亩 | | | | | | | | | | | | |
| 村　镇 | 个 | | | | | | | | | | | | |
| 户　数 | 户 | | | | | | | | | | | | |
| 人　口 | 人 | | | | | | | | | | | | |
| 公　路 | km | | | | | | | | | | | | |
| 学　校 | 所 | | | | | | | | | | | | |
| 医　院 | 个 | | | | | | | | | | | | |
| 邮　局 | 个 | | | | | | | | | | | | |
| 工商企业 | 个 | | | | | | | | | | | | |
| 电力线路 | km | | | | | | | | | | | | |
| 通信线路 | km | | | | | | | | | | | | |
| 水利设施 | 个 | | | | | | | | | | | | |
| 牛、马 | 头、匹 | | | | | | | | | | | | |
| 猪、羊 | 头、只 | | | | | | | | | | | | |
| 家　禽 | 只 | | | | | | | | | | | | |
| 备　注 | | | | | | | | | | | | | |

注：1 亩 = 1/15 公顷。

## 11.4 经济效益计算

如前所述，防洪工程不能直接创造财富，而是把减免的洪灾损失，作为它的效益。因此，防洪工程只有遇到可能产生洪灾损失的洪水时，才能体现出来。它具有时间随机分布的特点，且在年际、年内间效益的变差亦很悬殊。

已建和待建的防洪工程效益，都是以减免被保护地区的国家、集体、个人的财产及工农业生产所受洪灾损失的价值来表示的，通常用频率曲线法和年系列法进行计算。二者有相同之处，也有差异。相同之处，在计算方法上，都是以减免洪灾损失的大小来衡量。不同之处，待建工程考虑时间因素，都是以修建工程前与修建工程后累积频率曲线和横坐标间包围的面积之差，来计算设计水平年的防洪效益，按预测的平均经济增长率和抗灾能力估算其经济计算期内的效益。

### 11.4.1 已建防洪工程效益计算

对已建防洪工程计算实际效益，一般用静态法。在运行期内的多年平均防洪经济效益和总效益的计算，是将运行期内各次致灾洪水的减灾损失，按照其发生年社会各类财产的经济价值，用动态经济分析方法，折算到某一基准年，求出总效益和多年平均防洪经济效益，计算式（11-3）为

$$B_0 = \sum B_i (1+r)^{m-1} \tag{11-3}$$

式中 $B_0$——运行期内防洪经济效益总和；
$B_i$——第 $i$ 年的防洪经济效益值；
$r$——折算利率；
$m$——工程已运行的年数；
$i$——运行的年号。

### 11.4.2 待建防洪工程效益计算

（1）对待建防洪工程的经济效益计算，采用动态法。它是运用频率曲线法，计算洪灾的多年平均损失和工程的多年平均效益，推求经济净现值、经济效益费用比、经济内部收益率等，以了解该工程的各项指标是否经济合理，是否符合国家政策和规范要求。

（2）洪水淹没受灾区，各行各业遭到的损失是设计水平年和计算基准年各频率洪水的一次洪灾损失，是若干年才发生一次。多年平均损失计算，就是把各频率洪水损失，按频率折算成多年平均值，一般按频率曲线差法计算。即根据所修建防洪工程的防御能力，分析修建防洪工程后所能减免的洪水灾害，绘制出工程建成后的洪水灾害损失值与洪水频率关系曲线。修建工程前后两条洪水灾害损失值与洪水频率曲线的面积差值，即为工程多年的防洪效益。

多年平均防洪效益（$Y$）的计算式（11-4）为

$$Y=\sum_{i-1}^{n}\Delta P_i S_i \tag{11-4}$$

式中　$Y$——多年平均防洪效益；

$\Delta P_i = P_i - P_{i-1}$，$P_i$ 和 $P_{i-1}$ 分别表示不同的洪水频率；

$S_i = (S_i + S_{i-1}/2)$，$S_i$ 和 $S_{i-1}$ 表示频率为 $P_i$ 和 $P_{i-1}$ 洪水造成的损失；

$i$——计算洪灾损失的洪水序号。

### 11.4.3　资金的时间价值

由于防洪保护区的各类财产与救灾费用，都有随时间增长的趋势，所以按多年平均损失计算时，应考虑保护区内各项财产和费用的增长，在工程建成后正常运行期内，将各年的防洪效益按洪灾损失增长率逐年折算。

## 11.5　费用计算、评价指标与准则

### 11.5.1　费用计算

防洪工程建设的费用包括固定资产投资、流动资金和年运行费。

（1）固定资产投资：固定资产投资包括防洪工程达到设计规模所需的国家、企业和个人以各种方式投入的主体工程和相应配套工程的全部建设费用，应使用影子价格计算。在不影响评价结论的前提下，也可只对其价值在费用中所占比重较大的部分采用影子价格，其余的可采用财务价格。防洪工程的固定资产投资，应根据合理工期和施工计划，作出分年度施工安排。

（2）流动资金：防洪工程的流动资金应包括维持项目正常运行所需购买燃料、材料、备品、备件和支付职工工资等的周转资金，可按有关规定或参照类

似项目分析确定。流动资金应以项目运行的第一年开始，根据其投产规模分析确定。

（3）年运行费：防洪工程的年运行费应包括项目运行初期和正常运行期每年所需支出的全部运行费用，包括工资及福利费、材料、燃料及动力费、维护费等。项目运行初期各年的年运行费，可根据其实际需要分析确定。

## 11.5.2 评价指标与准则

### 1. 一般规定

（1）防洪工程的经济评价应遵循费用与效益计算口径对应一致的原则，计及资金的时间价值，以动态分析为主，辅以静态分析。

（2）防洪工程的计算期，包括建设期、初期运行期和正常运行期。正常运行期可根据工程的具体情况研究确定，一般为 30 ~ 50 年。

（3）资金时间价值计算的基准点应设在建设期的第一年年初，投入物和产出物除当年借款利息外，均按年末发生和结算。

（4）进行防洪工程的国民经济评价时，应同时采用 12% 的 7% 的社会折现率进行评价，供项目决策参考。

### 2. 评价指标和评价准则

防洪工程的经济评价，可根据经济内部收益率、经济净现值及经济效益费用比等评价指标和评价准则进行。

（1）经济内部收益率（EIRR）：经济内部收益率以项目计算期内各年净效益现值累计等于零时的折现率表示。其表达式（11-5）为

$$\sum_{t=1}^{n}(B-C)_t(1+\mathrm{EIRR})-t=0 \tag{11-5}$$

式中 EIRR——经济内部收益率；

$B$——年收益（万元）；

$C$——年费用（万元）；

$n$——计算期（年）；

$t$——计算期各年序号，基准点的序号为零；

$(B-C)_t$——第 $t$ 年的净效益（万元）。

工程的经济内部收益率大于或等于社会折现率（$\mathrm{EIRR} \geqslant i_s$）时，该项目在经济上是合理的。

（2）经济净现值（ENPV）：经济净现值是用社会折现率（$i_s$）将计算期内各年的净效益折算到计算期初的现值之和表示。其表达式（11-6）为

$$\mathrm{ENPV}=\sum_{t=1}^{n}(B-C)_t(1+i_s)^{-t} \tag{11-6}$$

式中　ENPV——经济净现值（万元）；

$i_s$——社会折现率。

其余符号同前。

当经济净现值大于或等于零（ENPV ⩾ 0）时，该项目在经济上是合理的。

（3）经济效益费用比（EBCR）：经济效益费用比以项目效益现值与费用现值之比表示。其表达式（11-7）为

$$\mathrm{EBCR}=\frac{\sum_{t=1}^{n}B_t(1+i_s)^{-t}}{\sum_{t=1}^{n}C_t(1+i_s)^{-t}} \tag{11-7}$$

式中　EBCR——经济效益费用比；

$B_t$——第 $t$ 年的效益（万元）；

$C_t$——第 $t$ 年的费用（万元）。

其余符号同前。

当经济效益费用比大于或等于 1.0（EBCR ⩾ 1.0）时，该项目在经济上是合理的。

（4）进行经济评价，应编制经济效益费用流量表，反映项目计算期内各年的效益、费用和净效益，并用以计算该项目的各项经济评价指标。

# 第12章 城市防洪排涝工程管理

## 12.1 概　述

### 12.1.1 防洪设施现代化管理的内容

现代化的防洪设施包括防洪工程设施、信息化管理系统、防洪通信系统和防洪指挥系统。

防洪工程设施即指堤防、水库、河道及水闸等防洪工程硬件设施。信息化管理系统是为了监控和管理防洪工程设施运行而进行信息采集、实时监控、数据分析模拟以及防洪预警的系统，在现代化的防洪设施中，信息化管理系统已成为相当重要的一环，在防洪工程设施的设计建造以及运行管理过程中发挥至关重要的作用。防洪通信系统在整个防洪设施系统中起着纽带作用，负责这个防洪系统中信息的传输，防洪通信系统关系到整个防洪设施系统是否能及时，顺畅地运行。防洪指挥系统是整个防洪系统大脑，通过信息化管理系统搜集分析的数据结果对整个系统运行进行决策，防洪指挥系统包括各个防洪工程设施的指挥系统以及城市防洪指挥中心。

防洪设施的管理是为了保持防洪设施的正常运行，利用现代化的技术手段对防洪工程进场监控，分析和调度，充分发挥防洪工程的最大效益。现代化防洪设施的管理要符合安全可靠、经济合理、技术先进、管理方便的原则，并积极采用新理论、新技术。防洪工程建成之后，由于经常受到外界因素的干扰，水文条件、运行环境等都在不断发生着变化，需要及时有效的监测和管理才能保证防洪工程的正常运行，防洪设施的管理主要是指对防洪工程进行养护维修，水文运行环境监测模拟和控制运行等。防洪设施管理的主要内容一般包括组织管理、法律管理、技术管理等几个方面。

（1）组织管理：防洪设施管理工作需要具有很强专业性的工作人员、一定的技术设备以及一定的经费，这也就要求建立完善的管理结构。城镇防洪设施是防洪体系中的重要基础设施，工程的安危关系着国计民生的全局。管理机构是否健全直接影响到防洪设施能否正常、有效的运转。

（2）法律管理：法律管理包括制定管理法规和对管理法规的实施。管理法规包括社会规范和技术规范，是人们在水利工程设施及其保护范围内从事管理活动的准则。我国已制定的《中华人民共和国防洪法》《中华人民共和国河道管理条例》《中华人民共和国防汛条例》《水库大坝安全管理条例》等对防洪设施管理均提出了要求。

（3）技术管理：防洪设施的技术管理主要包括对工程的检查观测、养护维修和调度运用。检查观测的任务主要是监视工程的状态变化和工作情况，掌握工程的变化规律，为正确管理运用提供科学依据，及时发现不正常迹象。工程检查分为经常检查、定期检查、特别检查和安全鉴定。养护维修有经常性的养护维修和大修、抢修。调度运用的目的是确保设施安全，选用优化调度方案。在现代化的防洪设施管理中，需要运用更加先进的技术对防洪设施进行管理使其能发挥出防洪的最大效益。

### 12.1.2　防洪设施管理信息化的发展

防洪管理过程中涉及的数据 80% 以上与空间信息相关，信息量大且繁杂，包括大量的空间数据、属性数据，其中：空间数据包括矢量数据、栅格数据、三角网数据以及 CAD 数据等；属性数据包括了历史数据、水位数据、流量数据以及社会经济数据、多媒体数据等。传统的信息管理主要以手工作业为主，信息都以图表或文件资料的形式保存，其最大的问题就是工作效率低下，信息存储、流通方式和信息处理极不方便，去查阅规划往往要调档查阅多种图纸，少则半天多则几天，造成周期长、容易出错、费工费时。因此，需要通过信息化来提高防洪信息采集、传输的时效性和自动化水平，充分发挥防洪工程的效益，及时、科学、合理地调度洪水，提高防洪除涝调度的手段和能力，最大限度地减少洪涝灾害造成的损失。

目前，防洪设施信息化管理系统基本都是基于地理信息系统（GIS）技术建立发展起来的。地理信息系统（GIS）是近年发展起来的对地理环境有关问题进行分析和研究的一种空间信息管理系统。在计算机软硬件技术支持下对信息进行采集、存储、查询、综合分析和输出，并为用户提供决策支持的综合性技术。

地理信息系统（GIS）具有独特的空间信息管理、分析和表达功能，它可以对复杂数据进行高效的科学管理、深入的数据分析处理和精确的空间分析，从而为防洪提供全面、准确、及时、形象直观的决策信息。概括来讲，有以下优势。

（1）丰富了检索的手段和界面，可以基于矢量电子地图界面进行检索。一方面可以利用电子地图本身的操作功能，如分专题显示、图例编辑、放大缩小、漫游、导航等；另一方面，可进行一些以空间特征为条件的信息检索，如某一空间范围内的特征查询、某一特征的邻域查询等。

（2）可以存储多种性质的数据，包括图形的、影像的、调查统计等，同时易于读取、确保安全。

（3）引入 GIS 技术后，使得原来相对孤立的数据建立了空间关系，更有效地揭示了各类数据之间的内在联系，可以直观形象地展示出分布关系、相对位置、距离、高程等，一目了然。允许使用数学、逻辑方法，借助于计算机指令编写各种程序，易于实现各种分析处理，系统具有判断能力和辅助决策能力。

（4）可以进行覆盖分析、网络分析、地形分析以及编织各种专题图、综合图等。

（5）资料通过系统的处理，使各部门实时共享数据。

（6）易于改变比例尺和地图投影，易于进行坐标变换、平移或旋转、地图接边、制表和绘图等工作。

（7）减少了数据处理和图形化成本。在短时间内，可以反复检验结果，开展各种方案的比较，从而可以减少错误、确保质量。

（8）根据准确的资料，通过科学的规划、决策、设计，使水利工程规划更合理、工程预算更准确。

结合了地理信息系统（GIS）技术、遥感技术（RS）、全球定位系统（GPS）的 3S 技术使防洪设施管理信息化的最主要技术。

## 12.2 河道设施现代化管理

### 12.2.1 河道设施管理简述

河道防洪设施管理就是通过对河道管理范围内影响河势稳定的河道防洪、输水能力等功能的各种行为实施管理，使河道防洪设施各方面功能得到充分、合理的利用和有效的保护。

1）建立一套完整的工程管理系统

从工程管理经验与现代工程防护的角度来看，必须按水系流域建立一套完整的工程管理体系，即河道设立管理机构，在上级主管机关的领导下，形成一个管理网络。

2）加强管理人员的素质教育，广泛宣传水法规

水法规颁布了很多，但广大农村干部接触了解不多，法律意识淡薄，对维护工程安全完整认识不足，所以在工程管理范围内常出现垦堤种植、违章建筑、破堤取土等破坏工程案件，因此，必须加大力度宣传《防洪法》《水法》《河道管理条例》《防汛条例》等法律法规，利用电台、电视、宣传车、宣传牌、宣传单、张贴标语等形式进行宣传，做到家喻户晓、人人皆知，依法管理。客观上认为工程管理人员应具备较高的法制观念、法律意识和职业道德，能较娴熟地掌握运用有关法律法规以及其他执法依据。从实际情况看，工程管理人员水平偏低，素质较差，这就要求坚持不懈地抓思想教育、法律政策教育、职业道德教育、岗位业务培训，建立健全学法律、学技术、学知识依法管理的考核、奖惩、任用等工作制度。

3）技术管理

技术管理是以技术方法分析研究工程的实际安全运行标准，采取有利的工程措施，提高工程的安全和抗洪能力。因此，技术管理应从以下几个方面来抓：搞好工程的日常养护和维护；做好防汛岁修工程计划编报与实施；建立健全工程观测项目及工作制度；根据工程运行中实际状况，编制工程管理规划；开发利用现代新科学、新技术；重视堤防保护的非工程措施，植树造林工作，防止水土流失。

4）河道堤防防洪调度

堤防是最基本的防洪工程，河道堤防则是为增强输水能力，防止洪水泛滥，而形成的防洪体系，两者共同发挥疏导和挡御洪水的作用。河道堤防的防洪调度一般认为是无可控性工程措施，看起来比较单一，似乎无调度可言，其实不然。由于河道堤防防守分散、战线长、影响范围广，加之河道水流存在着不可间断的连续性等特征，河道堤防的防洪调度情况更加复杂。现对防洪调度简要分述如下。

（1）调度的原则。一是贯彻集中统一的原则。各有关方面要密切配合、服从调度指令，发挥防洪工程设施的综合效能。二是坚持小利服从大利、局部服从整体的原则。正确处理地区之间、行业之间的防洪矛盾。三是坚持兴利服从防洪的原则。处理两者之间的矛盾，兴利必须服从防洪，汛期所有工程都要充分考虑防洪安全。在保证防洪安全的前提下，要尽可能地照顾兴利。四是确保

防洪工程自身安全的原则。防洪工程是调度的基本依据，如自身不保，不仅直接影响防洪减灾效益的发挥，破坏了调度计划的实施，而且将会带来更大的损失和不可挽回的影响。

（2）调度的基本依据。一是国家制定的有关防洪方针政策、规划设计和验收检查文件中有关防洪技术指标及度汛意见，有关地区之间协议。二是历史洪水资料和洪水灾害的成因、分布和演变规律，防护地区社会发展规模。三是汛前检查所确定的防御标准和工程质量标准，以及运用指标、水毁工程修复情况，对工程存在问题研究制定的度汛意见。四是核对设计洪水资料，分析验证水位流量等相关曲线。五是正式指定的防御洪水预案，各类洪水的风险分析成果和绘制的洪灾风险图。

（3）河道堤防的调度方式。河道堤防的防洪调度原则要求河道输水均衡，安全通畅地把水泄下去，为此，汛期调度方式分为如下三种。

① 防洪水位流量控制。河道堤防应分段制定设防水位、警戒水位和保证水位，洪水在各种水位通过时采取相应的防守措施。

② 保持河道上下游均衡泄洪。在河道防洪调度中控制洪水被传播形成的水面线平顺，是保持河道水位涨落平衡、行洪安全的重要因素，但是在汛期实际调度中则往往由于上下游河道顶托、区间汇流和左右岸的人为干预等，造成壅抬水位、水势紊乱，出现不利的行洪现象，威胁河道防洪安全。因此，要根据流域内的降雨情况、洪水汇流情况，分析演算河道洪水的传播水情，及时采取措施，清除不利因素，保持洪水均衡下泄。另外，由于河流断面水力因素和上下游河道冲淤变化，水位和流量关系发生变化，或在相同流量下出现水位升高的异常现象，威胁防洪安全，在河道防洪调度中要给予高度重视。

③ 对超标准洪水的调度。对于超标准的洪水，根据暴雨洪水组合分成不同的量级，按洪水预报期长短，以及蓄滞区位置、容量、有无控制条件等，制定分洪运行方案，在实际调度中，一般是先上游分洪，后下游分洪，先用控制闸，后用无控制闸，考虑到洪水预报的准确程度和堤防的质量安全，调度运用留有余地，以策安全。但是当预报超量不大、洪水继续上涨幅度有限和后期又无降雨，并有足够的抢险力量时，也可不分洪，并强化抢护措施。

（4）河道防洪调度实施中的注意事项。河道洪水调度应遵循上级批准的有关防洪预案正式文件执行，并视水情、雨情状况进行调度。要发挥水情信息和洪水预报的耳目作用，建立完善的水情预报、测报系统。要准确掌握河道堤防和附属工程的抗洪能力。确保防洪重点地区，防洪重要堤段的安全，是制定防洪预案的中心目的。

### 12.2.2　河道防洪信息管理系统

1）信息管理系统需要满足的需求

河道防洪信息繁杂而且众多，信息的管理工作混乱而又复杂，才能够方便、快捷、直观地实现各类信息数据动态查询、修改和更新，并兼有专业管理模块的管理系统需要满足以下需求。

（1）建立河道流域的基础地理信息数据库。收集、整理和存储与流域河道相关的信息，如河道数据的历史资料、社会人口经济资料、各种河道信息资料、总体规划、河道流域管理现状资料、地图、河道建筑工程、堤防工程、各类报告、年鉴、线路及音像等数据以及 GPS 所采集的水利工程数据。

（2）操作方便，提供基本功能。基本功能应能实现浏览编辑图形中任意图层，可以实现图形的快速定位，主要包括点选、放大、缩小、自由缩放、漫游、全图显示、图例显示、距离量算、图层控制、图层编辑、图层输出等功能。

（3）快速准确的多种信息查询功能。通过信息查询显示可以实现系统数据点可视化表达。主要包括地图属性查询和属性地图查询、区域工程查询、工程属性查询、多媒体信息查询，图表分析等功能。

（4）信息维护，具有可扩展性。数据库管理维护的主要目的是对需要人工录入的数据进行数据增加、修改和删除等数据维护操作。主要包括数据的浏览打印与报表生成、编辑数据等功能，不同级别用户对其进行不同的操作，如添加、删除、修改等编辑操作。

（5）建立专用分析模型。应能用三维方式逼真地显示三维地形，同时提供多种控制方式和显示模式进行三维浏览。按给定洪水水位和水量的方式计算给定条件下的淹没区范围，与相应数据层进行叠加，并将结果可视化。主要包括 3D 分析模型、洪水淹没模拟模型、抢险救援模型等。

2）信息管理系统的目标

河道防洪信息管理系统的总体设计目标是建立基于地理信息系统（GIS）技术，结合计算机编程技术、数据库技术，对河道各种空间、属性数据进行整合管理，通过专业分析功能为河道流域防洪提供科学管理的依据。在总体目标的前提下，系统包括以下几个专题目标。

（1）对研究区范围内的各种图件进行几何校正、地理配准、矢量化并合理地分层；对研究区范围内相关属性数据进行处理和设计，形成较为完整的河道地理信息系统数据库，为河道建设与管理提供可靠的、准确的信息源服务。

（2）实现河道的分级分区管理。根据用户管理范围确定其权限（查询、编辑、录入等）。不同级别的管理单位（省、地、县、流域管理机构）可对权限规定范围内地理信息图库系统进行操作和管理，包括：信息提取，查询、显示和分析、可视化电子地图的形式；实现对地理图形的编辑、漫游、缩放等操作；实现空间与属性数据信息的查询、图形输出、报表生成等操作。

（3）通过给定洪水水位或水量，利用地面数字模型来模拟淹没范围和淹没面积，实现河道地形、地貌和洪水淹没的二维、三维可视化表达。

（4）通过防汛储备点及交通网络的建立，利用 GIS 来模拟流域地区人员的撤退、物资的转移，进行抢险救援路径寻优分析，以选择最佳撤退路线，最大限度地减少洪水造成的损害。

3）河道信息管理系统的设计原则

（1）全局性和整体性原则。在把握全流域整体信息的基础上，从整体的业务管理、内部管理及职能的角度，充分考虑各部门的需求，使系统成为一个有机的整体和管理与决策的核心工具，以提高管理与决策的效率、质量和水平。

（2）先进性和成熟性原则。系统建设要尽可能采用最先进的技术、方法、软件、硬件和网络平台，确保系统的先进性，同时兼顾成熟型，使系统成熟、可靠。系统在满足全局性与整体性要求的同时，能够适应未来技术发展和需求的变化，使系统能够可持续发展。

（3）可扩展性和开放性原则。系统应具有良好的接口和方便的开发工具，以便系统的不断扩充、求精和完善；系统在输入、输出方面应具有较强的兼容性，能进行各种不同数据格式的转换。

（4）可靠性原则。数据库的可靠性：数据库中的所有数据应是准确可靠的。系统的可靠性：系统应有很强的容错能力和处理突发事件的能力，不至于因某个动作或某个突发事件而导致数据的丢失和系统瘫痪。

（5）科学性和规范性原则。保证系统结构的科学性和合理性，同时，系统的各项功能应符合信息管理的要求，信息编码应遵循行业和地方规范。

（6）经济性和可操性原则。在保证各项功能圆满实现的基础上，应以最好的性能价格比配置系统的软、硬件，系统应具有良好的用户界面，用户易学易懂，操作简便、灵活。

（7）专业性原则。尽量将河道防洪管理的专业思想融合到系统中，满足专业化的需求。

# 12.3　水库设施管理

## 12.3.1　水库设施管理简述

现代化水库管理，就是在总结以往经验的基础上，结合新形势、新任务、新要求，重新制定管理职责、管理范围、管理方法、管理标准，从而逐步实现水库管理的现代化。水库防洪管理包括基础工作、经常性工作、洪水预报及洪水调度等几方面，主要是水库防洪工程设施管理和防洪调度管理两个方面。

1）防洪工程设施管理

水库各部分建筑物在长期运行过程中，受外部荷载和各种因素作用，工况处于变化状态，严重时将影响安全运行和设计效益的发挥。因此，要做好常规的观测、保养、维护，发现重大险情，必须及时处理。水库建筑物的工况变化是缓慢的，且不易发现，需借助一定的观测设备和手段，进行全面系统观测。观测的项目，因水库规模和特性不同而有所侧重，一般包括：变形观测、位移观测、固结观测、裂缝观测、结构缝观测、渗流观测、荷载及应力观测、水流观测等。通过观测资料的整理分析，据以指导水库控制运用、维修以及必要时采取除险加固措施。

水库工程设施维修是一项经常性的管理工作。按建筑物功能分述如下。

（1）挡水建筑物维修。常见的挡水建筑物有土工建筑物、混凝土建筑物、浆砌石建筑物三类。土工建筑物的维修主要包括土体裂缝处理、土堤与基础防渗处理及土体滑坡防治；混凝土建筑物的维修主要包括表层处理、裂缝处理及防渗处理；浆砌石建筑物的维修主要包括裂缝处理、渗漏处理和滑塌处理。

（2）泄洪建筑物维修。水库泄洪建筑物本身有溢流坝段、专设的溢洪道以及泄洪洞等，其维修管理范围还延伸到下游部分行洪河道。这些建筑物关系到能否安全泄洪，其管理至关重要。因此，要特别重视维修、保养管理。泄洪设施出现的问题及解决方法主要有以下几方面。

① 溢洪道过水能力不足。这主要是由于设计时所依据的洪水资料系列不足，设计洪水偏小所致，需通过修订设计洪水、加大溢洪能力或增辟溢洪道解决。

② 消能设施及下游泄洪道破坏。出现这种情况，要修复并加固消能设施和溢洪道。溢洪道水流受阻紊流的，要调整洪道走向，使泄水通畅。

③ 溢洪道阻水。由于管理不善及自然破坏，在溢洪道进口设置拦鱼设备及溢洪道边墙附近山体滑塌导致阻水，须及时清除。

④ 陡坡底板损坏。陡坡过陡或底板设施排水不畅，易造成陡坡底板损坏，须及时研究方案并进行处理。

（3）引水建筑物维修。常见的引水建筑物有坝内或岸边涵管及隧洞，裂缝漏水是其主要险情。造成的原因除有设计、施工方面的因素外，也存在管理方面的因素，在工程上往往视具体情况分别采用地基加固、固填堵塞、衬砌补强、喷锚支护、灌浆等措施进行处理。

2）防洪调度管理

防洪调度管理按其实施阶段划分，包括编制水库防洪调度规程，编报年度度汛计划，实时洪水调度及汛后调度总结几大部分。

（1）编制水库防洪调度规程。防洪调度规程是水库管理单位依据设计文件按现状工程情况、水情编制的水库现状防洪标准、运行方式、操作程序、调度权限的基本调度文件。规程经防汛主管部门批准后，成为指导水库防洪调度的法规性文件。编制水库防洪调度规程，须明确水库的水利任务，尤其要明确其防洪任务，如对下游不承担防洪任务的则以保证水库安全为前提编制。水库防洪调度是水库调度的最重要部分，但水库调度是一个完整的过程其规程也是统筹制定的。因此常常是统一编制水库调度规程，包含除害兴利各方面，而把防洪调度作为重点的部分编制。

（2）编报年度度汛计划。水库防洪调度规程是指导水库较长时间的防洪调度文件，但还不是当年年度的运行计划。年度度汛计划则是指导当年水库度汛的预案，更具有现实性。水库年度度汛方案是以水库防洪调度规程为依据（如无调度规程，当以规划设计水位为依据），确定或确认当年水库的防洪标准，当年水库所必须控制的汛限水位、防洪高水位及收水时机，并对不同量级的洪水制定相应的蓄泄方式。年度计划中应十分明确各级洪水调度的权限，强调责任制。对可能发生的特大洪水要有应急措施方案，包括临时加大泄洪量的爆破措施，全面做好放大汛的思想、组织、物资准备。水库年度度汛方案每年都需修订、完善并上报主管防汛部门批准后当年实施。

（3）水库实时洪水调度。实时调度是调度规程及年度计划的实施过程。由于实际出现的洪水过程不可能与历史上已发生的完全相同，故在水库防洪调度管理中应针对一次面临或预报的洪水，参考当时的天气发展趋势，依据水库工程状况和蓄水情况及下游水情和河道承泄能力等，做好实时洪水调度。进行洪水实时调度必须符合水库既定的防洪调度原则，正确处理防洪、兴利关系，兼顾上下游关系，防止不顾防洪安全盲目蓄水和片面强调水库安全有损兴利蓄水的倾向。

### 12.3.2　水库信息化管理系统

水库的信息化管理系统包括了雨水情遥测系统、洪水预报调度软件系统、计算机网络系统、闸门监控系统。

1）雨水情遥测系统

雨水情遥测系统的建设任务是根据水库的实际情况，确定遥测站网布设方案和数据流向，通过分析选择通信方式和中继站位置，拟订数据传输网的组网方案。系统实现的主要功能有以下两点。

（1）数据收集功能。遥测站通过传感器能自动采集雨量、水位变化后的新数据，经编码后（通过中继站）自动发送给中心站。中心站能实时接受各测站（通过中继站）发送来的自报数据、应答数据和人工置数数据，能定时自动巡测或人工随机召回遥测站点的数据。

（2）数据处理功能。遥测站对信源数据进行编码，中心站对收到的编码数据解码、检查与纠正错误、合理性判别、数据压缩，并分类存储、显示、打印各类数据报表及过程线等。雨水情遥测系统完成一次全部遥测站的数据收集所需时间一般不超过 10 min，包括数据处理和预报作业所需的总时间不超过 20 min，可以大大提前防汛调度的预见期，为保障水库周边人民群众的生命财产，发挥重要作用。

2）洪水预报调度软件系统

洪水预报调度软件系统主要功能是对雨水情遥测系统采集的各项实时数据进行统一调用与处理，实现水库水情预报和调度作业。系统由数据管理子系统、洪水预报子系统和洪水调度子系统三部分组成。数据管理子系统能自由存储、调用、导入导出降雨、蒸发、水位、有关退水过程线、模型参数、单位线、水库周边自然地理情况及工程说明、调度方式及规则说明、水库运行经验、组织机构与制度等基本资料信息。同时系统逻辑结构与机构图、水库及附属工程和防洪措施图、历次特大暴雨等值线图及调度过程图、不同频率洪水风险图、迁安路径图等图形信息也可以作为基本资料，由数据管理子系统进行管理维护。数据管理子系统的功能还包括数据（模型）的录入、增加、更新、删除、转储、恢复、检索、下载和调用等。洪水预报子系统主要负责根据雨水情遥测系统传输过来的雨水情信息，对未来一段时间内的水文状况做出预报。预报成果主要包括：预报点处的水位、流量过程，洪水总量与重现期，某一流量值上的洪量及历时，洪峰值及峰现时间，出库站至防护点处的水位表现与大坝防护能力比较，防护点处水库出库对洪峰的贡献值等。洪水预报子系统能对预报成果以图文并茂的方式显示，并实现对比分析、列表、打印等功能。洪水调度子系统的调度方式包括最高库水位控制、最大出库流量或指定流量过程控制、防护点处水位或流量要求控制等。采用自动或交互式方式，生成调度运行方案，对入出库流量过程、库水位、库区淹没面积、蓄水量过程、水库调度及下游河道水位表现、某一流量上的洪量及历时、对防护点洪峰贡献变化等调度成果进行分析，能以图文并茂方式显示，并能提供每一个方案的损失值。洪水调度子系统还可以对各种不同调度方案进行系统化的管理，对每种方案的进出库流量过程、工程运行参数、下游河道水位、流量表现等进行存储，能对各可行方案进行列表对比，或采用某种算法进行优选排序。

3）计算机网络系统

利用计算机网络系统可以实现对水库防汛、供水、发电、工程监控等各种信息进行传输、存储等工作，及时地向有关部门和人员汇报、发布信息，决策部门可以及时进行调度指挥，使水库的管理更加的科学化和信息化。此外利用网络还可以加强各部门和人员之间的交流、协作，可以及时向社会发布水库管理工作等信息，利用 Internet 向社会公众提供服务，获取大量信息，开展国际、国内合作与交流，提高社会监管的透明度。计算机网络系统还可以实现网络电话、全动态实时图像监视等多种业务应用，极大地提高办公效率。计算机局域网系统组网技术有以太网、快速以太网、千兆以太网、铜缆环网、光纤环网、ATM 网等。快速以太网技术是现有局域网采用的最通用的通信协议标准，在互联设备之间以 10 ~ 100 Mbps 的速率传送信息包，由于其低成本、高可靠性而成为应用最为广泛的园区网技术。水库园区网在技术选择上可以依照快速以太网技术规划组网方案，也有利于今后网络升级。水库管理部门的网络拓扑结构宜采用星型结构，使用专用的网络设备（如集线器或交换机）作为核心节点，通过双绞线将局域网中的各主机连接到核心节点上。星型拓扑可以通过级联的方式很方便地将网络扩展到较大的规模，具有管理方便、容易扩展等特点，同时对核心设备的可靠性要求较高。网络介质可以采用双绞线、光纤等多种方式。其中双绞线多用于从主机到集成器或交换机的连接，而光纤则主要用于交换机间的级联和交换机到服务器间的链路上。网络协议主要使用 TCP/TP，还可以选择 NETBEUI 等作为其他一些应用的协议。此外，水库管理部门可以选择在网络上配置，手机专属单元，远程用户可以通过手机访问单位局域网，出差在外还可以方便地连入单位网络，随时随地掌握各类信息，避免耽误工作，实现远程办公与信息管理。

4）闸门监控系统

闸门监控系统的监控范围包括：闸门位置及状态、启闭机房设备状态、水库水位、输水量等。闸门监控系统一般由一套中心远程控制系统、多套现地监控单元（含水位传感器及闸门传感器）等设备组成，可选择采用集控式或者分布式两种控制方案之一。集控式方案一般采用可编程控制 PLC 与 SCADA 系统相结合，适合各种远程通信方式；分布式方案一般采用现场总线技术，适于 IP 网络通信方式。中心远程控制系统实现集中管理控制，操作既可用键盘、鼠标，也可通过触屏完成，达到现场无人值守。能将就地监控单元设备运行采集的实时数据建立实时数据库及历史数据库；监测水库水位和闸门开度，模拟显示闸门位置图形，动态显示水位曲线、闸门的操作过程，具有查询、报警功能；编制打印运行日志、月志、年统计表；保留系统原手动操作功能等；就地监控单元能接受中心远程控制系统能的调度运行命令，发送现场采集的各类设备运行实时参数与状态信号；根据中心远程控制系统的指令可进行闸门启闭、升降的控制，闸门控制范围为从全关到全开、或从全开到全关，在中间任何位置可允许进行紧急停止操作；系统具有多重联锁功能，具有开、关、停故障报警等功能；对水库水位进行监测采集，并将该信号与闸门的控制进行联锁，以防误动作。建设过程中应考虑将就地监控单元设有输出闭锁功能，在维修、调试时，可将输出全部闭锁，同时能将相应信息上传至控制中心，以反映现场监控单元的工作状态。

## 12.4　城市防洪指挥决策系统

随着社会经济的不断发展，人口的日益增多，单纯依靠修建防洪工程来提高城市防洪标准，不仅十分困难，而且代价高昂。从经济及发展角度看，在兴建防洪工程、尽可能阻止洪水出槽的前提下，加强非工程措施的建设，以减轻洪水带来的灾害损失，是防洪的重要发展方向。因此，把城市防洪工作纳入现代化管理轨道，使城市防汛部门能科学、合理、及时地制定管理决策和应急方案，建立城市防洪指挥决策系统已势在必行。

城市防洪指挥决策系统针对城市防洪的特点，运用计算机、电子、通信等高科技手段，综合水文、气象、地理等多学科内容，在城市防洪工作中设立一套现代化的管理指挥系统。

### 12.4.1　城市防洪指挥决策构成

现代化的城市防洪体系不但要有高质量、高标准的硬件防洪工程做保证，要有现代化的科学指挥决策系统作支持。城市防洪指挥中心是城市防洪决策系统的中心。指挥中心设在城区防汛指挥部办公室，由计算机网络系统、大屏幕显示系统、电子地图系统等组成；系统软件包括操作系统、网络管理系统、数据库管理系统、地理信息系统；应用软件是一个决策支持系统软件包，内有基本资料模块、实时监测模块、水文气象模块、洪水预报模块、调度决策模块等。

指挥中心与分中心、水文站、气象台以及市政其他部门网络以有线方式连接，与遥测点及遥测泵站之间以超短波无线方式连接，组合形成防洪指挥决策系统，如图 12-1、图 12-2 所示。

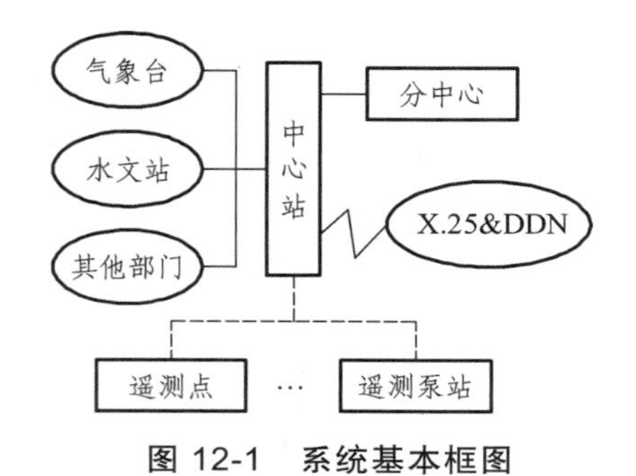


图 12-1　系统基本框图

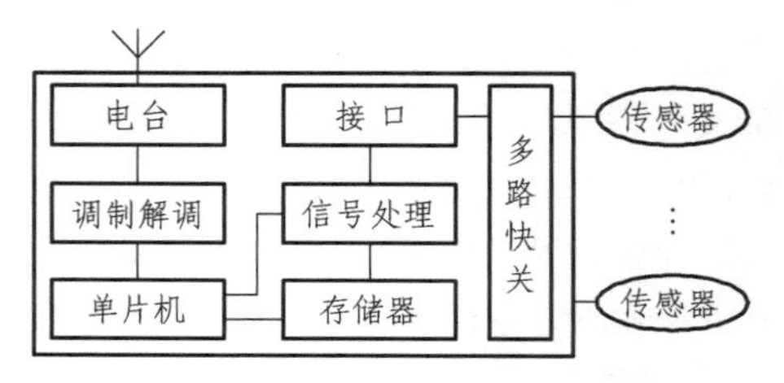


图 12-2　遥测点和遥测泵站基本原理图

### 12.4.2　系统运行模式

城市的雨洪特点是时空分布变化大，要求水文数据观测准确、及时，而且城市防洪抢险工作往往需要一些出现灾害地点的实时信息。因此，系统采用常规循环召测、定点召测和自报三种兼容的工作方式，遥测点和遥测泵站则处于全自动工作方式，无须人工干预，汛期时采用常规循环召测，由指挥中心前置机定时循环产生各遥测点和遥测泵站的地址码信息，经中控仪调制成为双音频信号，由电台转换成超短波，经天线发送出去；遥测点和遥测泵站的数据传输仪对由水位计、雨量计、流量计等各种传感器传来的数据进行不间断采集，当收到指挥中心的召测信号后，再把这些数据经过调制，变成超短波，然后由天线发送到指挥中心，经中控仪、前置机接收、处理和存储后送上屏幕，实时地显示各遥测点和遥测泵站的水情、雨情、工情、灾情，并适时传送到主机的数据库中，为预报和巨决策模块提供实时数据，对异常情况进行报警。当进入防汛抢险阶段需要对某个遥测点或遥测泵站进行专门监测时，可选择定点召测方式，这时指挥中心就专门对某个遥测点或遥测泵站进行召测，收集数据，进行分析和显示。在非汛期，可选择自报方式，即当遥测点或遥测泵站的各种参数发生一定量的变化后，就主动上报到指挥中心，无须人工干预。在这种方式下，当所有参数长时间都不变化时，遥测点和遥测泵站将每隔一定时间自动上报指挥中心一个平安码，以表示遥测点和遥测泵站的设备无障碍。本系统的无线通讯网络可采用防汛遥测专用网，采用 230 MHz 超短波频段，干扰小；指挥中心与水文站、气象台等部门连接，实时接收水情简报、气象云图及天气预报、有关文件和紧急通知等；分中心通过有限局域网，从指挥中心实时调用有关的文件、资料、数据及时掌握所辖区域内的雨情、水情、工情。

### 12.4.3　系统技术数据

考虑到城市防洪的特点，须经技术经济比较，确定相关技术数据。如某防洪系统技术数据如下：

① 无线信道传输速率为 600 bit/s，调制方式为 FSK，中心频率为 1 500 Hz，传号和空号频率与中心频率上下相差 200 Hz，频率稳定度 $< 2$ Hz，误码率 $< 10^{-5}$，信道射频保护性优于 8 dB，有限信道传输速率为 14.4 Mbit/s。

② 水位测量精度为 1 cm；雨量分辨率为 0.1 cm，精度为 3%，雨强范围为 4 mm；泵机转速误差 $< 2$ r/min。

③ MTBF $> 20\,000$ h。

④ 环境温度 $-10 \sim 45$ °C，相对湿度 $< 90\%$。

### 12.4.4　系统软件结构

城市防洪指挥决策系统软件分系统软件和应用软件两大部分，系统软件包括操作系统、网络管理系统、数据库管理系统、地理信息系统；应用软件是一个决策支持系统软件包，内有基本资料模块、实时监控模块、水文气象模块、洪水预报模块、调度决策模块以及综合数据库和知识库等，软件系统的总体逻辑结构是：以大众化的电脑操作系统作平台，数据库、知识库等为基本信息支撑，通过总控程序构造城市防洪指挥决策系统的运行环境，加上友好的界面和人机对话，并辅以多媒体技术，有效地实现实时监控、信息查询、指挥决策三大功能。软件系统的总体逻辑结构如图 12-3 所示。

软件系统的总控功能主要是控制系统三大功能的协调运行，对于用户来说，则是丰富的选择菜单。总控程序菜单描述如下。

（1）实时监测。以地理信息系统下的电子地图为背景，实时显示遥测点和遥测泵站的各种数据及基本情况，并对异常情况和险情进行声光报警。

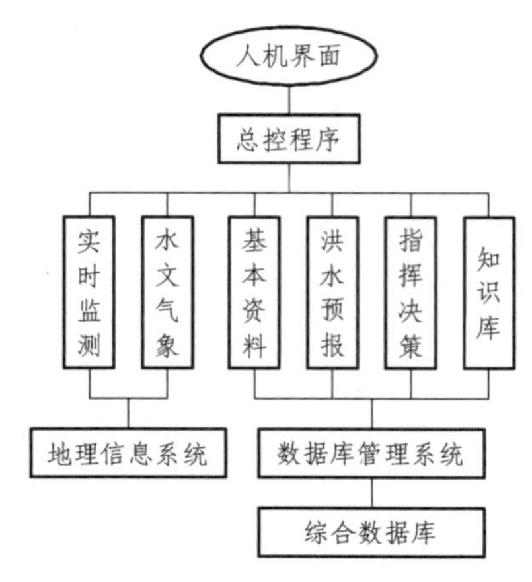


**图 12-3 软件系统逻辑结构**

（2）水文气象。通过与水文站、气象台联网，实时接收水情报表、气象云图、天气预报和水情、雨情资料。

（3）基本资料。以综合数据库和地理信息系统为支撑的基本资料系统包含了大量的内容，主要有以下几点。

① 城市概况，包括地理状况、气候条件、城市特点。

② 城市分层电子地图，包括城市道路、桥梁、管道、河道、建筑物等规划图，城市水系图，防洪规划图，防洪堤坝、防洪墙、泵站、闸门等防洪工程图，不同设防水位分布图。

③ 水文气象资料，包括各种特征值、特征曲线、过程线。

④ 防汛管理。以文字和图形方式介绍城市防汛指挥部门的设置、职责、网络结构，对洪涝灾害及抗洪救灾的基本情况进行列表统计。

（4）洪水预报与模拟。根据基本资料和实时资料，采用相应的预报模型，对城市的水情、雨情和灾情进行预测和模拟。

（5）指挥决策。根据水情预测、雨情预测、灾情预测，结合知识库，给出相应的决策方案，辅助管理部门进行调度指挥。

（6）帮助。完整的联机在线帮助，为用户在使用该软件时碰到的所有相关问题进行解答。城市防洪指挥决策系统的建设，作为一项实用技术，在城市防洪中对水、雨、工、灾四情实行全天候的实时监测，自动采集并处理数据，辅助指挥调度，提高防汛快速反应能力，在受洪涝灾害威胁的城市推广使用，可改变目前城市防洪工作中缺乏高新科技手段的现状，为城市建设提供防洪减灾的有力保证。

# 参考文献

[1] 伊学龙. 城市防洪规划设计与管理[M]. 北京：化学工业出版社，2014.
[2] 中国市政工程东北设计研究院. 给水排水设计手册（第 7 册：城镇防洪）[M]. 2 版. 北京：中国建筑工业出版社，2002.
[3] 北京市市政工程设计研究院. 给水排水给水排水设计手册（第 5 册：城镇排水）[M]. 2 版. 北京：中国建筑工业出版社，2002.
[4] 王金亭. 城市防洪[M]. 北京：黄河水利出版社，2008.
[5] 中国市政工程东北设计研究总院. 城镇防洪技术与设计导则[M]. 北京：中国建筑工业出版社，2014.
[6] 刘曙光，陈锋，钟桂辉. 城市地下空间防洪与安全[M]. 上海：同济大学出版社，2014.
[7] 室外排水设计规范（GB 50014—2006）[S]. 北京：中国计划出版社，2012.
[8] 夏岑岭. 城市防洪理论与实践[M]. 合肥：合肥市安徽科学基础出版社，2001.
[9] 城市防洪工程设计规范（GB/T 50805—2012）[S]. 北京：中国计划出版社，2012.
[10] 堤防工程设计规范（GB 50286—2013）[S]. 北京：中国计划出版社，2013.
[11] 防洪标准（GB 50201—2014）[M]. 北京：中国计划出版社，2014.
[12] 郑邦明，槐文信，齐鄂荣. 洪水水力学[M]. 武汉：湖北科学技术出版社，2000.
[13] 段文忠. 河道治理与防洪工程[M]. 武汉：湖北科学技术出版社，2000.
[14] 雷声隆，丘传忻，郭宗楼. 排涝工程[M]. 武汉：湖北科学技术出版社，2000.
[15] 水闸设计规范（SL 265—2001）[S]. 北京：中国水利水电出版社，2001.
[16] 蓄滞洪区设计规范（GB 50773—2012）[S]. 北京：中国计划出版社，2012.
[17] 住房和城乡建设部. 海绵城市建设技术指南（试行）[S]. 2014.

[18] 熊治平. 洪水与防洪[M]. 武汉：武汉大学出版社，2013.
[19] 郭生练，张文华. 流域降雨径流理论与方法[M]. 武汉：湖北科学技术出版社，2008.
[20] 姚乐人. 防洪工程[M]. 北京：中国水利水电出版社，1996.
[21] 张智. 城镇防洪与雨洪利用[M]. 北京：中国建筑工业出版社，2009.
[22] 崔承章，熊治平. 治河防洪工程[M]. 北京：中国水利水电出版社，2004.
[23] 邵尧明，邵丹娜. 中国城市新一代暴雨强度公式[M]. 北京：中国建筑工业出版社，2014.
[24] 遇桂春，胡兴民. 城市水灾害的特点及成因分析[J]. 海河水利，2003（4）：28-30.
[25] 刘东建，丁蒙. 我国城市防洪排涝的情况及问题[J]. 城市规划通讯，1997（12）：5-6.